U0171587

遥感图像质量提升理论与方法

王力哲　刘　鹏　著

科学出版社

北　京

内 容 简 介

遥感图像的获取过程总是会受到各种不确定性的干扰而产生一定程度的降质和退化。噪声、模糊、薄云、缺失、阴影和降采样等降质方式都会使图像质量明显下降。本书较为系统地探讨不同降质方式之间的联系与区别，阐述不同降质现象的机理和相应的解决方法，并针对遥感图像质量改善领域的噪声分布、观测模型、规整化方式和多源信息融合等基本问题进行深入分析。

本书适合遥感图像质量改善方面从事理论研究和工程实现的科研人员阅读，也可以作为高等院校相关专业的研究生教材。

图书在版编目（CIP）数据

遥感图像质量提升理论与方法 / 王力哲，刘鹏著. —北京：科学出版社，2022.2

ISBN 978-7-03-056644-7

Ⅰ. ①遥… Ⅱ. ①王… ②刘… Ⅲ. ①遥感图像-数字图像处理 Ⅳ. ①TP751.1

中国版本图书馆 CIP 数据核字（2018）第 039887 号

责任编辑：魏英杰 / 责任校对：崔向琳
责任印制：吴兆东 / 封面设计：陈 敬

科 学 出 版 社 出版

北京东黄城根北街 16 号
邮政编码：100717
http://www.sciencep.com

北京中石油彩色印刷有限责任公司 印刷

科学出版社发行 各地新华书店经销

*

2022 年 2 月第 一 版 开本：720 × 1000 B5
2022 年 2 月第一次印刷 印张：13 1/4
字数：265 000

定价：108.00 元

（如有印装质量问题，我社负责调换）

前　言

　　遥感图像的成像过程主要经历光照反射、大气、光学系统、机械系统、电子系统等多个环节。在实际应用中，各个环节都不是理想状态，因此成像过程总会受到各种各样的干扰，导致图像质量下降。尽管目前传感器制造工艺不断改进，人们能够获取的遥感图像有了更高的时间分辨率、空间分辨率、光谱分辨率、角度分辨率，但是需求的增长更快，因此图像降质环节产生的质量下降让矛盾更加突出，改善图像质量的研究显得比以往更加重要。遥感数据的质量及其可利用程度已经成为遥感图像处理的核心问题之一。

　　本书主要涉及光学遥感成像过程中的噪声、模糊、条带、缺失、阴影、降采样等不同的降质模式和现象的产生原因，以及相应的解决办法。本书涉及的图像质量提升侧重于“后处理”，主要针对场景经过成像系统后生成的数据进行补救或改善，而不是直接在硬件上改进光学系统、电子系统和机械系统等这种质量提升方式。直接改进成像系统或成像条件的方式可能更加直接有效，但是对于遥感图像来说，一旦卫星发射升空，各项硬件指标就很难再调整，成像条件也不再可控。显然，后处理模式的质量提升研究更加灵活和经济。目前，国内外在遥感图像质量提升方面的研究非常活跃。虽然我们不是通过在成像系统的各个环节直接改进来提升图像质量，但是以后处理方式研究图像质量提升时却离不开对成像环节的抽象，即成像模型(观测模型)。本书考虑遥感图像质量下降的成因，从成像模型的角度系统阐述不同降质形式特点，将不同类型的图像降质模式看作成像模型中某个环节的作用。因此，本书按照不同降质模式和相应质量提升方法进行安排，围绕观测模型、规整化方式、计算方法这三个遥感图像质量提升的基本问题进行阐述，力图抓住图像质量提升的本质。

　　本书的相关研究得到国家自然科学基金项目(41471368、41571413、41001265)的资助。相关研究成果应用到“天宫一号”和“北京一号”卫星地面处理系统中，并收到显著成效。

　　限于作者水平，书中不妥之处在所难免，恳请读者指正！

作　者

目　　录

前言
第1章　绪论 ··· 1
　1.1　研究意义和背景 ··· 1
　1.2　本领域的发展概况 ··· 3
　参考文献 ··· 4
第2章　遥感系统成像模型与图像降质分析 ································· 5
　2.1　成像系统的基本原理 ·· 5
　2.2　基本成像模型与降质模式 ·· 9
　2.3　三个基本问题 ·· 14
　参考文献 ·· 16
第3章　遥感图像除噪声 ·· 17
　3.1　高光谱图像条带噪声 ··· 17
　　3.1.1　矩匹配方法 ··· 18
　　3.1.2　改进的矩匹配方法 ··· 19
　3.2　SAR图像斑点噪声 ··· 20
　　3.2.1　Frost滤波器 ·· 21
　　3.2.2　Kuan滤波 ·· 21
　　3.2.3　Lee滤波 ··· 21
　　3.2.4　Gamma Map滤波 ·· 22
　3.3　常见加性除噪方法 ·· 22
　　3.3.1　全变分除噪 ·· 22
　　3.3.2　小波除噪 ··· 24
　　3.3.3　双边滤波除噪 ·· 27
　　3.3.4　块匹配除噪 ·· 28
　　3.3.5　低秩 ··· 30
　　3.3.6　图像块似然对数期望 ·· 32
　　3.3.7　稀疏表征 ··· 34
　3.4　同步噪声理论 ··· 38
　　3.4.1　基于同步噪声选择非线性扩散的停止时间 ················· 38
　　3.4.2　基于同步噪声优化非局部平均除噪 ························· 41

　　　参考文献 ……………………………………………………………… 44
第4章　遥感图像薄云去除 …………………………………………… 48
　4.1　基于大气散射模型的方法 ………………………………………… 48
　　　4.1.1　暗通道先验法 ……………………………………………… 49
　　　4.1.2　颜色衰减先验法 …………………………………………… 52
　　　4.1.3　卷积网络获取介质传播图 ………………………………… 55
　4.2　光谱混合分析 ……………………………………………………… 57
　4.3　滤波的方法 ………………………………………………………… 59
　　　4.3.1　同态滤波 …………………………………………………… 60
　　　4.3.2　小波变换 …………………………………………………… 63
　4.4　薄云最优化变换方法 ……………………………………………… 67
　　　参考文献 ……………………………………………………………… 69
第5章　遥感图像复原 ………………………………………………… 72
　5.1　遥感图像模糊的形成 ……………………………………………… 72
　5.2　已知模糊核函数的图像复原 ……………………………………… 77
　　　5.2.1　基本的变换域图像复原逆滤波 …………………………… 77
　　　5.2.2　基本的空域图像复原 ……………………………………… 81
　　　5.2.3　引入先进的规整化方法 …………………………………… 83
　　　5.2.4　多通道图像复原 …………………………………………… 87
　5.3　未知模糊核函数的盲复原 ………………………………………… 88
　　　5.3.1　早期方法 …………………………………………………… 88
　　　5.3.2　变分贝叶斯盲复原 ………………………………………… 90
　　　参考文献 ……………………………………………………………… 95
第6章　遥感图像的融合 ……………………………………………… 98
　6.1　遥感图像的分辨率 ………………………………………………… 98
　6.2　多光谱与全色融合 ………………………………………………… 101
　　　6.2.1　全色与多光谱融合研究现状 ……………………………… 103
　　　6.2.2　色度融合的改进算法 ……………………………………… 107
　　　6.2.3　色度融合与多分辨率融合的关系 ………………………… 108
　　　6.2.4　基于成像模型的色度融合 ………………………………… 113
　　　6.2.5　基于成像模型的多分辨率融合 …………………………… 122
　6.3　时空遥感图像融合 ………………………………………………… 130
　　　6.3.1　Landsat 数据 ……………………………………………… 131
　　　6.3.2　MODIS 数据 ……………………………………………… 132

　　　　6.3.3 数据预处理 ··· 132
　　　　6.3.4 像元混合算法 ··· 133
　　6.4 多光谱与高光谱融合 ··· 140
　　　　6.4.1 基于小波的方法 ··· 140
　　　　6.4.2 基于稀疏表征的方法 ··· 142
　　　　6.4.3 基于非负矩阵因子化的方法 ······························· 143
　　　　6.4.4 基于低秩矩阵的方法 ··· 146
　　6.5 融合结果的比较以及评价标准 ································· 147
　　参考文献 ··· 148
第7章 超分辨率图像重建 ··· 152
　　7.1 观测模型 ·· 154
　　7.2 超分辨率图像重建算法 ··· 157
　　　　7.2.1 非均匀插值方法 ··· 157
　　　　7.2.2 频域方法 ·· 159
　　　　7.2.3 规整化的超分辨重建方法 ··································· 161
　　　　7.2.4 凸集投影方法 ··· 164
　　　　7.2.5 最大似然-凸集投影重建方法 ······························ 166
　　　　7.2.6 其他超分辨率重建方法 ····································· 166
　　7.3 超分辨率中的其他难题 ··· 168
　　　　7.3.1 考虑配准错误的超分辨率 ··································· 168
　　　　7.3.2 盲超分辨率图像重建 ··· 170
　　　　7.3.3 计算效率高的超分辨率算法 ································· 170
　　7.4 基于样例的超分辨率重建 ·· 171
　　　　7.4.1 局部自相似性 ··· 171
　　　　7.4.2 非二进制的滤波器 ··· 172
　　　　7.4.3 滤波器设计 ··· 173
　　参考文献 ··· 174
第8章 遥感图像阴影检测与去除 ······································· 179
　　8.1 阴影的简介 ··· 179
　　　　8.1.1 阴影的属性 ··· 180
　　　　8.1.2 阴影的利弊 ··· 180
　　8.2 阴影检测的方法 ··· 180
　　　　8.2.1 基于物理模型的方法 ··· 181
　　　　8.2.2 基于颜色空间模型的方法 ··································· 182

　　　　8.2.3　基于阈值分割的方法 ································ 184
　　　　8.2.4　基于种子区域增长的方法 ························ 185
　　　　8.2.5　基于几何模型的方法 ···························· 186
　　　　8.2.6　阴影检测方法对比 ······························ 188
　　8.3　阴影去除的方法 ···································· 189
　　　　8.3.1　基于颜色恒常性的方法 ························ 189
　　　　8.3.2　基于 Retinex 图像的方法 ···················· 191
　　　　8.3.3　基于 HSI 色彩空间的方法 ···················· 193
　　　　8.3.4　基于同态滤波的方法 ·························· 194
　　　　8.3.5　基于马尔可夫场的方法 ························ 196
　　　　8.3.6　阴影去除方法对比 ···························· 197
参考文献 ·· 198

第1章 绪 论

1.1 研究意义和背景

遥感图像的成像质量及分辨率的高低是衡量卫星遥感能力的一个重要指标。进入 21 世纪以来,各国都在努力提高遥感卫星图像的空间分辨率、时间分辨率、光谱分辨率和辐射分辨率等。其中空间分辨率的改善最为明显。一方面,各空间机构通过各种技术手段提高遥感卫星的空间分辨率,例如发射分辨率高于 1m 的卫星;另一方面,科研机构与应用部门通过地面图像处理的技术手段设法提高已获取图像的实际分辨能力。

直接在卫星上改善成像质量、提高分辨率面临很多制约。首先,实际成像光学系统的研制始终存在各种制约。例如,理想状态点扩展函数(point spread function, PSF)的成像光学系统目前在技术上还难以达到。其次,增加成像器件上感光单元密度存在各种制约。例如,对于空间分辨率,减小像素尺寸可以提高单位面积上的像素个数,但随着像素尺寸的减小,光电转换获取的光强能量也会减小,这时很小的噪声就会导致图像质量恶化;通过增加成像芯片的尺寸可以增加成像的总像素数,但这会导致电容增大,影响电荷交换速度,同时导致芯片体积过大,难以在星上传感器中使用。对于时间分辨率,往往很难在保证空间分辨率的前提下获得非常高的回访频率。实际上,空间分辨率、时间分辨率、光谱分辨率、辐射分辨率很难同时达到最优。星上传感器体积不能无限大,卫星的供电能力也不能无限大。

除了制造工艺和回访周期等方面的制约,卫星获取图像时有很多因素会影响实际成像质量,如大气扰动、卫星运动、散焦、成像设备老化等。一般来说,经过一系列复杂的成像过程才能产生光学图像。首先是大气扰动。各种波段的电磁波在穿过大气层时,大气湍流会导致图像模糊,而且大气中包含的水蒸气或薄雾也会使传感器接收到的地物反射或辐射的电磁波信息模糊和失真。其次是卫星的运动。卫星的运动会导致运动模糊,同时卫星的高度和角度也会影响图像的空间分辨率。最后是成像设备的老化,可能使图像的辐射特性改变,也可能使相关参数变差。此外,成像设备本身也会经常出现问题,如像元的缺失、像元制造工艺的误差和噪声等。这些因素都会造成遥感图像的小范围缺失,从而影响图像质量。目前遥感图像的空间分辨率越来越高,较高的建筑物或云都会产生阴影。这也是影响遥感图像质量的重要因素之一。

　　综上所述，从技术实现的角度，卫星获取高质量的遥感图像面临两个主要的难题，一是成像系统难以获得具有理想 PSF 的成像光学系统，以及具有高信噪比的高密度图像传感器；二是大气扰动、运动、散焦等对图像实际分辨率的影响。总的来看，成像过程中各种原因造成的模糊、降采样、噪声、光电转换不理想，阴影和薄云等都会降低遥感图像的质量和实际分辨率。

　　既然直接在卫星上改善图像质量或提高分辨率面临很多难题，那么通过地面图像处理的技术手段从成像模型和数据处理的角度改善图像质量显然更有意义。近年来，基于更先进的数字图像处理算法来提高图像质量的方法逐渐在国际上流行。各空间机构均在研究地面与空中相结合、成像过程与数据处理技术相结合的改善成像质量，以及提高卫星遥感分辨率的技术途径与方法。

　　从图像处理的角度来看，遥感图像质量改善与分辨能力增强属于图像增强和图像复原技术范畴，可以采用各种常规方法获得一定的效果。但是，如果没有很好地考虑引起遥感图像实际降晰的关键因素，或者仅采用某种近似的图像模型来表征退化因素就难以获得更好的效果。尤其是，算法常常对图像的具体内容依赖性强，难以形成针对大多数遥感图像或某一类传感器图像的通用处理算法。实际上，造成遥感图像质量下降的关键因素存在于成像过程中。基于成像模型进行相应的图像处理才是遥感图像质量改善的关键。

　　在地面处理过程中，可以基于成像模型和图像处理算法提高遥感图像的实际分辨能力。成像模型改善图像质量的方法显然具备很多的优点。首先，基于成像模型提高图像质量更加经济，因为改变硬件质量需要高昂的研发成本，而且技术周期比较长。其次，基于成像模型改善图像质量的方法更加灵活。卫星上的设备体积不能太大，而且耗电也不能无限多，这就限制了成像设备的应用。基于成像模型改善图像分辨能力不需要在太空完成，很多算法都可以在地面完成。地面处理系统各方面限制都很小，因此时间复杂度高的算法的实施就更加容易。最后，星上成像设备的各种分辨率是有限的，基于成像模型提高图像质量可以突破现有的图像分辨率极限、挖掘现有卫星图像的潜力，为更高分辨率成像设备的研发提供理论支持。

　　由此可见，在确定的传感器硬件和图像观测条件下，考虑成像模型结合数据处理技术来改善和提高卫星图像质量，以及实际分辨能力的研究有非常重要的意义。采用先进图像处理方法和技术，提高各类卫星遥感图像的实际分辨能力，扩展卫星遥感的应用范围，是我们面临的急迫任务和必须解决的问题。本书研究不同类型的图像降晰模式，重点阐述基于成像模型改善成像质量和提高图像分辨能力的算法，并对各种模型的特点提出改进的方案。

1.2　本领域的发展概况

在地面处理系统中，依靠软件和图像处理算法来改善遥感图像质量的各种技术手段发展非常迅速。

为了改善图像质量，获得更高的图像分辨率，人们尝试了各种方法，但是很多做法仍然是对有限分辨率的原始成像进行像素内插，本质上并不能提高图像的空间分辨率。因此，人们开始求助于建立简单的成像模型，希望针对降晰环节的特性进行补救，进而通过对降晰图像进行处理来提高其实际分辨率。最常见的方法是利用成像光学系统的 PSF 进行反卷积，去除光学系统的影响，增加图像的细节，同时在处理过程中去除成像系统的噪声等。这种技术就是传统的图像复原。经过这些处理，图像的分辨率可以得到改善，但获得的并不一定是真实的高分辨率图像，而是对高分辨率图像的某种估计。总体来看，早期的图像复原都是要把模糊的图像变得更加清晰。这种处理从成像模型的角度解释是成像过程中的模糊环节。模糊环节包括运动模糊、大气模糊、光学模糊、电子系统导致的模糊等。

显然，去模糊简捷有效，但它只是对模糊现象有一定的效果。去模糊的算法并不适用图像降采样的情况，因为它们是完全不同的降晰模式，需要不同的成像模型。降采样是导致图像退化最重要的原因之一。自然场景是连续、无限可分的，但数字图像是离散、有限带宽的。从连续的自然场景到离散的数字图像必然要丢失一些信息，高分辨率的传感器只能保留更多的信息而不是全部。对于一幅单一的图像，如果没有额外的先验信息，无论 PSF 多精确，抑制噪声的手段多么高超，都不能恢复出因为降采样而丢失的信息。随着科技的进步，对同一场景获取多幅遥感图像已经不是什么困难的事情。多幅同一场景的序列图像拥有更多的信息量，在一定程度上使克服降采样成为可能。具有广阔前景的方法是采用信号处理技术从多帧低分辨率(low resolution, LR)图像中重建高分辨率图像。这也是目前图像处理领域特别活跃的超分辨率重建技术，其主要优点是成本低廉且现有的成像系统仍可利用。成像系统相当于一个低通滤波器，具有一定的截止频率。图像的超分辨率重建就是希望尽可能地在一定限度上挽回图像的分辨率损失，以弥补其不足，即在保证通频带内图像低频信息复原的基础上，对截止频率以上的高频信息进行复原，使重建图像获得更多的细节和信息，从而更加接近理想图像。超分辨率重建可以去除成像系统的降晰(散焦降晰、运动降晰等)，在一定程度上消除降采样带来的图像退化，复原超出光学系统衍射极限的空间频率信息。但是，超分辨率的算法从诞生起就面临难以逾越的难题，目前制约其走向实用的仍然是精确配准多幅图像的问题。真正实用的超分辨率算法仍然要靠众多的研究者不懈地探索。

除了基于序列图像的重建，还有一个十分活跃的研究领域，即利用图像融合提高分辨率。在遥感领域，一颗卫星上往往带有多种传感器，或者多种卫星多种传感器都对同一场景采集了数据，为了更好地提高图像的可利用性，利用不同传感器之间的信息互补提高图像分辨能力也是非常有效的方法。利用这种方法提高分辨率特性已经很流行，但是这种方法的成像模型却没有受到重视。

如上所述，图像复原、图像融合和图像重建这三类提高图像分辨能力的方法都涉及成像模型。它们都是针对成像过程中的某个特殊环节。图像复原侧重于消除图像的模糊现象，如运动模糊、散焦模糊、大气湍流等。图像融合侧重的是利用不同传感器内部成像差异的互补特性，如光谱响应函数不同，电荷耦合器件(charge coupled device, CCD)内部的电压分级机制不同等。融合算法的成像模型一般不涉及大气模糊或光学系统模糊等，也不直接解释图像的降采样。序列图像的超分辨率重建侧重的是消除图像降采样产生的图像退化，同时兼顾各种模糊现象。因此，三类算法虽然都是针对提高遥感图像分辨率特性，但是它们的成像模型却各有其侧重点。

图像复原、图像融合和图像重建主要针对噪声、模糊、降采样、缺失等遥感图像降晰模式。这些降晰模式主要由成像过程中的内在原因造成，如设备老化、制造工艺不佳、回访周期长等。阴影和薄云则是由遥感成像过程中的外部不利因素导致的降晰结果，需要相应的成像模型和数据处理手段进行补救。

基于成像模型改善卫星图像质量的关键技术有待进一步突破。国内的研究也已经有一定的进展。例如，李金宗等完成的"卫星图像复原及超分辨率处理技术研究"在不改变星载成像系统硬件的情况下，采用地面图像处理方法，大幅度增强了卫星图像的分辨率、对比度和清晰度。在星上相机设计与地面信息处理相结合模式方面，刘新平等[1]也进行了这方面的研究，对4幅相同空间分辨率的图像进行图像重建后，新的空间分辨率是4幅图的1.8倍左右。郝鹏威等[2]从分辨率低的欠采样图像会导致相应频域频谱混叠的理论出发，给出多次欠采样图像在频域混叠的更一般公式，提出一种针对不同分辨率图像解频谱混叠的逐行迭代方法。仿真实验证明，他的方法在有噪声的情形下也有很好的收敛性。

这里必须强调的一点是，很多国内涉及改善图像质量和提高图像分辨率的研究出于技术保密原因，较少在国际上著名的期刊上发表高水平的文章。因此，本书对国内成果的介绍不代表本书观点。

参 考 文 献

[1] 刘新平, 高瞻, 邓年茂, 等. 面阵CCD作探测器的"亚象元"成象方法及实验. 科学通报, 1999, (15): 1603-1605.
[2] 郝鹏威, 徐冠华, 朱重光. 数字图像空间分辨率改善的频率域方法. 中国科学: 技术科学, 1999, (3): 235-244.

第2章　遥感系统成像模型与图像降质分析

2.1　成像系统的基本原理

本书涉及的光学遥感图像是指在电磁波(紫外线到微波)范围内，利用传感器直接或间接得到与目标物体电磁辐射特性相对应的形象图像和能够转化为形象图像的数据资料的统称，如航空摄影仪的各种照片、陆地卫星多光谱扫描仪(multi spectral scanner, MSS)图像、返束光导摄像管(return beam vidicon, RBV)图像、航天飞机和航空侧视雷达图像，以及众多的数字图像等。无论是紫外线、可见光、红外线、微波的哪个波段范围，也无论是哪种成像方式，凡是直观图像的资料都统称为图像。遥感图像的划分，从不同的角度有不同的划分方法。所有通过传感器得到目标物遥感图像的过程都是遥感图像的成像过程。遥感图像成像的原理主要涉及各种遥感成像条件、成像器材、成像机理、成像过程及有关系统。这是一个涉及范围广泛且技术更新迅速的学科。

对于不同的成像过程一般采用不同的成像模型来研究。本书不但讨论图像各个种类中的个性问题，而且考虑成像过程中的共性问题，重点研究光学遥感图像。

一般来说，场景经过一系列复杂的成像过程才能产生光学图像，如图 2.1 所示。

图 2.1　从场景到图像总的过程

任何光学遥感成像都要经过大气才能成像。大气对遥感的影响主要体现在其对电磁波辐射的各种影响上。遥感传感器接受的是地物反射或辐射的电磁波。各种波段的电磁波在穿过大气层时，由于大气对电磁波的吸收、反射、散射和衰减，传感器收到的地物反射或辐射的电磁波信息有些失真，因此影响遥感图像的真实性和准确性。

在大气中，水蒸气、臭氧、二氧化碳主要吸收太阳辐射。大气与地形的影响如图 2.2 所示。太阳辐射被吸收后，会在太阳连续光谱上产生很多暗带。其他成分对太阳电磁波也有吸收作用，但不是主要的。太阳对电磁辐射的散射作用主要有两种方式。引起散射的粒子尺度远小于入射电磁波波长的散射称为瑞利散射。引起散射的粒子尺度接近入射电磁波波长的散射称为米氏散射。此外，另一个影响图像的因素是大气的湍流。大气湍流主要会导致图像模糊。

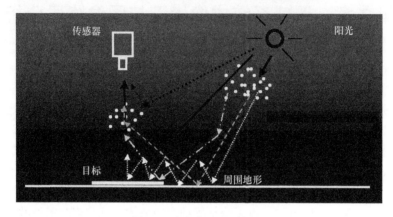

图 2.2　大气与地形的影响

本书研究的重点是图像质量改善与图像分辨率提高，大气对成像结果辐射特性的影响不做详细的讨论。在以后的章节中，大气导致的浑浊和模糊将作为图像降晰的因素在成像模型中被考虑，而大气产生的其他方面辐射特性的影响就略去了。

经过大气的电磁波，最后到达遥感平台。遥感平台主要包括气球、飞机、卫星、航天飞机、空间站等。在获取遥感图像的过程中，遥感平台起着非常重要的作用。一方面遥感平台要装载传感器等设备，另一方面遥感平台的高度、速度、轨道偏航、滚动等情况对遥感图像的几何特征有很大的影响。在遥感图像的获取过程中，影响传感器获取信息的因素是多方面的，而且是不均衡、不稳定的。从提高图像分辨能力的角度来看，遥感平台不是我们最关心的因素，因为平台更多的是影响图像的几何定位特性，所以成像模型中不考虑遥感平台的运动特征。

到达遥感平台的电磁波或光线首先进入光学系统。光学系统是成像模型中极其重要的一个环节。光学图像是本书重点研究的目标，光学遥感图像的获取一般采用光学机械扫描系统。光学机械扫描系统的结构一般分为扫描部分、聚焦部分、探测部分和记录部分。探测部分和记录部分在本书中归为电子系统。真正的光学系统主要还是聚焦部分。机械扫描部分应该是聚焦部分的辅助环节。机械扫描部分是由机械驱动的扫描镜。扫描系统一般与聚焦系统直接相连，位置可以互换。因此，可以把聚焦系统分为两部分，分别置于扫描系统的前后。

扫描系统按扫描镜接受信息的来源性质可以分为物平面扫描和像平面扫描。

物平面扫描使用近轴光学系统的扫描镜反射直接扫描场景，然后传给聚焦部分。像平面扫描是用广角镜对场景形成整个视场，扫描镜掠过视场，接收前面镜头传递的像场能量，再传给下一步聚焦系统。这种结构在扫描镜前都有透镜组。

　　按扫描镜的形式，扫描系统可分为平面反射镜式、凹面反射镜式、旋转多面反射镜式、透镜式、透射棱镜式、光楔式等。当前比较常用的是平面反射镜式、凹面反射镜式、透镜式、透射棱镜式。扫描系统可能导致图像几何特征的一些失真，也可能有少量地削弱电子系统接受的能量，但是对图像分辨率的影响不大。Schmidt-Cassegrain 望远镜如图 2.3 所示。

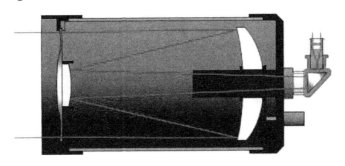

图 2.3　Schmidt-Cassegrain 望远镜

　　光学系统中直接影响分辨率的是聚焦系统，如图 2.4 所示。聚焦系统是由一系列透镜和反射镜组成的透镜聚焦、反射镜聚焦、透射和反射聚焦的组合光学系统。其作用是获取由景物传来的电磁能量，并加以集中，使其在电子系统探测器上的单位面积能量增大，消除各种像差，使影像清晰。电子系统的探测器，如 CCD 接受的能量，经过聚焦，可以把聚焦镜接收的能量集中到探测器上。聚焦系统对图像质量有很大的影响，因此在本书成像模型中考虑散焦这个因素，并让它成为

(a) 广角镜头　　　　　　　　　　　　　　　　(b) 一般镜头

图 2.4　聚焦系统

一个重要环节。在过去的十几年，有很多学者研究辨识光学系统散焦模型的算法。因为过短的焦距可能产生图像的畸变和色差，卫星光学系统的焦距一般都比较长，所以为了不让长焦距的光学系统过于笨重，一般采用反射式和透镜-反射聚焦光学系统，如图 2.5 所示。

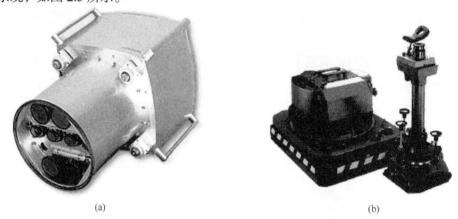

(a)   (b)

图 2.5 反射式和透镜-反射聚焦光学系统

除了光学聚焦系统，成像设备中的电子系统也是非常重要的一环。IKONOS 卫星成像系统如图 2.6 所示。这是典型的线 CCD 与基于望远镜式的反射聚焦的光学系统之间的关系图。

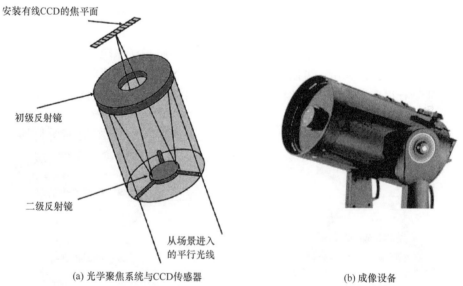

安装有线CCD的焦平面

初级反射镜

二级反射镜

从场景进入的平行光线

(a) 光学聚焦系统与CCD传感器   (b) 成像设备

图 2.6 IKONOS 卫星成像系统

可以看到，它是由光学镜头掠过视场，通过焦平面设置能量转换装置，形成目标图像。本书主要研究的光学成像设备一般采用 CCD 作为能量转换装置。从电子系统开始，原来连续的场景图像会变成离散的数字图像。图像的降采样效应就发生在这个阶段。

　　CCD 的底衬是半导体。半导体具有光电转换的特性。投射到 CCD 像元上的一个光子产生电子的概率称为量子效率。这个参数也可以称为光谱响应函数，即特定波长的光线进行光子到电子转换的效率。多光谱图像可以有不同的波段也是因为不同的 CCD 光谱响应函数不同。这种 CCD 本身固有的差异可以用来改善图像分辨率。

　　如上所述，当适合波长的光线照射到 CCD 的电极上时，能在半导体氧化物表面以下聚集一定量的电荷。同一种半导体材料中电荷的多少与光线辐射强度和波长有关，辐射强度越大，产生的电子数目越多。

　　图 2.7 为卫星焦平面上的 CCD。可以看到，由于需要的长度比较大，焦平面处的扫描线通常是三个 CCD 拼接而成的。

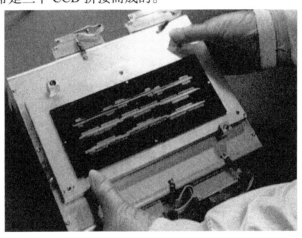

图 2.7　卫星焦平面上的 CCD

　　从 CCD 的成像原理和加工工艺，乃至安装方式等方面可以看出，CCD 本身在单位面积或长度上包含的像元个数是影响图像分辨率的重要因素。如果像元个数比较少是不可能获得高分辨率图像的，但是像元个数也不可能无限多。CCD 完成的从光子到电子的这个能量转换过程也可以看作降采样的过程。降采样对图像质量改善和图像分辨率的影响巨大，一般可以用多幅图像重建来减轻降采样。

2.2　基本成像模型与降质模式

　　成像系统经历了多个阶段才产生数字图像。这是一个复杂的过程，各个环节都有可能使图像退化、分辨能力下降。针对各个环节提高图像分辨能力的算法是有很大差别的，要建立完整的成像模型就必须对各个环节合理地抽象和描述。

显然，改善遥感图像质量、提高图像分辨能力时会涉及各种成像模型，实际上可以对不同的应用从多个角度构建模型。在改善图像质量领域，常用到如下几种形式。

(1) 描述图像噪声、模糊、缺失和降采样等环节的总的线性模型

$$z_i = k_i * u_i + n \tag{2.1}$$

其中，i 是通道；z_i 是观测数据；k_i 是成像系统；u_i 是原始数据；n 是噪声。

(2) 描述图像光电效应或光谱的模型

如果已经知道 CCD 某个像元接收到的光线的光谱密度为 $\phi_{\text{pan}}^{i,j}(u)$，CCD 的光谱响应函数为 $\text{pan}(u)$，u 为光的频率，那么像元 (i, j) 在输出端的电压为

$$P^{i,j} = a_{\text{pan}} \int_0^{+\infty} \text{pan}(u)\phi_{\text{pan}}^{i,j}(u)\mathrm{d}u + b_{\text{pan}} \tag{2.2}$$

其中，a_{pan} 和 b_{pan} 为对应的偏置和增益。

本书描述的这个参数是最简单的形式，对于不同的电子数量，b_{pan} 和 a_{pan} 一般不是常数。在图像中，我们看到的灰度级别实际上是与电压 $P^{i,j}$ 相对应的。

(3) 图像的几何成像模型

$$\begin{bmatrix} f & 0 & 0 & 0 \\ 0 & f & 0 & 0 \\ 0 & 0 & 1 & 0 \end{bmatrix} \begin{bmatrix} x \\ y \\ z \\ 1 \end{bmatrix} = \begin{bmatrix} fx \\ fy \\ z \end{bmatrix} \rightarrow \begin{bmatrix} u \\ v \end{bmatrix} \tag{2.3}$$

其中，x、y、z 为空间坐标；u、v 为像平面坐标。

此模型是图像的几何成像模型。因为本书主要是提高图像分辨能力，所以几何成像模型并没有在任何章节用到。

大气、光学、电子和机械等环节都可能导致图像质量下降，表现为遥感图像的缺失、模糊、降采样和阴影等更加实际而具体的问题。图像修补、图像复原、图像重建、图像融合和图像去阴影等算法都是对某些特定环节的改善。因此，某一类算法的成像模型与完整的成像模型会有些区别，可以将它们理解为局部和整体、概括和具体的关系。为了更好地与实际问题对应，我们可以把图 2.1 代表的成像和降晰过程结合总的线性卷积模型的思路总结为图 2.8 所示的形式。

在图 2.8 中，我们可以看到阴影、薄云、缺失、模糊、降采样和噪声等这些具体的图像降晰现象。在实际中，我们经常面临其中的一种或多种类型的降晰，而在研究过程中经常只针对一种算法进行研究。

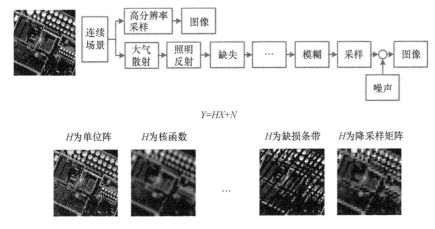

图 2.8　比较完整的成像模型

讨论图像降晰的时候一般都要考虑成像过程。如果能够直接对连续场景进行采样，这样获得的图像是没有任何问题的，但这也是不可能做到的。实际情况是，在得到离散的数字图像之前，经过光学电子系统时会涉及位置变化、光学扭曲、缺失、模糊、采样和噪声等。模糊和像素的辐射精度等方面，对于从事辐射校正研究的人会有更精确的解释，例如大气传输模型的噪声可能加性，也可能乘性；模糊也有很多种方式，电子、光学、运动等都产生模糊。总之，能量从连续场景到数字图像虽然历经千辛万苦，最终却往往不能完全满足要求。因此，衍生出很多补救的方法。在遥感图像处理领域，一般可以把图像降晰的过程简单地表达为

$$y = h * x + n \tag{2.4}$$

其中，h 为卷积核函数；x 为原始图像；y 为观测图像；n 为噪声。

或者是

$$Y = HX + N \tag{2.5}$$

其中，H 为卷积矩阵；X 为原始图像；Y 为观测图像；N 为噪声。

如果对于图像降晰考虑更多、更细致的方面，则有

$$Y = H_1 \cdots H_n X + N \tag{2.6}$$

其中，$H_1 \cdots H_n$ 代表各种降晰阶段的影响。

下面简单介绍噪声、模糊、缺失和采样等几种情形。

1. 噪声

遥感图像中的噪声是普遍存在的。常见的高光谱和合成孔径雷达(synthetic aperture radar, SAR)一般总是存在一些噪声。高光谱的水蒸气吸收波段一般易受噪

声污染[1]。SAR 的斑点噪声是典型的乘性噪声，与成像机理有关，很难避免。当考虑噪声的时候，式(2.6)中的 $H_1 \cdots H_n$ 可以看作单位矩阵 I，则有

$$Y = IX + N \tag{2.7}$$

关于除噪声的研究非常多，小波、偏微分方程、MRF、非局部平均等层出不穷。由于本章只概括介绍，暂时不过度解释。这里只简单提两点：第一，噪声抑制的本质是对数据建模，而什么是数据、什么是噪声仍然是很难准确定义的开放性问题；第二，噪声抑制的方法实际上贯穿整个遥感图像质量提升的研究，具体来说就是模糊、阴影、降采样、薄云等方面的研究都与噪声抑制算法有直接或间接的联系。

2. 模糊

模糊是非常普遍的遥感图像降晰方式。平台运动、大气湍流、光学散焦和设备老化等都可能产生遥感图像的模糊[2]。模糊的模型在一般数字图像处理领域早有定义，而且也很好理解。模糊的过程相当于一个核函数 H_1 与原始图像做卷积，一般表示为

$$Y = H_1 X + N \tag{2.8}$$

显然，并不是任意一个 H_1 矩阵都可以产生模糊，至少完全随机的 H_1 矩阵就不会让 Y 看起来成为模糊图像。H_1 在空域的形状以类高斯函数最为普遍，还有一些模糊由频域的环形函数构成。关于模糊有几点需要注意：第一，去模糊是典型的病态问题，这导致去模糊的求解较为困难。其困难程度往往与模糊核函数的形态有关，也与噪声的大小有关。如果模糊核函数为单位矩阵，去模糊问题就退化为除噪声的问题。如果模糊核函数完全不知道，此时去模糊问题就升级为盲复原问题。盲复原问题是严重病态的，至今人们仍没有彻底解决盲复原问题。第二，去模糊的过程属于求解病态的逆问题。这类问题明显的特征是增强细节的反降晰过程和保持解稳定的平滑策略总是同时存在。如何更好地还原图像，同时又不受噪声干扰是这个领域研究的关键问题。

3. 缺失

本书所说的遥感图像缺失指的是坏点、坏线、条带缺失等图像中孤立或连续像素值缺失的现象。坏线一般由推扫传感器某个 CCD 像元失效导致。条带缺失有时是推扫传感器连续像元失效引起的。

如图 2.9 所示，Landsat 卫星摆扫成像产生条带缺失。缺失的过程可以写为

$$Y = H_2 X + N \tag{2.9}$$

其中，H_2 为代表缺失过程的矩阵。

(a) 原始图像　　　　　　　　　　　　　　(b) 条带缺失

图 2.9　模拟缺失的 Landsat 图像

　　显然，图像缺失的特性与模糊或一般的噪声不同。直接的数据缺失导致我们很难仅基于当前观测数据直接求解原始图像 X。只有坏点或很细的坏线可能直接通过邻域像素的空间或光谱关系直接修复。大面积的缺失是很难直接修复的。类似的问题也出现在阴影或云检测后的修复过程，因此关于缺失图像修复方面的研究一般会引入历史数据，基于数据融合和先进的数据建模或规整化技术进行图像修复是目前较为流行的修补缺失的方式。

　　4. 采样

　　采样在本书中主要指的是降采样。现实场景是连续无限可分的，但是传感器像元基本上都是离散的、有限个数的。采集图像的过程大体上可以看作对连续场景的采样。显然，现实场景是无限带宽的，而有限分辨率的传感器是有限带宽的，因此根据采样定理，信息的丢失是必然的[3]。如果打算获取更高的分辨率，最直接的方法仍然是加工制造更精密的传感器。对于已经获取的图像，如果希望改善或提高分辨率，在成像模型中考虑降采样环节就是必不可少的。降采样也具有类似的形式，即

$$Y = H_3 X + N \tag{2.10}$$

其中，H_3 为采样矩阵。

　　关于降采样这种图像降晰形式，概括来说有几点值得注意：第一，降采样与模糊和噪声不同，降采样过程中信息丢失非常多，而且降采样方程更加病态，甚至超过盲复原的难度，直接求解更加困难；第二，降采样对图像质量的影响非常大，我们可以认为模糊和噪声是较轻微的图像质量下降，大面积缺失和降采样是非常严重的图像质量下降；第三，针对降采样的图像质量改善或分辨率提升，无

论是针对空间、时间，还是光谱降采样，一般都需要引入更多的数据或先验信息。利用多源数据进行质量改善一般称为融合。利用单一数据源多次采样改善图像质量一般称为超分辨率。粗略地讲，如果是不同传感器或不同时间、空间、光谱等采样联合求解，那么观测方程为

$$\begin{cases} Y_1 = H_{3,1}X + N_1 \\ \cdots \\ Y_n = H_{3,n}X + N_n \end{cases} \tag{2.11}$$

求解方程组(2.11)就是融合的过程，也可以认为是超分辨率。我们可以认为，不同的观测数据 $Y_1 \cdots Y_n$ 是原始数据 X 的不同侧面或特性。

超分辨率概念是从遥感领域兴起的。图像处理领域的超分辨率一般认为是同一传感器对同一地点多次采样进行的重建。遥感领域提出的概念在另一个领域很繁荣，主要是消费电子领域廉价的视频图像给了超分辨率算法更多的展示机会。尤其是，早期获得遥感卫星图像远非现在这么容易，视频图像本身就是连续采样，促进了这个领域的发展。序列图像超分辨率重建如图 2.10 所示。

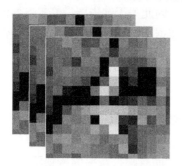

图 2.10 序列图像超分辨率重建

2.3 三个基本问题

回顾遥感图像降晰的不同方式，如噪声、缺失、模糊、阴影、薄云和采样等都是从观测数据求原始数据，都有类似的形式，即

$$Y = HX + N$$

不同的是，对于除噪声问题 H 是单位矩阵，对于模糊问题 H 是模糊核函数，对于缺失问题 H 是缺失矩阵，对于采样问题 H 是采样矩阵，对于薄云 H 是大气散射模型，对于阴影 H 是光线照明模型。这些问题的求解都可以归结为最小化目标函数，即

$$T(X) = \left\| Y - HX \right\|_2^2 + \left\| \Psi(X) \right\|_p \tag{2.12}$$

其中，$\left\| \ \right\|_2^2$ 为二阶范数的平方；$\left\| \Psi(X) \right\|_p$ 为规整化项或惩罚项，$\Psi(X)$ 为惩罚函数。

这显然可以归为求逆问题。实际上，这种从观测数据估计或求解原始数据的过程主要涉及三个更加具体的基本问题。

第一个基本问题是如何反降晰。降晰方式不同，H 就不同，那么反降晰的策略也不尽相同。对于只有噪声的情况，H 为单位矩阵，基本不用考虑 H 是否有逆矩阵、是否容易计算等问题。对于模糊问题，H 是模糊核函数，一般 H 转化为卷积矩阵后不满秩会造成方程式病态。针对缺失情形的 H，直接求逆是不可能的，必须有更多的约束或先验信息辅助才能进行图像修补。降采样形式下的 H 也是严重病态的，由于受到香农采样定理的约束，如果假设等间距采样矩阵，在没有任何辅助信息的条件下基本上很难直接进行图像重建。一般来说，对于降采样形式的 H，要么改进关于 H 的假设(如压缩感知的随机降采样)，要么引入更多的辅助信息(如融合或超分辨率)，才能较好地重建图像。阴影和薄云也具有完全不同的降晰方式，因此需要有合理的反降晰策略。

第二个基本问题是如何定义规整化项 $\left\| \Psi(X) \right\|_p$。在改善图像质量的过程中，大部分图像反降晰都是病态的，甚至是严重病态的。因此，无论是除噪声、去模糊、图像融合、图像超分辨率、去阴影，还是去薄云，几乎所有的反降晰目标函数都至少有一个规整化项 $\left\| \Psi(X) \right\|_p$。其中很重要的一点就是如何定义规整化项 $\left\| \Psi(X) \right\|_p$，这里 $\Psi(X)$ 是关于 X 的函数，$\left\| \Psi(X) \right\|_p$ 是 $\Psi(X)$ 的 p 范数。如果 $p = 2$ 就是 Tikhonov 规整化，$p = 1$ 就是压缩感知领域流行的 L1 范数。基于偏微分方程的规整化可以写成 $\left\| \Psi(X) \right\|_p$ 的形式，即 $\left\| \nabla X \right\|_1$，是图像梯度的 L1 范数，也就是全变分。小波或非局部平均也可以写为该形式。关于如何定义规整化项 $\left\| \Psi(X) \right\|_p$ 的研究是目前低层次视觉任务领域发展最快的分支，很多新的规整化或图像平滑方式对整个图像质量改善和分辨率增强都有极大的推动作用。

第三个基本问题是如何离散化求解。因为规整化项 $\left\| \Psi(X) \right\|_p$ 变得越来越有效，相应的形式也变化多端，甚至非常复杂。很多 $\left\| \Psi(X) \right\|_p$ 非常难以离散化求解。例如，近年来流行的 $\left\| X \right\|_0$ 非常难以求解，所以衍生出很多有针对性的计算方法。规整化项 $\left\| \Psi(X) \right\|_p$ 定义得再好，没有好的求解策略也不能产生好的反降晰效果。流行的规整化策略，如偏微分方程、小波、非局部平均、稀疏表征、图像块似然对数和低秩等都衍生出相应的快速计算和求解方法。这些方法在图像规整化领域也

属于非常实用和有意义的研究。

此外，我们从另一个角度看遥感图像质量改善的统一表达式。已知 Y 和 H，求解 X 这种问题一般认为是解方程。如果 X 和 H 都不知道，问题就比较麻烦了，信号领域称之为盲复原。若已知 Y 和 X，求解 H，控制领域称之为系统辨识，机器学习领域称之为回归问题。分类就是已知标签 Y 和数据 X，求解分类器 H。支持向量机和深度学习其实都是回归问题。实际上，本书只是指出图像质量提升与传统回归问题之间的联系和区别。关于回归问题虽有涉及，但不详细讨论。

参 考 文 献

[1] Liu P, Huang F, Li G, et al. Remote-sensing image denoising using partial differential equations and auxiliary images as priors. IEEE Geoscience and Remote Sensing Letters, 2011, 9(3): 358-362.

[2] Liu P, Eom K B. Restoration of multispectral images by total variation with auxiliary image. Optics and Lasers in Engineering, 2013, 51(7): 873-882.

[3] Liu P, Eom K B. Compressive sensing of noisy multispectral images. IEEE Geoscience and Remote Sensing Letters, 2014, 11(11): 1931-1935.

第 3 章　遥感图像除噪声

遥感图像通常或多或少都会有一些噪声。常见的噪声为光学图像的加性噪声和微波成像过程中存在的乘性斑点噪声。此外，还有 CCD 像元加工工艺不佳导致的条带噪声。条带噪声在高光谱传感器或其他推扫成像模式下采集的数据中较为常见。本章主要对光学加性噪声的一些方法进行分类阐述。

噪声观测模型示意图如图 3.1 所示。当降晰矩阵为单位阵的时候，观测模型退化为噪声的观测模型。

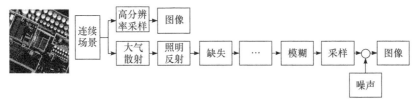

图 3.1　噪声观测模型示意图

3.1　高光谱图像条带噪声

高光谱图像不只是含有点状噪声，还含有条带噪声，如图 3.2 所示。条带噪

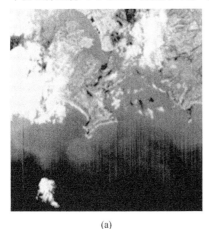

(a)　　　　　　　　　　　　　　　　(b)

图 3.2　高光谱图像的条带噪声

声的存在会极大地降低图像的利用率，因此必须消除条带噪声。条带噪声主要沿成像光谱仪扫描方向分布，以条带状出现，具有一定的宽度和明暗度。

国内外学者提出不少关于条带去除的方法，其中比较典型的有直方图匹配法[1]、矩匹配方法[2]、小波变换[3]和傅里叶变换[4]等。这些方法往往要求图像中的地物类型单一。条带噪声具有周期性，不少学者针对高光谱图像中的条带噪声进行研究，并提出改进算法。下面介绍矩匹配方法。

3.1.1　矩匹配方法

矩匹配方法[5]是一种有效的条带噪声去除方法。条带噪声的出现主要是因为 CCD 在光谱响应区内的响应函数不一致，如图 3.3 所示。矩匹配方法假设在理想状况下，各 CCD 像元的响应函数为具有移不变性质的线性函数。若设 C_i 为第 i 个像元，则 C_i 的光谱响应函数可以表示为

$$Y_i = k_i X + b_i + \varepsilon_i(X) \tag{3.1}$$

其中，Y_i 为的输出值，也就是图像中像素的灰度值；X 为 CCD 记录的辐射量；k_i 为函数增益；b_i 为偏移；ε_i 为随机噪声。

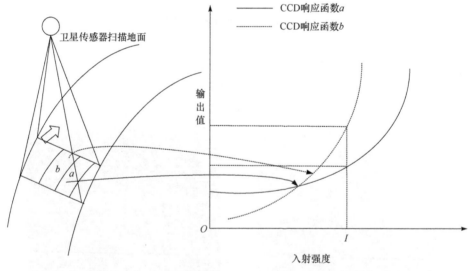

图 3.3　CCD 响应差异

若信噪比较高，则可以忽略随机噪声的影响，式(3.1)可写为

$$Y_i = k_i X + b_i \tag{3.2}$$

由式(3.2)可以看出，对同一辐射强度 X，若增益 k_i 和偏移 b_i 的取值不同，则得到的灰度值不同，从而产生条带噪声。因此，如果可以将 Y_i 归一化到相同值，

则能有效地消除条带噪声。

矩匹配方法是在假设地物均一的情况下，选取一参考 CCD 行，将其他各 CCD 行校正到该参考 CCD 行的辐射率上。矩匹配采用的公式为

$$Y_i = \frac{\sigma_r}{\sigma_i} X_i + \mu_r - \mu_i \frac{\sigma_r}{\sigma_i} \tag{3.3}$$

其中，X_i 和 Y_i 分别为图像第 i 行像素校正前后的灰度值；μ_r 和 σ_r 为参考 CCD 行的均值和标准差；μ_i 和 σ_i 为第 i 行的均值和标准差。

其思想基础是在地物均一的条件下，各 CCD 行辐射分量的均值和方差近似相等。

一般情况下，矩匹配方法优于直方图匹配方法，但其对图像灰度分布的均匀性要求很高；否则，在地物较复杂导致灰度分布不均匀的情况下，使用矩匹配方法通常会产生带状效应，即在图像沿列的方向假设条带沿行方向分布产生一种时暗时明的不连续、不符合自然地理要素分布特征的现象。其根本原因是经过矩匹配后，图像所有的行均值都相等，行均值分布曲线为一条直线。一般图像中很少只包含一种地物，灰度分布很难达到这种理想的均匀状况，因此图像上反映的地表光谱信息的分布会发生畸变。

3.1.2　改进的矩匹配方法

由于高光谱遥感数据具有很高的光谱分辨率，其相邻波段间的图像数据具有较高的相关性。这种相关性反映在直方图上就是具有相似的灰度分布，若两幅图像是同一场景且经过配准，则这种相似的灰度分布反映为相似的行均值分布。因此，有学者提出利用两幅图像进行矩匹配来消除条带噪声改进的矩匹配方法。这种方法首先要选择与含有条带噪声的图像相关性很高的未被条带噪声污染的另一波段的图像，并将其作为参考图像。若图像未经配准，还要进行配准处理，使两幅图像对应的 CCD 扫描行记录的是同一地物。然后，按矩匹配方法进行行均值的匹配，再适当乘以一个常数因子[6]，以弥补两幅图像原始灰度均值的差别，保持图像消噪前后灰度均值不变。应用这种方法，可以完全不必考虑原来矩匹配方法强约束的前提条件，对于复杂地物分布具有很强的适应性，且不必事先对高光谱成像仪有必要的了解，是一种效果较好，普遍适应性也很好的方法。这种方法的缺点是需要计算高光谱多个波段间的相关系数，增加了计算量；需要两幅图像 CCD 对应扫描行记录的必须是同一地物，而有些高光谱图像数据并不满足这一条件，因此需要对图像进行配准，实现较复杂；利用两幅图像也会降低高光谱图像的利用率。

传统的矩匹配方法会改变图像在成像行或列方向的均值分布，使图像灰度在空间分布上产生一定的畸变。改进的矩匹配方法比传统的矩匹配方法有一定的优

势，既能有效地去除条带噪声，又能恢复和保持地物真实反射率的空间分布情况，可以较好地保持原始图像信息，使原始图像中因条带噪声而不能被利用的图像信息在去条带后可以被进一步应用。

3.2　SAR 图像斑点噪声

图像的斑点噪声(图 3.4)主要出现在 SAR 图像中，会对后续工作，如边缘检测、图像分割、地物分类、目标检测与识别等造成一定的影响。在过去的二十多年中，人们提出许多去除斑点噪声方法。这些方法基本被分为两类：第一类是多视处理，即平均同一区域的几个视(look)。多视处理相当于图像的低通滤波，这个方法简单有效，能够有效地抑制斑点噪声，但会降低图像的空间分辨率，模糊图像的边缘。第二类是在图像生成之后平滑斑点噪声。此类方法都是基于数字图像处理技术，可以分为两类：一类是基于 SAR 图像斑点噪声统计模型的滤波算法，如Frost 滤波[7]、Kuan 滤波[8]、Lee 滤波[9]、Gamma Map 滤波[10]等；另一类是基于 SAR 图像变换域统计特性的滤波算法，如基于小波的滤波技术。这些方法的主要目的是，在减少斑点噪声的同时又不破坏图像的空间分辨率，以及纹理、边缘等信息。测试表明，这些方法总是去除斑点噪声和保持有用信息的折中。下面介绍基于统计模型的斑点噪声滤波。

图 3.4　图像的斑点噪声

3.2.1　Frost 滤波器

SAR 图像的简单模型可以表示为

$$I(t) = R(t) \cdot u(t) * h(t) \tag{3.4}$$

其中，$t = (x, y)$ 为空间坐标；$R(t)$ 为描述同质区域地物后向散射强度的平稳随机变量；$u(t)$ 为由于衰弱产生的非高斯分布的随机噪声；$h(t)$ 为 SAR 系统的脉冲响应。

假设图像数据是平稳的，利用最小均方差(least mean square, LMS)原理估计图像真实值 $R(t)$。在有限带宽的情况下，假定系统脉冲响应 $h(t)$ 为常量，这样可以推导出非相关乘性噪声模型，即

$$R_R(\tau) = \sigma^2 \exp(-a|\tau|) + \overline{R^2} \tag{3.5}$$

其中，$\overline{R}$ 为信号的局部均值；σ 为局部均方差；a 为自相关参数。

不同地物的这三个参数不同。这个模型也不必适合不同纹理特征的地物，所以也可以用其他模型。由最小均方差原理可得出脉冲响应，并简化为

$$m(t) = k_1 \exp(-k C_I^2(t)|t|) \tag{3.6}$$

其中，$C_I = \sigma / \overline{I}$ 为图像的局部方差系数，σ 和 $\overline{I}$ 为局部方差和均值；$C_I(t)$ 由以 t 为中心的窗口计算得到；k_1 为归一化参数；k 为滤波器参数。

3.2.2　Kuan 滤波

SAR 图像的灰度值 $I(t)$ 包含图像真实灰度 $R(t)$ 和零均值的非相关噪声 $N(t)$，即

$$I(t) = R(t) + N(t) \tag{3.7}$$

假设图像的模型是非平稳均值和非平稳方差，那么图像的协方差矩阵可以认为是对角型。对于给定的 SAR 图像 $I(t)$，图像真实灰度 $R(t)$ 可以通过最小均方差原理来估计。真实图像 $R(t)$ 和噪声是相互独立的，真实图像的统计量可以由观测图像估计。SAR 图像乘性噪声情况为

$$R(t) = I(t)W(t) + \overline{I}(t)(1 - w(t)) \tag{3.8}$$

其中，$w(t)$ 为权重参数，$w(t) = (1 - C_u^2 / C_I^2)/(1 + C_u^2)$，$C_u = \sigma_u / \overline{u}$；$\overline{I}(t)$ 为 $I(t)$ 的局部均值。

3.2.3　Lee 滤波

Lee 滤波器[9]是一种局部统计滤波器，针对 SAR 图像的空域乘性相干斑模型，对反射特性进行线性估计，并满足均方误差最小。它利用图像的局部统计特性控

制滤波器的输出,使滤波器自适应图像变化。

Lee 滤波器的算法原理基于乘性斑点噪声模型,并假定该模型是完全发育的斑点噪声乘性模型(表现在图像上,斑点处于均匀区域或弱纹理区域,且斑点噪声与图像信号不相关)。

空域乘性相干斑模型可写为 $I = xv$,其中 I 表示受噪声污染的图像,x 表示地物反射特性,即理想的不受噪声污染的图像,v 表示相干斑噪声。

求得 $\mathrm{var}(x) = \dfrac{\mathrm{var}(I) - \sigma_v^2 \overline{I}^2}{1 + \sigma_v^2}$,其中 σ_v 是噪声的方差系数,取 $\sigma_v = \dfrac{1}{\sqrt{L}}$,$L$ 是图像的视数,$\mathrm{var}(x)$ 计算方差,$\overline{I}$ 是 I 的均值。

经过对 x 均值估计、线性估计的操作后,x 的线性估计为

$$\hat{x} = \overline{I} + \frac{\mathrm{var}(x)}{\mathrm{var}(I)}(I - \overline{I}) \tag{3.9}$$

其中,在同质均匀区域,$\mathrm{var}(x) \approx 0$,则 $\hat{x} \approx \overline{I}$,即 Lee 滤波器的输出近似于区域内像素的平均值;在边缘和异质区域等高反差区域,$\mathrm{var}(x) \gg \sigma_v^2 \overline{I}^2$,$\mathrm{var}(x) \approx \mathrm{var}(I)$,则 $\hat{x} \approx \overline{I} + (I - \overline{I}) = I$,即 Lee 滤波器的输出近似于像素本身的值。因此,Lee 滤波器能够在同质均匀区域内消除斑点,同时有效保持边缘。

3.2.4 Gamma Map 滤波

对于功率图像,Gamma Map 滤波器可表示为

$$\begin{cases} R = I, & C_i \leqslant C_u \\ R = (BI + \sqrt{D})/(2a), & C_a \leqslant C_i < C_{\max} \\ R = CP, & C_i \geqslant C_{\max} \end{cases} \tag{3.10}$$

其中,R 为滤波后中心像元灰度值;I 为滤波窗口内的均值;$C_u = 1/\sqrt{\mathrm{NLOOK}}$,NLOOK 为视数;$C_i = \sqrt{\mathrm{var}/I}$,var 为滤波窗口内的方差;$C_{\max} = \sqrt{2} \times C_u$;$a = (1 + C_u^2)/(C_i^2 - C_u^2)$;$B = a - \mathrm{NLOOK} - 1$;$D = I^2 B^2 + 4a\mathrm{NLOOK}ICP$。

对于幅度图像,滤波窗口内每一像元灰度值取平方,滤波后的结果取平方根。

3.3 常见加性除噪方法

3.3.1 全变分除噪

在信号处理中,全变分去噪也称全变分正则化,是数字图像处理中常用的一种噪声去除方法。它基于信号虚假的细节具有高全变分的原理,即信号绝对梯度

的积分是高的。根据这个原理，减少与原始信号紧密匹配的信号的全变分，去除不需要的细节，同时保留边缘等重要细节。这个概念在 1992 年由 Rudin、Osher 和 Fatemi 开创，所以称为 ROF 模型[11]。

这种噪声消除技术比线性平滑或中值滤波等技术具有优势。这些技术可以降低噪声，但同时也可以使边缘平滑维持在较少的程度。相比之下，即使在低信噪比的情况下，全变分去噪在保持边缘，同时平滑平坦区域噪声也非常有效。

1. 1D 信号系列

对于数字信号 y_n，可以定义全变分为

$$V(y) = \sum_n \left| y_{n+1} - y_n \right| \tag{3.11}$$

给定一个输入信号 x_n，全变分去噪的目标是找到一个近似值，称为 y_n，总体变化小于 x_n，但与 x_n 接近。接近度的一个度量是平方误差的总和，即

$$E(x,y) = \frac{1}{2} \sum_n (x_n - y_n)^2 \tag{3.12}$$

因此，全变分去噪问题就等于在信号 y_n 上最小化下面的离散函数，即

$$E(x,y) + \lambda V(y) \tag{3.13}$$

通过将这个函数与 y_n 进行区分，可以得到一个相应的欧拉-拉格朗日方程。它以初始信号 x_n 作为初始条件进行数值积分。由于这是一个凸函数，因此可以使用来自凸优化的技术使其最小化并找到解 y_n。

正则化参数 λ 在去噪过程中起着至关重要的作用。当 $\lambda = 0$ 时，没有平滑，结果与最小化平方和相同。然而，在 $\lambda \to \infty$ 的情况下，全变分项的作用越来越强，这使得结果的总变差越来越小，越不像输入信号(噪声)。因此，正则化参数的选择对于实现恰当的噪声去除是至关重要的。

2. 2D 信号图像

现在考虑 2D 信号 y，全变分为

$$V(y) = \sum_{i,j} \sqrt{\left| y_{i+1,j} - y_{i,j} \right|^2 + \left| y_{i,j+1} - y_{i,j} \right|^2} \tag{3.14}$$

它是各向同性且不可微的。有时使用变量更容易最小化，是一个各向异性的版本，即

$$V_{\text{aniso}}(y) = \sum_{i,j} \sqrt{\left| y_{i+1,j} - y_{i,j} \right|^2} + \sqrt{\left| y_{i,j+1} - y_{i,j} \right|^2} = \sum_{i,j} \left| y_{i+1,j} - y_{i,j} \right| + \left| y_{i,j+1} - y_{i,j} \right| \tag{3.15}$$

标准全变分去噪问题仍然是下面形式，即

$$\min_{y} E(x,y) + \lambda V(y) \tag{3.16}$$

其中，E 为 2D 信号图像 L2 范数。

3.3.2　小波除噪

利用小波域高斯尺度混合模型的图像去噪是基于变换域系数的统计方法。相邻位置和尺度的系数被建模为两个独立随机变量的乘积，即高斯向量和隐式标量乘法。后者调制邻域系数的局部方差，能够说明系数幅度之间经验观测的相关性。在这个模型中，每个系数的贝叶斯最小二乘估计减少到所有可能的局部线性估计的加权平均隐含变量的值。此方法的性能超过之前提出的小波类方法的性能。

多尺度可以为表示图像的结构提供有用的先验知识，但是用正交或双正交小波对许多应用(包括去噪)是有问题的。具体地说，它们是临界采样的(系数的数量等于图像像素的数量)，并且这个约束会导致不好的视觉混叠。一个被广泛接受的解决方案是使用为正交或正交系统设计的基函数，减少或消除子带的抽取。然而，一旦临界采样的约束被降低，就没有必要局限于这些基本功能。显著的改进来自使用冗余度较高的小波，用可操纵金字塔的框架表示特定变体。这种多尺度线性分解的基函数在空间上是局部定向的，并且在带宽上大致跨越一个单位。它们在傅里叶域是极性可分的，通过平移、扩张和旋转得到。

1. 高斯尺度混合

考虑将图像分解成多个尺度的方向子带。我们用 $x_C^{s,o}(n,m)$ 表示系数对应于尺度为 s，方向为 o 的线性基函数，以空间位置 $(2^s n, 2^s m)$ 为中心，用 $X^{s,o}(n,m)$ 表示这个参考系数平方附近的系数邻域。通常邻域可以包括来自其他子带的系数(对应于在附近尺度和方位处的基函数)，以及来自相同子带的系数。在我们的例子中，通过邻近尺度上两个子带的系数邻域，利用多尺度表示观察到的统计耦合。假设一个金字塔子带参考系数周围的每个局部邻域内的系数可以用高斯尺度混合模型表征。形式上，随机向量 x 是高斯尺度混合，当且仅当可以表示为零均值高斯向量 u 和独立随机变量 $\sqrt{z}$ 的乘积，即

$$x \overset{=}{d} \sqrt{z} u \tag{3.17}$$

其中，$\overset{=}{d}$ 表示平等分配；变量 z 为乘数；x 为高斯变量的无限混合，其概率密度由 u 的协方差矩阵 C_u 和混合密度 $p_z(z)$ 决定，即

$$p_x(X) = \int \frac{\exp\left(\dfrac{-x^{\mathrm{T}}(zC_u)^{-1}x}{2}\right)}{(2\pi)^{N/2}|zC_u|^{1/2}} p_z(z)\mathrm{d}z \tag{3.18}$$

其中，N 为 x 和 u 的维数(邻域的大小)。

不失一般性，可以假设 $E\{z\}=1$，这意味着 $C_x=C_u$。

2. 用于小波系数的高斯尺度混合模型

一个高斯尺度混合模型可以解释小波系数的形状和相邻系数幅度之间的强相关性。为了从这个局部描述中构建图像的全局模型，必须指定系数的邻域结构和乘子的分布。通过将系数划分为不重叠的邻域，可以大大简化全局模型的定义及计算。一种方法是指定乘数的边际模型(将其作为独立变量处理)，或者整个集合的联合密度乘数。但是，使用不相交的邻域会导致邻域边界引入不连续处的明显去噪效应。另一种方法是使用高斯尺度混合模型，作为以金字塔中的每个系数为中心的系数簇的行为的局部描述。由于邻域重叠，每个系数将成为许多邻域的成员。局部模型隐式定义了一个全局(马尔可夫)模型，但是由此产生的模型是以精确的方式进行统计推断(即计算贝叶斯估计)，具有相当的挑战性。这就简单地解决了每个邻域中心参数的估计问题。

图像去噪过程首先将图像分解成不同尺度和方向的金字塔子带，然后将每个子带去除(除了低通量带宽)，最后将金字塔变换倒置，得到去噪图像。假设图像受已知方差的独立加性高斯白噪声的干扰(注意该方法也可以处理已知协方差的非白噪声高斯噪声)，对应于金字塔表示的 N 个观测系数邻域的向量 y 可以表示为

$$y=x+w=\sqrt{z}u+w \tag{3.19}$$

假设系数具有高斯尺度混合模型结构，加上独立加性高斯噪声的假设，意味着式(3.19)右边的三个随机变量是独立的。u 和 w 是零均值高斯向量，具有相关的协方差矩阵 C_u 和 C_w。在 z 上观察到的邻域向量的密度是零均值，具有协方差 $C_{y|z}=zC_u+C_w$，因此有

$$p(y\,|\,z)=\frac{\exp\left(\dfrac{-y^{\mathrm{T}}(zC_u+C_w)^{-1}y}{2}\right)}{\sqrt{(2\pi)^N\,|zC_u+C_w|}} \tag{3.20}$$

邻域噪声协方差 C_w 可以通过将 delta 函数 $\sigma\sqrt{N_y N_x}\delta(n,m)$ 分解为金字塔子带获得，其中 (N_y,N_x) 是图像维度。该信号具有与噪声相同的功率谱，但不受随机波动的影响。C_w 的元素可以直接用样本协方差来计算(通过对子带所有邻域上系数对的乘积进行平均)。对于非白噪声，通过用平方根的傅里叶逆变换代替 delta 函数的噪声功率谱密度。整个过程可以脱机执行，因为它是独立于信号的。

给定 C_w，可以从观测协方差矩阵 C_u 计算信号协方差 C_y，即

$$C_y = E\{z\}C_u + C_w \tag{3.21}$$

不失一般性，设 $E\{z\}=1$ ，则

$$C_u = C_y - C_w \tag{3.22}$$

可以执行特征向量分解，并将任何可能的负特征值(在大多数情况下不存在或可忽略)设置为零使 C_u 为正半定。

(1) 贝叶斯最小二乘估计

对于每个邻域，我们希望估计邻域中心的参考系数 x_c ，其中 y 是观察到的(噪声)系数集合。贝叶斯最小二乘估计就是条件均值，即

$$E\{x_c \mid y\} = \int_0^\infty p(z \mid y) E\{x_c \mid y,z\} \mathrm{d}z \tag{3.23}$$

为了交换整合的顺序，假定统一收敛，因此解决方案是贝叶斯最小二乘估计的平方 z 。

(2) 局部维纳估计

高斯尺度混合模型的优点是在 z 上，条件系数邻域向量 x 是高斯的。这个事实加上加性高斯噪声的假设，意味着积分内部的期望值仅仅是局部线性(Wiener)估计。这个完整的邻域向量为

$$E\{x \mid y,z\} = zC_u(zC_u + C_w)^{-1}y \tag{3.24}$$

我们可以通过对矩阵 $zC_u + C_w$ 进行非对角化来简化 z 的依赖关系。具体来说，设 S 是正定矩阵 C_w 的对称平方根，令 $\{Q,\Lambda\}$ 是矩阵 $S^{-1}C_uS^{-T}$ 的特征向量(特征值扩张)。然后，使用

$$zC_u + C_w = SQ(z\Lambda + I)Q^\mathrm{T}S^\mathrm{T} \tag{3.25}$$

Scheunder 等提出基于局部高斯混合模型的超完备金字塔表示的去噪方法。这个模型在许多重要方面与以前的模型有所不同。首先，许多以前的模型基于可分离的正交小波，或者这种小波的冗余版本。相比之下，此模型基于一个完整的紧框架，没有混叠，并且包括对倾斜方向有选择性的基函数。代表性的冗余度越高，辨别方位的能力越高，表现就越好。其次，模型明确地包含相邻系数(信号和噪声)之间的协方差，而不是仅考虑边际响应或局部方差。因此，该模型可以捕获过度完整表示引起的相关关系，以及基础图像固有的相关性，并且可以处理任意功率谱密度的高斯噪声。再次，包含一个来自相同方向和相邻空间位置的邻域，而不是只考虑每个子带内的空间邻域。这种模型选择与自然图像中跨越尺度的强大统计依赖的实证结果是一致的。这里的去噪方法和基于连续隐变量模型的方法首先计算全局最优局部贝叶斯最小二乘解，而不是估计局部方差，然后用它估计系数。

此外，这里使用线性最小二乘解的形式，充分利用信号和噪声的协方差建模提供的信息。这些增强和先验隐乘法器(一个非信息先验，独立于观测信号)的选择使去噪图像的质量显著改善，同时保持合理的计算成本。

3.3.3 双边滤波除噪

滤波是图像处理和计算机视觉的基本操作。在广义情况下，给定位置处滤波图像的值是输入图像在相同位置小邻域中值的函数。特别地，高斯低通滤波计算邻域中像素值的平均值。其中，权重随着距邻域中心距离的减小而减小。对于典型图像的缓慢变化，其近似像素可能具有相似的值，因此平均是合适的。像素周围的噪声值与信号的相关性较差，因此在保留信号的同时对噪声进行平均。在低频滤波的情况下，边缘处空间变化缓慢的假设不成立。我们怎样才能防止边缘平滑，并使平滑区域仍然平滑？各向异性扩散是一种很好的方式，局部图像的变化是在每一个点上测量的，像素值取决于局部变化的平均值。

双边滤波的基本思想是在图像的范围内进行传统滤波器应用。两个像素可以彼此靠近，即在空间占据位置，或者相互类似。相近度指的是在该邻域附近，相似范围内的邻近。传统的滤波是域滤波，通过权重的像素值与距离下降的系数实现紧密度。类似地，我们定义范围滤波。其平均具有不相似性衰减权重的图像值。范围滤波器是非线性的，因为它们的权重取决于图像强度或颜色。在计算上，它们不比标准的不可分离滤波器复杂。双边滤波通过附近图像值的非线性组合使图像平滑。该方法是非迭代的、局部的、简单的。与分别在彩色图像的三个频带上操作的滤波器相比，双边滤波器可以强化 CIE-Lab 色彩空间下的感知度量，并且平滑色彩以调整到人类感知的方式保留边缘。在 CIE-Lab 色彩空间，双边滤波是彩色图像最自然的滤波类型，只有类似的颜色被平均在一起，并且只保留重要的边缘。

双边过滤器定义为[12]

$$I^{\text{filtered}}(x) = \frac{1}{W_P} \sum_{x_i \in \Omega} f_r(I(x_i) - I(x)) g_s(x_i - x) \tag{3.26}$$

其中，I^{filtered} 为滤波后的图像；I 为原始输入图像；x 为当前要过滤的像素坐标；Ω 为以 x 为中心的窗口；f_r 为用于平滑强度差异的范围内核(该函数可以是高斯函数)；g_s 为平滑坐标差的空间核(这个函数可以是高斯函数)。

正则化项为

$$W_p = \sum_{x_i \in \Omega} f_r(I(x_i) - I(x)) g_s(x_i - x) \tag{3.27}$$

如上所述，可以使用空间接近度和强度差来分配权重 W_p。考虑位于 (i, j) 处的像素需要使用其相邻像素去噪，并且其相邻像素之一位于 (k,l) 处。像素 (k,l) 去除像素 (i,j) 的权重由下式给出，即

$$w(i,j,k,l) = \exp\left(-\frac{(i-k)^2 + (j-l)^2}{2\sigma_d^2} - \frac{I(i,j) - I(k,l)^2}{2\sigma_r^2} \right) \tag{3.28}$$

其中，σ_d 和 σ_r 为平滑参数；$I(i,j)$ 和 $I(k,l)$ 为 (i,j) 和 (k,l) 的像素强度。

计算权重后，将其归一化可得

$$I_D(i,j) = \frac{\sum_{k,l} I(k,l) w(i,j,k,l)}{\sum_{k,l} w(i,j,k,l)} \tag{3.29}$$

其中，I_D 为像素 (i,j) 的去噪强度。

随着 σ_r 的增加，双边滤波器逐渐接近高斯卷积。因为距离高斯函数变宽、变平，它在图像的强度区间内几乎是恒定的。随着空间参数 σ_d 的增加，较大的特征可以得到平滑。

双边滤波器由于核心函数会随空间的不同而变化，因此无法使用傅里叶变换辅助运算。如果使用常规算法需要很多时间，在不同应用上有近似的快速算法可以大幅加快运算速度。

双边滤波器可以应用在影像降噪、色调映射、图像重建。

3.3.4　块匹配除噪

3 维块匹配滤波(block-matching and 3D filtering，BM3D)可以说是当前效果最好的算法之一。它首先把图像分成一定大小的块，根据图像块之间的相似性，把具有相似结构的二维图像块组合在一起形成三维数组，然后用联合滤波的方法对这些三维数组处理，最后通过逆变换，把处理后的结果返回原图像，从而得到去噪后的图像。BM3D 算法有两个步骤，即基础估计(Step1)和最终估计(Step2)。在这两步中，分别又有相似块分组、协同滤波和聚合。相似性分组通过将类似的 2D 图像片段(如块)分成 3D 数据阵列(组)实现稀疏性的增强。协同滤波是为了处理 3D 数据阵列开发的特殊程序。它使用 3 个连续的步骤实现 3D 组的 3D 变换、变换谱的收缩，以及逆 3D 变换。结果是由联合滤波的分组图像块组成的 3D 估计。通过减少噪声，协同滤波可以揭示组合块共享的最好细节，同时保留每个块的基本独特特征。滤波块随后返回原始位置。由于这些块是重叠的，因此对于每个像素我们可以得到许多不同的估计，这些估计需要进行组合。聚合是一个特定的平均过程，通过协同维纳滤波可以获得显著的改进。BM3D 不仅有较高的信噪比，而且视觉效果也很好。因此，研究者提出很多改进的基于 BM3D 的去噪方法，如基于小波变换的 BM3D 去噪、基于 Anscombe 变换域的 BM3D 滤波等。

算法的实现过程如下[13]。

Step1，基础估计。

① 相似块分组。在噪声图像中选择一些 $k \times k$ 大小的参照块(考虑算法复杂度，不用每个像素点都选参照块，通常以 3 个像素为一个步长，在参照块的周围适当大小 $(n \times n)$ 的区域内进行搜索，寻找若干个差异度最小的块，并把这些块整合成一个 3 维矩阵，整合的顺序对结果影响不大。同时，参照块自身也要整合进 3 维矩阵，且差异度为 0。寻找相似块的过程可以表示为

$$G(P) = \{Q : d(P,Q) \leqslant \tau\} \tag{3.30}$$

其中，$d(P,Q)$ 为两个块之间的欧氏距离。

图 3.5 所示为相似块分组。BM3D 算法流程如图 3.6 所示。

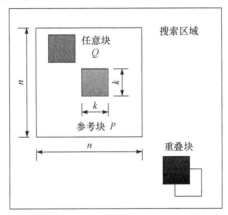

图 3.5　相似块分组

② 协同滤波。形成若干个 3 维矩阵之后，首先对每个 3 维矩阵中的 2 维块进行二维变换，通常采用小波 BIOR1.5。二维变换结束后，在矩阵的第三个维度进行一维变换，通常为阿达马变换(Hadamard transform)。变换后对三维矩阵进行硬阈值处理，将小于阈值的系数置 0，然后通过对第 3 维的一维反变换和二维反变换得到处理后的图像块。这一过程同样可以用一个公式来表达，即

$$Q(P) = T_{\text{3Dhard}}^{-1}(Y(T_{\text{3Dhard}}(Q(P)))) \tag{3.31}$$

其中，二维变换和一维变换用一个 T_{3Dhard} 来表示；Y 为阈值操作，即

$$Y(x) = \begin{cases} 0, & |x| \leqslant \lambda_{\text{3D}\sigma} \\ x, & \text{其他} \end{cases} \tag{3.32}$$

其中，σ 为噪声的标准差，代表噪声的强度。

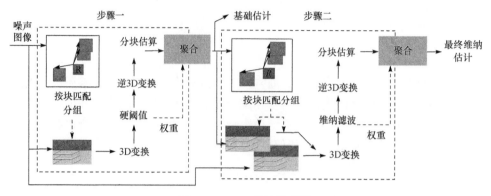

图 3.6 BM3D 算法流程图

③ 聚合。对得到的有重叠的块估计,通过加权平均得到真实图像的基础估计。这一步将这些块整合到原来的位置, 权重取决于置 0 的个数和噪声强度。

Step2, 最终估计。

① 相似块分组。聚合过程与 Step1 中的类似, 得到的是两个三维数组, 即噪声图形成的三维矩阵 $Q^{\text{basic}}(P)$ 和基础估计结果的三维矩阵 $Q(P)$。

② 协同滤波。两个三维矩阵都进行二维和一维变换, 这里的二维变换通常采用离散余弦变换(discrete cosine transform, DCT)。用维纳滤波将噪声图形成的三维矩阵进行系数放缩。该系数通过基础估计的三维矩阵值和噪声强度得出。这一过程同样可以用一个公式来表达, 即

$$Q(P) = T_{3\text{Dhard}}^{-1}(w_p T_{3\text{Dwein}}(Q(P))) \tag{3.33}$$

二维变换和一维变换可以用 $T_{3\text{Dwein}}$ 表示。w_p 是一个维纳滤波的系数, 即

$$w_p(\xi) = \frac{\left|\tau_{3\text{D}}^{\text{wein}}(Q^{\text{basic}}(P))(\xi)\right|^2}{\left|\tau_{3\text{D}}^{\text{wein}}(Q^{\text{basic}}(P))(\xi)\right|^2 + \sigma^2} \tag{3.34}$$

其中, σ 为噪声的标准差, 代表噪声的强度。

③ 聚合。这里将这些块整合到原来的位置, 此时加权的权重取决于维纳滤波的系数和噪声强度。

3.3.5 低秩

图像去噪必须遵循的规则是在去除噪声的同时尽量保护图像的一些边缘细节信息。以往的去噪手段往往在抑制图像噪声的同时, 也会丢失图像的一些重要信息, 这会使去噪后的图像变得模糊。近年来, 低秩理论在去噪方面显示出它强大的能力。高维数据利用低维结构在图像、音频、视频处理, 以及网络搜索和生物信息学中变得越来越重要。低秩矩阵恢复算法是 2009 年由 Wright 等[14]提出来的,

指当矩阵的某些元素被严重破坏后，自动识别出被破坏的元素，恢复出原矩阵的方法。该算法的前提是原矩阵是低秩的或者近似低秩的。2010 年，文献[15]基于低秩矩阵恢复算法提出一种视频图像去噪算法，根据图像在相似块理论上是低秩的，通过相似块匹配，对相似块进行矩阵低秩恢复以达到去噪的目的。2013 年，薛倩等[16]引入稀疏与低秩矩阵分解模型描述图像去噪问题，采用交替方向法 (alternating direction method，ADM) 得到复原图像。基于压缩传感理论，ADM 将椒盐噪声污染的图像视作低秩的原始图像矩阵与稀疏椒盐噪声矩阵的组合，通过交替最小化求解凸优化问题，分解低秩矩阵与稀疏矩阵。2014 年，刘新艳等[17]提出联合矩阵 F 范数的低秩图像去噪，通过最小化矩阵核范数获得低秩解，但是这会导致求解不稳定的情况发生。针对该问题，基于变量分裂的低秩图像复原去噪算法被引入待恢复矩阵的 Frobenius 范数，作为新正则项与原有低秩矩阵的核范数组成联合正则化项，对问题进行凸松弛后采用变量分裂的增广拉格朗日乘子法求解。此法对相关性强的低秩图像复原结果稳定性好，可以获得更高的信噪比。对于高光谱图像来讲，其在空间维和光谱维中存在大量的冗余关联(redundancy and correlation, RAC)[18]。如果在去噪过程中，RAC 可以有效利用，则可以大大提高去噪性能。因此，可以利用空间域中的全局 RAC 和频谱域中的局部 RAC 进行稀疏编码。噪声可以通过学习字典稀疏的近似数据去除。在这个阶段，只有频谱域的局部 RAC 被使用。它将引起频谱失真。为弥补局部频谱 RAC 缺点，可以采用低秩约束处理谱域中的全局 RAC。

1. 低秩矩阵恢复算法

假设矩阵 D 是由一个低秩矩阵 L 受到噪声矩阵 S 的破坏得到的，并且 S 是一个稀疏矩阵，这样就可以运用低秩矩阵恢复算法进行求解。因此，低秩矩阵恢复可用如下优化问题来描述，即

$$\min \operatorname{rank}(L) + \lambda \|S\|_0$$
$$\text{s.t. } L + S = D \tag{3.35}$$

其中，$\|S\|_0$ 为稀疏矩阵的 L_0 范数。

从理论上说，式(3.35)可以实现，但实际上不可行。这是一个 NP 问题，计算量非常大，所以需要寻找合适的范数近似求解上述最优化问题。

文献[19]从理论上证明了 L_1 范数最小化求得的解非常接近 L_0 范数最小化的解，这样就可以将 L_0 范数最小化问题松弛到 L_1 范数最小化问题。式(3.35)涉及矩阵函数的秩，rank 函数是奇异值的 L_0 范数，是非凸的不连续函数，而核范数是奇异值的 L_1 范数。根据上述理论，可以用核范数近似矩阵的 rank 函数，即

$$\min \|L\|_* + \lambda \|S\|_1$$
$$\text{s. t. } L + S = D \tag{3.36}$$

其中，$\|L\|_* = \sum_{k=1}^{n} \sigma_k(L)$ 为矩阵的核函数，$\sigma_k(L)$ 为矩阵的第 k 个奇异值；λ 为权重函数，$\lambda = \dfrac{1}{\sqrt{\max(m,n)}}$，$m$ 和 n 为矩阵 L 的维数。

2. 低秩去噪原理

相似图像块应该具有相似的图像结构。在无污染和缺失的情况下，这些相似块应处于低维子空间，由这些相似块按照相同的规律组合成的矩阵具有较低的秩。当图像受到污染或出现部分缺失时，组合后的矩阵也会受到影响。这些影响可通过低秩矩阵恢复处理来消除。带噪图像经相似块匹配后构造的矩阵 P 可以表示为

$$D = L + S \tag{3.37}$$

其中，L 为需要恢复的无噪声相似块矩阵，是低秩的；S 为噪声矩阵，是稀疏的。

图像去噪转化为低秩矩阵恢复问题，带噪的相似块矩阵 D 经低秩矩阵恢复之后，可以得到去噪的相似块矩阵 L，将 L 对应地放回相似块的位置就可以得到去噪图像。

3. 改进的低秩矩阵恢复模型

研究发现，低秩矩阵恢复模型具有一定的局限性，对于稀疏矩阵有特别的要求，去除噪声的效果不稳定会缩小该算法的实际应用范围。Elastic-net(弹性网络)是一类具有代表性的模型，它将 L_1 范数与 L_2 范数结合作为惩罚函数，与最小二乘回归联合组成新的线性组合，可以解决稀疏性和稳定性之间的平衡关系。根据 Elastic-net 的基本思想，改进的低秩去噪恢复模型将惩罚项中待恢复矩阵的核范数和 F 范数相结合，利用 F 范数控制待恢复矩阵的稳定性。核范数控制待恢复矩阵的唯一性和稀疏性，可以达到有效去除噪声的目的，并且能够使相关性强的图像复原效果更加稳定。改进的求解模型为

$$\min \|L\|_* + \lambda \|S\|_1 + Y \|L\|_F^2$$
$$\text{s. t. } L + S = D \tag{3.38}$$

3.3.6 图像块似然对数期望

学习良好的图像先验对于计算机视觉和图像处理应用至关重要。图像先验和优化整幅图像会带来很大的计算量。相比之下，当我们使用小图像块时，可以非

常有效地学习先验和块修复。这就提出三个问题，即先验数据可能提高重构性能吗？可以使用这种基于块的先验恢复完整的图像吗？可以学习更好的块先验吗？通过比较几个块模型，块修复可以给予数据执行者很高的可能性。受此启发，人们提出一个通用框架，允许使用任何基于块的先验图像对整个图像重构，从而计算出最大后验(maximum a posteriori, MAP)或近似 MAP 估计值。下面首先展示如何导出适当的代价函数，如何优化和恢复整个图像。然后，从一组自然图像中学习一般的、简单的高斯混合。当与提出的框架一起使用时，该高斯混合模型比先前的通用方法更胜一筹。

给定一个图像 x (矢量化形式)，定义期望块的对数似然(expected patch log likelihood, EPLL)为

$$\text{EPLL}_p(x) = \sum_i \log_p(P_i X) \tag{3.39}$$

其中，P_i 为从所有重叠块中的图像中提取的第 i 个块的矩阵；$\log_p(P_i X)$ 为第 p 个块中第 i 个块的可能性。

假设块位置是随机选择的，损坏的图像 y 和图像损坏的模型为 $Ax - y^2$，考虑最小化的代价，在使用 p 块之前找到重建的图像，即

$$f_p(x|y) = \frac{\lambda}{2}\|Ax - y\|^2 - \text{EPLL}_p(x) \tag{3.40}$$

其中，等号右侧第一项表示图像的对数似然性。

为了解决这个函数的直接优化问题，文献[20]提出通过为每个块 $P_i x$ 定义辅助块 $\{z^i\}$ 使用一次方程式因式分解，然后最小化，即

$$c_{p,\beta}(x, \{z^i\}|y) = \frac{\lambda}{2}\|Ax - y\|^2 + \sum_i \frac{\beta}{2}\|P_i x - z^i\|^2 - \log p(z^i) \tag{3.41}$$

作为 $\beta \to \infty$，我们限制 $P_i x$ 等于辅助变量 $\{z^i\}$ 与式(3.41)和式(3.40)的解收敛。对于 β 的固定值，式(3.41)可以迭代的方式进行，首先求解 x，同时保持 $\{z^i\}$ 不变，然后给定新找到的 x 并保持不变，最后求解 $\{z^i\}$。

优化 β 的值需要两个步骤。

① 给定 $\{z^i\}$ 可以解决封闭的形式。将式(3.41)的导数取为 $x = 0$，求解得到的方程式为

$$\hat{x} = \left(\lambda A^T A + \beta \sum_j P_j^T P_j\right)^{-1}\left(\lambda A^T y + \beta \sum_j P_j^T z^j\right) \tag{3.42}$$

其中，j 为图像中所有重叠的块和相应的辅助变量 $\{z^i\}$。

② 求解 $\{z^i\}$ 取决于先前的 p，但是对于任何先验而言，这意味着求解先验下最可能的 MAP 问题。

这两个步骤可以从式(3.41)中提高 $c_{p,\beta}$，对于大的也可以从式(3.40)中改进原始损失函数 f_p。因此，没有必要找到每个上述步骤的最优化，任何改进子问题损失的近似方法(如近似 MAP 估计程序)仍将优化原始损失函数。

总之，算法首先可以使用任何基于块的先行和后继。其运行时间仅为简单块平均(取决于迭代次数)恢复运行时间的 4~5 倍。其次，这个框架不需要学习模型 P_x，其中 x 是一个自然图像。

3.3.7 稀疏表征

稀疏字典学习是一种表示学习方法，其目的是以基本元素及其线性组合的形式找到输入数据的稀疏表示(也称为稀疏编码)。这些元素称为原子，它们组成一个字典。字典中的原子不需要是正交的，可能是一个超完备的集合。这个问题的设置也使被表示信号的维度比观察到的信号维度更高。上述性质导致看起来冗余的原子可以表示相同的信号，同时可以改善稀疏性和灵活性。稀疏字典学习最重要的应用之一是压缩感知或信号重建。在压缩感知中，如果信号稀疏或接近稀疏，则只需几次线性测量即可恢复高维信号。由于不是所有的信号都满足这个稀疏性条件，因此找到该信号的稀疏表示是非常重要的。一旦矩阵或高维向量被转移到一个稀疏的空间，不同的恢复算法，如 CoSaMP[21]或快速阈值迭代算法就可以用来恢复信号。字典学习的关键是字典必须从输入数据中推断出来。稀疏字典学习方法的出现受到以下事实的启发，即在信号处理中，人们通常希望使用尽可能少的组件表示输入数据。在这种方法之前，一般的做法是使用预定义的字典(如傅里叶变换或小波变换)。然而，在某些情况下，经过训练适应输入数据的字典可以显著提高稀疏性，在数据分解、压缩、分析方面具有应用前景，并用于图像去噪、分类、视频和音频处理等领域。稀疏性和超完备字典在图像压缩、图像融合和修补中有广泛的应用。

1. 问题陈述

给定输入数据集 $X = [x_1, \cdots, x_k]$，$x_i \in \mathbf{R}^d$，$i = 1, 2, \cdots, k$，我们希望找到一个字典 $D \in \mathbf{R}^{d \times n}$：$D = [d_1, \cdots, d_n]$ 和一个表示 $R = [r_1, \cdots, r_k]$，$r_i \in \mathbf{R}^n$，使得 $\|X - DR\|_2^2$ 都被最小化，这可以表述为以下优化问题，即

$$\arg \min_{D \in C, r_i \in \mathbf{R}^n} \sum_{i=1}^{K} \|x_i - Dr_i\|_2^2 + \lambda \|r_i\|_0 \tag{3.43}$$

当 $C = \{D \in \mathbf{R}^{d \times n} : d_{i2} \leqslant 1, i = 1, 2, \cdots, n\}$ 时，其原子不会达到任意高的值，允许 r_i 任意低(非零)。

由于 ℓ_0 范数不是凸的，解决上述问题是非确定性的[22]。在一些情况下，已知 L_1 范数确保稀疏性[23]，因此当另一个固定时，上述问题对于变量 D 和 R 就变成凸优化问题，但是在 (D, R) 不共凸。

2. 字典的属性

如果 $n < d$，字典 D 可以是不完备的；在 $n > d$ 的情况下，字典 D 是超完备的。这是稀疏字典学习问题的典型假设。一个完备字典的情况没有从代表性的角度提供任何改进，因此不考虑。不完备字典表示实际输入数据位于较低维空间。这种情况与降维，以及主成分分析等需要原子 $d_1, \cdots, d_n$ 正交密切相关。这些子空间的选择对于高效降维至关重要，可以扩展基于字典表示的维度处理数据分析或分类的特定任务。然而，它们的主要缺点是会限制原子的选择。完备的字典并不需要原子是正交的，因此允许更灵活的字典和更丰富的数据表示。一个超完备的字典允许信号稀疏地表示为变换矩阵(如小波变换、傅里叶变换)，或者其他最佳表示方式。与预定义的变换矩阵相比，学习的字典能够提供更稀疏的解决方案。

3. 算法

由于上述优化问题可以解决字典或稀疏编码的凸问题，而且两者中的一个是固定的，因此大多数算法基于迭代更新的思想，用给定的字典 D 找到最优稀疏编码 R 的问题称为稀疏近似(稀疏编码)。

(1) 最优方向法

最优方向法(method of optimal directions, MOD)是最早应用于稀疏字典学习问题的方法之一[24]。其核心思想是解决向量中非零分量数量有限的最小化问题，即

$$\min_{D, R} \left\{ \|X - DR\|_F^2 \right\}$$
$$\text{s.t. } \|r_i\|_0 \leqslant T \tag{3.44}$$

其中，F 为 Frobenius 范数。

MOD 交替使用匹配追踪和更新字典的方法获得稀疏编码，计算由 $D = XR^+$ 给出问题的解析解，其中 R^+ 是 Moore-Penrose 伪逆。在这个更新之后，D 被重

新归一化以适应约束，并且再次获得新的稀疏编码。重复这个过程直到收敛(或者直到一个足够小的残差)。MOD 已经被证明是一个非常有效的表征低维输入数据 X 的方法，只需要几次迭代就可以收敛。由于矩阵求逆操作的复杂度高，高维情况下计算伪逆有时很难处理，因此促进了其他字典学习方法的发展。

(2) K-奇异值分解

K-奇异值分解(K-singular value decomposition, K-SVD)是一种经典的字典训练算法，依据误差最小原则，对误差项进行 SVD 分解，选择使误差最小的分解项作为更新的字典原子和对应的原子系数，通过不断迭代得到优化解。输入数据 x_i 中的每个元素都以与 MOD 相同的方式由不超过 T_0 元素的线性组合编码，即

$$\min_{D,R}\left\{\left\|X-DR\right\|_F^2\right\}$$
$$\text{s.t. } \left\|r_i\right\|_0 \leqslant T_0 \tag{3.45}$$

该算法的实质是首先修正字典，在上述约束条件下找到最佳的 R，然后按照以下方式迭代更新字典 D 的原子，即

$$\left\|X-DR\right\|_F^2 = \left|X-\sum_{i=1}^{K}d_i x_T^i\right|_F^2 = \left\|E_k-d_k x_T^k\right\|_F^2 \tag{3.46}$$

该算法的后续步骤包括残差矩阵 E_k 的秩-1 近似，更新 d_k 并实施 x_k 的稀疏性。该算法被认为是字典学习的经典方法。然而，它只对维度相对较低的信号有效，并且有可能陷入局部最小值。

4. 随机梯度下降法

随机梯度下降法[25]的思想是使用一阶随机梯度更新字典，将其投影到约束集 C 上。第 i 次迭代中出现的步骤可描述为

$$D_i = \text{proj}_C\left(D_{i-1}-\delta_i\nabla_D\sum_{i\in S}\left\|x_i-Dr_i\right\|_2^2+\lambda\left\|r_i\right\|_1\right) \tag{3.47}$$

其中，S 为 $\{1,2,\cdots,k\}$ 的随机子集；δ_i 为梯度步长；∇_D 为含有变量 D(实际是 D_i)的表达式的梯度操作符号；r_i 为第 i 次迭代字典对应的系数；D_{i-1} 为第 $i-1$ 次迭代时的字典；λ 为正则化参数一般为常数。

5. 拉格朗日对偶法

基于求解双拉格朗日问题的算法可以解决稀疏函数引起的训练字典问题[26]。考虑以下拉格朗日算子，即

$$L(D,\Lambda) = \min_{D} \mathcal{L}(D,\Lambda) = \mathrm{tr}(X^{\mathrm{T}}X - XR^{\mathrm{T}}(RR^{\mathrm{T}} + \Lambda)^{-1}(XR^{\mathrm{T}})^{\mathrm{T}} - c\Lambda) \tag{3.48}$$

其中，X 为输入数据矩阵；D 为字典矩阵；R 为字典对应的系数矩阵；Λ 为拉格朗日对偶变量的对角阵；c 为常数。

在将其中一种优化方法应用到对偶的值(如牛顿法或共轭梯度法)后，可以得到 D 的值，即

$$D^{\mathrm{T}} = (RR^{\mathrm{T}} + \Lambda)^{-1}(XR^{\mathrm{T}})^{\mathrm{T}} \tag{3.49}$$

解决这个问题的计算量很小，因为双变量数量比原始问题中变量的数量少很多。

6. 参数训练方法

参数训练方法的目的是分析构建字典领域和学习领域。这允许构建更强大的广义字典，并用于任意大小的信号。

平移不变字典是由源自字典的有限尺寸信号片段构成的，允许得到的字典由任意大小的信号表示。多尺度字典方法的重点是通过构建一个由不同比例的原子组成的字典提高稀疏性。分析字典方法[27]不但提供稀疏表示，而且构造一个由表达式 $D = BA$ 执行的稀疏字典，其中 B 是预定义的分析字典，具有快速计算和稀疏矩阵 A 等所需的特性。这样的表示可以直接将分析字典的快速实现与稀疏方法的灵活性结合起来。

7. 在线字典学习

稀疏字典学习方法多依赖整个输入数据 X (或者至少足够大的训练数据集)。但是，实际情况可能并非如此，因为输入数据的规模可能太大而无法适应内存。此外，输入数据可能以流的形式出现。对于在线学习，一般是在新数据点 x 变得可用时迭代地更新模型。

字典可以通过以下方式在线学习。

① 设 $t = 1,2,\cdots,T$。

② 抽取一个新的样本 x_t。

③ 使用最小角回归算法查找稀疏编码，$D_t = \arg\min_{r \in \mathbf{R}^n}\left(\dfrac{1}{2}x_t - D_{t-1}r + \lambda r_1\right)$。

④ 使用块坐标方法更新字典，$D_t = \arg\min_{D \in C}\dfrac{1}{t}\left(\dfrac{1}{2}x_i - Dr_{i2}^2 + \lambda r_1\right)$。

这种方法允许我们逐步更新字典，因为新数据可用于稀疏表示，并大幅减少存储数据集所需的内存。

8. 词典学习框架

词典学习框架就是使用从数据本身学习的几个基本元素对输入信号线性分解得到各种图像和视频处理任务中的最新表示。这种技术可以用于分类问题。如果我们为每个类建立特定的字典，输入信号可以通过查找对应于最稀疏表示的字典进行分类。它也具有信号去噪的特性，因为通常可以学习一个字典以稀疏的方式表示输入信号有意义的部分，但是输入中的噪声将具有更少的稀疏表示[28]。稀疏字典学习已经成功应用于各种图像、视频、音频处理任务，以及纹理合成[29]和无监督聚类[30]。在 Bag-of-Words 模型的评估中，稀疏编码在某些方面优于其他对象类别识别任务的编码方法[31,32]。

3.4　同步噪声理论

前面介绍了不少先进的除噪声方法，这些方法与传统的各向同性高斯平滑有较大的区别，在利用图像特征、抑制噪声和保存细节等方面融入了更多的先进理念，也更加精细。但是，这些方法也引入了一些非常值得重视的问题，如噪声衰减的过程变得很难准确量化。大部分先进的除噪方法都需要多次迭代，但第一次迭代后，噪声的统计特性会发生较大的变化。我们在利用和保持图像特征的同时，也使噪声的分布不再满足最初的假设(零均值高斯噪声)。这导致两个明显的后果。

① 迭代过程中的超参数不易自动确定。

② 迭代的停止条件难以设定。

本节通过同步噪声理论来量化噪声的衰减，为解决上述问题提供可行的方案。

3.4.1　基于同步噪声选择非线性扩散的停止时间

当利用非线性滤波器除去图像中的噪声时，选择一个合适的停止时间是必然要面对的问题。停止时间 T 会强烈地影响图像除噪的结果。过小的 T 会遗留过多的噪声，过大的 T 会导致图像过平滑，因此可以使用如下模型，即

$$I_{\text{noisy}} = I + n \tag{3.50}$$

其中，I_{noisy} 为观测图像；I 为原始图像；n 为加性噪声。

假设已经知道噪声 n 的统计特性，而且在初始状态下 n 与 I 不相关。如果让 $u = I_{\text{noisy}}$，则可以将除噪声的过程看作非线性扩散的过程，即

$$\frac{\partial u}{\partial v} = \text{div} \phi'(|\nabla u|) \frac{\nabla u}{|\nabla u|} \tag{3.51}$$

其中，div(·) 为散度；∇u 为图像的梯度；ϕ' 为自定义函数 ϕ 的导数。

实际上，函数 $\phi'(|\nabla u|)$ 可以有多种形式[33]。为了方便，令 $\phi'(|\nabla u|)=1$，除噪过程可以表示为迭代偏微分方程，即

$$\begin{cases} u^t = u^{t-1} + \mathrm{d}t \cdot \mathrm{div}\left(\dfrac{\nabla u^{t-1}}{|\nabla u^{t-1}|}\right) \\ u^0 = I_{\mathrm{noisy}} \end{cases} \tag{3.52}$$

关于式(3.52)的最优停止时间，Weickert[34]提出基于相对方差的方法。对于扩散滤波，u^t 的方差 $\mathrm{var}(u^t)$ 是随着 $t \to \infty$ 单调递减的，最后趋于零。因此，相对方差为

$$\frac{\mathrm{var}(u^t)}{\mathrm{var}(u^0)} \tag{3.53}$$

式(3.53)可以衡量 $\mathrm{var}(u^t)$ 到 $\mathrm{var}(u^0)$ 距离。Weickert 认为这个标准容易使图像过平滑。实际上，这个标准用来选择停止时间并不成功，因为在迭代的过程中式(3.53)经常是单调的，难以利用求极值的方法确定最优停止时间。

Mrázek[35]针对偏微分方程除噪提出新的标准，即

$$T = \arg\min_t \{\mathrm{corr}(u^t, v^t)\} \tag{3.54}$$

$$\mathrm{corr}(u^t, v^t) = \mathrm{cov}(u^t, v^t) / \sqrt{V(u^t)V(v^t)} \tag{3.55}$$

在非线性扩散滤波过程中，估计图像中剩余噪声整体的统计特性是选择最优停止时间的关键[36]。因此，本书提出利用噪声与图像同步迭代选择非线性扩散滤波最优停止时间的方法。

在除噪的迭代过程中，当平滑掉的噪声比图像多时，迭代应该继续，反之，迭代应该停止。衡量、估计每次剩余噪声的方差和平滑掉的噪声的方差是当前面临的主要问题。

在式(3.50)中，n 是图像包含的加性噪声，假设服从方差 σ^2 已知的高斯分布，因此可以表示为 $n \sim N(0,\sigma^2)$。为了准确地估计迭代过程中 u^t 包含噪声 n^t 的统计特性，可以构造一个完全是噪声的图像 $\bar{n}^t$ 同步迭代辅助计算。$\bar{n}^t$ 的大小与图像 u^t 完全相同，开始的时候让 $\bar{n}^0$ 和图像中的噪声 n^0 服从相同分布，我们已经假设 $n^0 \sim N(0,\sigma^2)$，因此有 $\bar{n}^0 \sim N(0,\sigma^2)$。

在迭代中，维持 $\bar{n}^t$ 和 n^t 统计特性相同的困难在于规整化的非线性。式(3.56)构造了新的规整化算子 $\mathrm{DIV}(\nabla \bar{n}^{t-1}, \nabla u^{t-1})$，因此为了保持 $\bar{n}^t$ 和 n^t 统计特性相同，可以构造 $\mathrm{DIV}(\nabla \bar{n}^{t-1}, \nabla u^{t-1})$，并同步迭代，即

$$\begin{cases} \overline{n}^{t} = \overline{n}^{t-1} + \mathrm{d}t \cdot \mathrm{DIV}(\nabla \overline{n}^{t-1}, \nabla u^{t-1}) \\ u^{t} = u^{t-1} + t \cdot \mathrm{div}\left(\dfrac{\nabla u^{t-1}}{|\nabla u^{t-1}|}\right) \\ \overline{n}^{0} \sim N(0, \sigma^{2}) \\ u^{0} = I_{\mathrm{noisy}} \end{cases} \tag{3.56}$$

定义函数 $\mathrm{DIV}(\nabla \overline{n}, \nabla u)$ [33,37,38] 为

$$\mathrm{DIV}(\nabla \overline{n}, \nabla u) = \frac{1}{|\nabla u|} \overline{n}_{\xi_{u}\xi_{u}} = \frac{1}{|\nabla u|} \xi_{u}^{\mathrm{T}} H_{\overline{n}} \xi_{u} \tag{3.57}$$

其中，$\overline{n}_{\xi_{u}\xi_{u}}$ 为 $\overline{n}$ 在 ξ_{u} 方向的二阶方向导数

式(3.57)的形式和作用都非常特殊，代表边缘切向信息的 $\xi_{u} = \dfrac{1}{\sqrt{\beta + u_{x}^{2} + u_{y}^{2}}}$ *

$\begin{bmatrix} -u_{y} \\ u_{x} \end{bmatrix}$ 和边缘强度信息 $\dfrac{1}{|\nabla u|}$ 都来自图像 u，而起到平滑作用的海森矩阵 $H_{\overline{n}} =$

$\begin{bmatrix} \overline{n}_{xx} & \overline{n}_{xy} \\ \overline{n}_{yx} & \overline{n}_{yy} \end{bmatrix}$ 来自噪声 $\overline{n}$。这样 $\mathrm{DIV}(\nabla \overline{n}, \nabla u)$ 对纯粹的噪声图像 $\overline{n}$ 进行平滑时，一方面平滑的方向总是沿着图像 u 的局部边缘切向 ξ_{u} 进行，而不是沿着噪声 $\overline{n}$ 本身散乱的 $\xi_{\overline{n}}$ 进行；另一方面当处于图像 u 的强边缘或 $|\nabla u|$ 大的地方时，规整化对噪声 $|\nabla u|$ 对应位置的平滑作用减弱。很明显，$\mathrm{DIV}(\nabla \overline{n}, \nabla u)$ 对 $\overline{n}$ 的作用与 $\mathrm{DIV}(\nabla u / |\nabla u|)$ 对图像中噪声 n 的作用效果应该是十分的相似的，因此 $\overline{n}$ 和 n 可以一直保持相似的统计特性。

从局部看，不可能知道图像中噪声 n^{t} 在每一点的大小，但是因为在同步迭代过程中 $\overline{n}^{t}$ 的分布规律一直与 n^{t} 的分布规律非常接近，所以可以随时知道噪声 n^{t} 整体上的分布规律。实际上，迭代的过程是同步计算 $\overline{n}^{t}$ 和 u^{t}，其中 u^{t} 是要被恢复的图像，$\overline{n}^{t}$ 是纯噪声图像。噪声图像 $\overline{n}^{t}$ 的存在是为了辅助估计噪声 u^{t} 的统计特性。

式(3.56)中的 $\overline{n}^{t}$ 和 n^{t} 可以一直保持相似的统计特性。在每次 $\mathrm{div}\left(\dfrac{\nabla u^{t-1}}{|\nabla u^{t-1}|}\right)$ 的平滑过程中，平滑掉的图像方差大于平滑掉的噪声方差时，图像就会趋于过平滑，此时除噪过程应该停止，即

$$\mathrm{var}\left(\mathrm{div}\left(\frac{\nabla u^{t-1}}{|\nabla u^{t-1}|}\right)\right) - \mathrm{var}(\mathrm{DIV}(\nabla \overline{n}^{t-1}, \nabla u^{t-1})) > \mathrm{var}(\mathrm{DIV}(\nabla \overline{n}^{t-1}, \nabla u^{t-1})) \tag{3.58}$$

更多与其他方法比较的结果可以参考文献[39]。

3.4.2　基于同步噪声优化非局部平均除噪

近年来，非局部平均除噪声的方法在图像处理领域受到广泛的关注。该方法利用图像自身的冗余特性和邻域相似特性可以极大地提高除噪声算法的性能。目前，针对非局部平均算法的特点，人们陆续提出很多方法改善算法的计算效率，如缩小搜索范围的方法[40]、基于均值和梯度选择领域的方法[41]、高阶统计矩的方法[42]、奇异值分解的方法[43]、傅里叶变换的方法[44]等。此外，还有对除噪声效果的改善，如自适应邻域的方法[45]、迭代计算的方法[46]、谱分析的方法[47]、主成分分析的方法[48]和旋转不变性的方法[49,50]等。

上述对非局部平均除噪声算法的各种改进均从不同方面提高了算法的性能，但是仍有一些问题需要进一步研究，例如非局部平均模型中的一些参数极大地影响着除噪声的效果。非局部平均涉及多个参数，如平滑核参数、相似邻域的尺寸和搜索区域的大小等。其中最重要的是平滑核参数 h，这里主要讨论平滑核参数对除噪声效果的影响，并提出利用同步噪声[39]的方法自适应地选择非局部平均模型中最优的平滑核参数。

为了方便叙述，这里给出噪声图像的模型，即

$$I(i) = u(i) + n(i) \tag{3.59}$$

其中，I 为观测图像；$I(i)$ 为观测图像在位置 i 的像素值；u 为原始图像；$u(i)$ 为原始图像在位置 i 的像素值；$n(i)$ 为噪声 n 在位置 i 的值；n 服从高斯分布，$n \sim N(0, \sigma^2)$。

假设 S_i 是一定大小的方形区域，是像素 i 的邻域，S_i 即平滑过程的搜索范围，Ω 为搜索窗，Ω_i 为像素 i 的邻域，Ω_i 内的像素一般排列成向量（$U(i)$）的形式进行计算，h 为控制平滑核形状的重要参数，$\|\|^2$ 为欧氏距离，如果 $\hat{u}$ 为估计图像，位置 i 的像素值可表示为 $\hat{u}(i)$，那么非局部平均除噪声的模型可以表示为

$$\hat{u}(i) = \sum_{j \in S_i} \frac{1}{Z(i)} e^{\frac{\|U(i)-U(j)\|^2}{h^2}} I(j) \tag{3.60}$$

其中，$Z(i)$ 起到归一化的作用。

$$Z(i) = \sum_{j \in S_i} e^{-\frac{\|U(i)-U(j)\|^2}{h^2}} \tag{3.61}$$

式(3.60)和式(3.61)是标准的非局部平均除噪声模型[40]，由 Baudes 在 2005 年提出。近年来诸多改进收到良好的效果，但是这些改进也需要选择参数 h，而不

同的 h 对除噪声的效果有非常重要的影响。因此，我们重点讨论模型中参数 h 的优化问题。

我们希望平滑后图像的信噪比最大，显然 h 与图像的初始噪声有关，而且与图像特征也有关。只有估计出平滑图像的剩余噪声才能计算出最后的信噪比，但是非局部平均利用图像邻域的冗余特性，平滑的过程与图像特征有关，所以要直接估计除噪声后图像中的剩余噪声并非易事。为了估计平滑过后图像中的剩余噪声，这里借鉴同步噪声[39]方法。同步噪声方法[39]是一种针对各向异性扩散除噪声优化停止时间的算法。从广义上来说，非局部平均也是各向异性的，只是跟传统的各向异性扩散中核函数的构造机制有明显的区别。借鉴同步噪声[39]的理念，我们可以从另一个特殊的角度观察非局部平均。非局部平均同时平滑了 $I(i)$ 中的图像部分 $u(i)$ 和噪声部分 $n(i)$。因此，把式(3.59)代入式(3.60)可以得到式(3.62)，即

$$
\begin{aligned}
u(i) &= \sum_{j \in S_i} \frac{1}{Z(i)} e^{\frac{\|U(i)-U(j)\|^2}{h^2}} I(j) \\
&= \sum_{j \in S_i} \frac{1}{Z(i)} e^{\frac{\|U(i)-U(j)\|^2}{h^2}} (u(j)+n(j)) \\
&= \sum_{j \in S_i} \frac{1}{Z(i)} e^{\frac{\|U(i)-U(j)\|^2}{h^2}} u(j) + \sum_{j \in S_i} \frac{1}{Z(i)} e^{\frac{\|U(i)-U(j)\|^2}{h^2}} n(j)
\end{aligned}
\tag{3.62}
$$

经过整理，式(3.62)变成两项，前一项主要是关于图像的加权，后一项主要是关于噪声的加权。这主要是因为权值中包含一定的噪声或在一定程度上受噪声的影响。在加权的时候，前后两项都基于图像特征使用相同的权值。可以认为，在非局部平滑的过程中，我们对图像和噪声进行了相同的操作，并且对于加性噪声，图像 $u(i)$ 和噪声 $n(i)$ 是不相关的。因此，对两方面的平滑可以分开进行。

实际上，我们并不能真正分开进行平滑，因为既不知道 $u(i)$，也不知道 $n(i)$（如果知道就没有必要除噪声了）。原始图像 $u(i)$ 是不可能确切知道的，虽然 $n(i)$ 也不确切知道，但是 $n(i)$ 的统计特性却可以模拟出来。由于式(3.62)中所有的权值 $\frac{1}{Z(i)} e^{\frac{\|U(i)-U(j)\|^2}{h^2}}$ 都是已知的，因此平滑后的 $n(i)$ 也可以模拟出来。平滑后的 $n(i)$ 就是估计图像 $\hat{u}(i)$ 中的剩余噪声，这里用 $\hat{n}(i)$ 表示剩余噪声的估计值。沿袭同步噪声的思想，这里用附加的噪声 $\bar{n}(i)$ 模拟 $n(i)$ 平滑后的统计特性，因此首先构造一个初始同步噪声 $\bar{n}(i)$。$\bar{n}(i)$ 和初始噪声 $n(i)$ 要服从相同的统计特性。然后，同时对图像 $I(i)$ 和同步噪声 $\bar{n}(i)$ 进行非局部平滑。平滑 $\bar{n}(i)$ 的时候，所有参数都必须来自 $I(i)$，因此有

$$\begin{cases} \hat{u}(i) = \sum_{j \in S_i} \dfrac{1}{Z(i)} e^{\frac{\|U(i)-U(j)\|^2}{h^2}} I(j) \\[3mm] \hat{n}(i) = \sum_{j \in S_i} \dfrac{1}{Z(i)} e^{\frac{\|U(i)-U(j)\|^2}{h^2}} \overline{n}(j) \end{cases} \tag{3.63}$$

其中，$U(i)$ 和 $U(j)$ 均来自图像 I。

根据上述分析，新构造的同步方程可使 $\hat{n}(i)$ 和图像 $\hat{u}(i)$ 中的剩余噪声保持相似的统计特性。必须强调的是，相似的统计特性不是真的完全相等。

基于上面的分析，$\hat{n}(i)$ 可以作为图像 $\hat{u}(i)$ 剩余噪声的估计值。我们可以借鉴 Gilboa 等[51]的推导判断除噪图像是否达到最大信噪比的准则，即

$$\frac{\partial \text{cov}(n,v)}{\partial \text{var}(v)} \leqslant \frac{1}{2} \tag{3.64}$$

其中，$v = I - \hat{u}$；$\text{cov}(n,v)$ 为 n 和 v 的协方差。

在偏微分方程除噪过程中，附加噪声 n 并不能保持与图像中的剩余噪声有相同的统计特性[39]。下面基于同步噪声推导非局部平均除噪声情况下体现个性的判定公式。

对于非局部平均的情况，观测图像 I 已知，$\hat{u}$ 也可以计算得到，因此图像中被平滑掉的部分为 $v = I - \hat{u}$，v 的方差可以表示为

$$\text{var}(v) = \text{var}(I - \hat{u}) \tag{3.65}$$

显然，v 中既包含一些图像的细节(v_u)，又包含一些噪声(v_n)，因此 $v = v_n + v_u$，因此协方差 $\text{cov}(n,v)$ 可以表示为

$$\begin{aligned} &\text{cov}(n,v) \\ &= \text{cov}(n,v_n + v_u) \\ &= \text{cov}(n,v_n) + \text{cov}(n,v_u) \end{aligned} \tag{3.66}$$

根据前面的分析，我们已经有了一个同步方程(3.63)，而且 $\overline{n}$ 与 n 保持相似的统计特性，那么 v_n 应该与 $v_{\overline{n}}$ ($v_{\overline{n}} = \overline{n} - \hat{n}$)有相似的统计特性，因此有 $\text{cov}(n,v_n) \approx \text{cov}(\overline{n},\overline{n} - \hat{n})$，进一步可以表示为

$$\text{cov}(n,v_n) + \text{cov}(n,v_u) \approx \text{cov}(\overline{n},\overline{n} - \hat{n}) + \text{cov}(n,v_u) \tag{3.67}$$

一般认为，噪声 n 与图像细节 v_u 是不相关的，因此 $\text{cov}(n,v_u)$ 可以忽略，方程可以近似表示为

$$\text{cov}(n,v) \approx \text{cov}(\overline{n},\overline{n} - \hat{n}) \tag{3.68}$$

把式(3.65)和式(3.68)代入方程就可以得到最后关于同步噪声的表达式，即

$$\frac{\partial \mathrm{cov}(n,v)}{\partial \mathrm{var}(v)} \approx \frac{\partial \mathrm{cov}(\overline{n}, \overline{n} - \hat{n})}{\partial \mathrm{var}(I - \hat{u})} \leqslant \frac{1}{2} \tag{3.69}$$

在除噪声的过程中，当式(3.69)满足的时候，可以认为非局部平均达到最高的信噪比。我们可以通过式(3.69)进行判断，进而选择式(3.60)的最优参数 h。下面总结利用同步噪声自动选择最优参数 h 的算法步骤。

① $h = 0.1$，$\overline{n} \sim N(0, \sigma^2)$，$\Delta h = 0.2$。

② 计算同步方程 $\begin{cases} \hat{u}(i) = \sum\limits_{j \in S_i} \dfrac{1}{Z(i)} \mathrm{e}^{\frac{\|U(i) - U(j)\|^2}{h^2}} I(j) \\[4mm] \hat{n}(i) = \sum\limits_{j \in S_i} \dfrac{1}{Z(i)} \mathrm{e}^{\frac{\|U(i) - U(j)\|^2}{h^2}} \overline{n}(j) \end{cases}$。

③ 如果 $\dfrac{\partial \mathrm{cov}(\overline{n}, \overline{n} - \hat{n})}{\partial \mathrm{var}(I - \hat{u})} \leqslant \dfrac{1}{2}$ 结束计算；否则，$h = h + \Delta h$，返回②。

更多与其他方法比较的结果可以参考文献[52]。

参 考 文 献

[1] Nigam K, Ghani R. Analyzing the effectiveness and applicability of co-training// International Conference on Information and Knowledge Management, 2000: 86-93.

[2] Blum A, Mitchell T. Combining labeled and unlabeled data with co-training// Eleventh Conference on Computational Learning Theory, 1998: 92-100.

[3] Zhou Z H, Li M. Tri-Training: exploiting unlabeled data using three classifiers. IEEE Transactions on Knowledge & Data Engineering, 2005, 17(11): 1529-1541.

[4] Badrinarayanan V, Galasso F, Cipolla R. Label propagation in video sequences// Computer Vision and Pattern Recognition, 2010: 3265-3272.

[5] Gadallah F L, Csillag F, Smith E J M. Destriping multisensor imagery with moment matching. International Journal of Remote Sensing, 2000, 21(12): 2505-2511.

[6] 陈劲松, 邵芸, 朱博勤. 一种改进的矩匹配方法在CMODIS数据条带去除中的应用. 遥感技术与应用, 2003, 18(5): 313-316.

[7] Frost V S, Stiles J A, Shanmugan K S, et al. A model for radar images and its application to adaptive digital filtering of multiplicative noise. IEEE Transactions on Pattern Analysis and Machine Intelligence, 1982, 4(2): 157-166.

[8] Kuan D T, Sawchuk A A, Strand T C, et al. Adaptive noise smoothing filter for images with signal-dependent noise. IEEE Transactions on Pattern Analysis & Machine Intelligence, 1985, 7(2): 165.

[9] Lee J S. Speckle analysis and smoothing of synthetic aperture radar images. Computer Graphics & Image Processing, 1981, 17(1): 24-32.

[10] Lopes A, Touzi R, Nezry E. Adaptive speckle filters and scene heterogeneity. IEEE Transactions on Geoscience & Remote Sensing, 1990, 28(6): 992-1000.

[11] Rudin L I, Osher S, Fatemi E. Nonlinear total variation based noise removal algorithms// Eleventh International Conference of the Center for Nonlinear Studies on Experimental Mathematics: Computational Issues in Nonlinear Science, 1992: 259-268.

[12] Tomasi C, Manduchi R. Bilateral filtering for gray and color images// Proceedings of ICCV, 1998: 839-846.

[13] Dabov K, Foi A, Katkovnik V, et al. Image denoising by sparse 3-D transform-domain collaborative filtering. IEEE Transactions on Image Processing, 2007, 16(8): 2080-2095.

[14] Wright J, Ganesh A, Rao S, et al. Robust principal component analysis: exact recovery of corrupted low-rank matrices. Journal of the ACM, 2009, 87(4): 3-20.

[15] Ji H, Liu C, Shen Z, et al. Robust video denoising using low rank matrix completion// Computer Vision and Pattern Recognition, 2010: 1791-1798.

[16] 薛倩, 杨程屹, 王化祥. 去除椒盐噪声的交替方向法. 自动化学报, 2013, 39(12): 2071-2076.

[17] 刘新艳, 马杰, 张小美, 等. 联合矩阵 F 范数的低秩图像去噪. 中国图象图形学报, 2014, 19(4): 502-511.

[18] Zhao Y Q, Yang J. Hyperspectral image denoising via sparse representation and low-rank constraint. IEEE Transactions on Geoscience & Remote Sensing, 2015, 53(1): 296-308.

[19] Candès E J. The restricted isometry property and its implications for compressed sensing. Comptes Rendus Mathematique, 2008, 346(9, 10): 589-592.

[20] Zoran D, Weiss Y. From learning models of natural image patches to whole image restoration// International Conference on Computer Vision, 2011: 479-486.

[21] Needell D, Tropp J A. CoSaMP: Iterative Signal Recovery from Incomplete and Inaccurate Samples. New York: ACM, 2010.

[22] Tillmann A M. On the computational intractability of exact and approximate dictionary learning. IEEE Signal Processing Letters, 2014, 22(1): 45-49.

[23] David L D. For most large underdetermined systems of linear equations the minimal l1-norm solution is also the sparest solution. Communications on Pure and Applied Mathematics, 2006, 59(6): 797-829.

[24] Engan K, Aase S O, Hakon H J. Method of optimal directions for frame design// IEEE International Conference on Acoustics, Speech, and Signal Processing, 1999: 2443-2446.

[25] Aharon M, Elad M. Sparse and redundant modeling of image content using an image-signature-dictionary. Journal on Imaging Sciences, 2008, 1(3): 228-247.

[26] Lee H, Battle A, Raina R, et al. Efficient sparse coding algorithms// International Conference on Neural Information Processing Systems, 2006: 801-808.

[27] Rubinstein R, Zibulevskym E. Double sparsity: learning sparse dictionaries for sparse signal approximation. IEEE Transactions on Signal Processing, 2010, 58(3): 1553-1564.

[28] Aharon M, Elad M, Bruckstein A. K-SVD: an algorithm for designing overcomplete dictionaries for sparse representation. IEEE Transactions on Signal Processing, 2006, 54(11): 4311-4322.

[29] Peyré G. Sparse modeling of textures. Journal of Mathematical Imaging & Vision, 2009, 34(1): 17-31.

[30] Ramirez I, Sprechmann P, Sapiro G. Classification and clustering via dictionary learning with structured incoherence and shared features// Computer Vision and Pattern Recognition, 2010: 3501-3508.

[31] Koniusz P, Yan F, Mikolajczyk K. Comparison of mid-level feature coding approaches and pooling strategies in visual concept detection. Computer Vision & Image Understanding, 2013, 117(5): 479-492.

[32] Koniusz P, Yan F, Gosselin P H, et al. Higher-order occurrence pooling for bags-of-words: visual concept detection. IEEE Transactions on Pattern Analysis & Machine Intelligence, 2016, 39(2): 313-326.

[33] Teboul S, Blanc F L, Aubert G, et al. Variational approach for edge-preserving regularization using coupled PDE's. IEEE Transactions on Image Processing, 1998, 7(3): 387-397.

[34] Weickert J. Coherence-enhancing diffusion of color images. Image and Vision Computing, 1999, 17(3): 201-212.

[35] Mrázek P, Navara M. Selection of optimal stopping time for nonlinear diffusion filtering. International Journal of Computer Vision, 2003, 52(2, 3): 189-203.

[36] Gilboa G, Sochen N, Zeevi Y Y. Estimation of optimal PDE-based denoising in the SNR sense. IEEE Transactions on Image Processing, 2006, 15(8): 2269-2280.

[37] Charbonnier P, Blanc F L, Aubert G, et al. Deterministic edgepreserving regularization in computed imaging. IEEE Transactions on Image Processing, 1997, 6(2): 298-311.

[38] Tschumperlé D. Vector-valued image regularization with PDEs: a common framework for different applications. IEEE Transactions on Pattern Analysis and Machine Intelligence, 2005, 12(7): 629-639.

[39] 刘鹏, 刘定生, 李国庆, 等. 基于噪声方差确定非线性扩散除噪声的最优停止时间. 电子与信息学报, 2009, 31(9): 2084-2087.

[40] Buades A, Coll B, Morel J M. A non-local algorithm for image denoising// IEEE Computer Society Conference on Computer Vision & Pattern Recognition, 2005: 60-65.

[41] Mahmoudi M, Sapiro G. Fast image and video denoising via nonlocal means of similar neighborhoods. IEEE Signal Processing Letters, 2005, 12(12): 839-842.

[42] Wright J, Ganesh A, Rao S, et al. Robust principal component analysis: exact recovery of corrupted low-rank matrices. Journal of the ACM, 2009, 87(4): 20-56.

[43] Brox T, Kleinschmidt O, Cremers D. Efficient nonlocal means for denoising of textural patterns. IEEE Transactions on Image Processing: A Publication of the IEEE Signal Processing Society, 2008, 17(7): 1083-1092.

[44] Orchard J, Ebrahimi M, Wong A. Efficient nonlocal-means denoising using the SVD// IEEE International Conference on Image Processing, 2008: 1732-1735.

[45] Wang J, Guo Y, Ying Y, et al. Fast non-local algorithm for image denoising// IEEE International Conference on Image Processing, 2007: 1429-1432.

[46] Kervrann C, Boulanger J. Optimal spatial adaptation for patch-based image denoising. IEEE Trans Image Process, 2006, 15(10): 2866-2878.

[47] Peyré G. Image processing with nonlocal spectral bases. SIAM Journal on Multiscale Modeling

& Simulation, 2008, 7(2): 703-730.

[48] Azzabou N, Paragios N, Guichard F. Image denoising based on adapted dictionary computation// IEEE International Conference on Image Processing, 2007, 3: 109-112.

[49] Zimmer S, Didas S, Weickert J. A rotationally invariant block matching strategy improving image denoising with non-local means// Proceedings of International Workshop on Local and Non-Local Approximation in Image Processing, 2008: 135-142.

[50] 刘鹏, 刘定生. 基于噪声方差来计算变分图像反卷积的规整化参数. 光学学报, 2009, 29(9): 2395-2401.

[51] Gilboa G , Sochen N, Zeevi Y Y. Estimation of optimal PDE-based denoising in the SNR sense. IEEE Transactions on Image Processing: A Publication of the IEEE Signal Processing Society, 2006, 15(8): 2269-2280.

[52] 刘鹏, 刘定生, 李国庆, 等. 基于同步噪声选择非局部平均除噪声的最优参数. 光电子·激光, 2011, (7): 1107-1111.

第 4 章　遥感图像薄云去除

随着遥感技术的迅速发展，遥感影像越来越多地被应用于各个领域，但是遥感影像在成像的过程中又非常容易受到天气状况的影响。多数遥感图像不可避免地会出现云层覆盖的情况，不经处理获取一张纯粹无云的遥感影像是十分困难的。云层的覆盖不但影响其进一步处理，还会降低其利用率与准确度。在遥感影像中，云层可分为薄云与厚云。对厚云的处理往往是多图像插值或融合，本章只对半透明的(不完全遮挡的薄云)处理方法进行叙述。

在图像处理的过程中，云雾使图像中物体的颜色衰退、对比度降低，严重影响室外拍摄与遥感图像的质量，其中遥感图像尤其易受云雾的影响。随着遥感影像的广泛应用，探索有效的去云雾方法就有了十分重要的意义与价值。

在地表拍摄的图像会受云雾的影响而使地物难以辨认，这与遥感图像中的薄云造成的效应是类似的。近几年，随着相关领域的研究发展，人们提出许多新的方法。

4.1　基于大气散射模型的方法

在计算机视觉与图像处理的领域，下式应用得十分广泛，即

$$I(x) = J(x)t(x) + A(1 - t(x)) \tag{4.1}$$

其中，x 为图像上的某一像素点；I 为观测到的有云雾的图像；J 为无云雾条件下的求解图像；t 为透射系数；A 为大气光。

式(4.1)右边第一项为通过大气环境后的景物光线，第二项通常称为大气光。如图 4.1 所示，观测者接收到的光线为二者之和。文献[1]～[3]对此模型进行了详细推导，并被广泛运用。

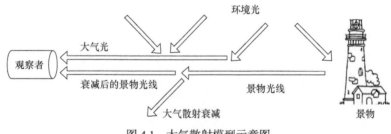

图 4.1　大气散射模型示意图

4.1.1　暗通道先验法

暗通道先验法是 He 等[4]提出的一种在有雾的天气条件下，户外拍摄图像的清晰度恢复(去雾)方法。他们提出一种强先验假设，以此为基础得出透射系数 $t(x)$ 的图像，本书简称介质传播图。

在式(4.1)的模型中，透射率 t 通常可以由下式导出，即

$$t(x) = e^{-\beta d(x)} \tag{4.2}$$

其中，β 为散射系数；d 为场景深度。

散射系数与传播介质有关，在均匀的介质之中往往视为常值。场景深度表示景物到观察者的距离，间接表示雾的总量。场景深度的值往往很难获得，因此需要另辟蹊径。

在几何学上，A、I、J 是共面的(图 4.2)，观察者得到的最终图像是 RGB 颜色空间中的向量 I、天空光 A 与景物光 J 的加和，所以三者是共面的。因此，对于不同的颜色通道，透射系数 $t(x)$ 可以表示为

$$t(x) = \frac{\|A - I(x)\|}{\|A - J(x)\|} = \frac{\|A^c - I^c(x)\|}{\|A^c - J^c(x)\|}, \quad c \in \{r, g, b\} \tag{4.3}$$

其中，c 为 RGB 空间中的三个颜色通道。

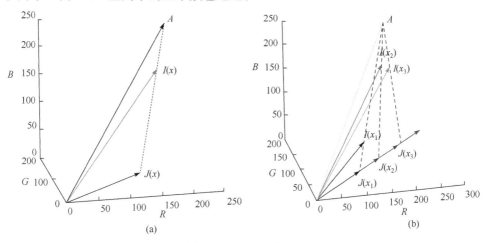

(a)　　　　　(b)

图 4.2　A、I、J 共面[4]

经过大量实际观察，户外非天空的图块中通常至少会有一个通道有一些像素点的值是接近 0 的，即该区域像素最小值接近 0。为描述这样的结论，可以定义一个暗通道的概念。对于一张无云雾的图像，暗通道的定义为

$$J^{dark}(x) = \min_{y \in \Omega(x)} \left(\min_{c \in \{r,g,b\}} J^c(y) \right), \quad J^{dark} \to 0 \tag{4.4}$$

在户外无云图像中，除去天空区域，J^{dark} 的值都接近 0。这样的观测结果称为暗通道先验。

暗通道有以下几个问题需要提出。

①阴影的存在，如建筑物的阴影、车子的阴影、建筑窗口内的阴影、岩石树木的阴影等。

②红、绿、黄的纯色物体也会在相应的其他通道得到低的暗通道值。

③黑色的物体。自然的户外场景通常是丰富多彩的，充斥着大量的阴影，这些景观的暗通道假设符合得相当好。

当图像中有雾存在时，暗通道的先验假设会失效。图 4.3 所示是采集的大量不同自然景观的图像，其中超过 80% 的像素点是有值为 0 的暗通道的。考虑天空光的要素，当有雾存在的时候透射率降低，图像整体就比无云的图像亮度大，所以暗通道的值也更大。不难看出，暗通道的图像大致可视作雾的浓度图。

(a) 无雾图像

(b) 无雾图像对应的暗通道图像

(c) 有雾图像及其对应的暗通道图像

图 4.3　自然景观图像及其暗通道图像[4]

暗通道先验源自遥感图像领域广泛应用的暗元减法技术[5]，即在均匀的云雾中，根据最暗的物体减去一个常值。

为得出介质传播图，先假定 A 已知，进一步假设传播率在邻域 $\Omega(x)$ 中是一个常值，表示为 $\hat{t}(x)$，将式(4.1)的两端除以 A，并在 x 的邻域中取最小值，则有

$$\min_{y \in \Omega(x)}\left(\min_c\left(\frac{I^c(y)}{A^c}\right)\right)=\hat{t}(x)\min_{y \in \Omega(x)}\left(\min_c\left(\frac{J^c(y)}{A^c}\right)\right)+1-\hat{t}(x) \qquad (4.5)$$

又由式(4.4)中 $J^{dark} \to 0$ 的结论，可知

$$\hat{t}(x) = 1 - \min_{y \in \Omega(x)} \left(\min_c \left(\frac{I^c(y)}{A^c} \right) \right) \tag{4.6}$$

在前人的工作中，图像中云雾最不透明的区域被用作 A，或者 A 的猜想初始值。当天空完全被遮挡，太阳的光线可以忽略不计时，有雾图像的最亮像素点区就可以视为云雾最不透明的区域。此时，大气光就是场景光线的唯一来源。场景物体的光线为

$$J(x) = R(x)A \tag{4.7}$$

其中，$R \leqslant 1$ 为场景反射率。

式(4.1)可表示为

$$I(x) = R(x)At(x) + (1 - t(x))A \leqslant A \tag{4.8}$$

当图像中存在无穷远的像素点时，可将其视为天空光。在实际情况中，往往不能忽视来自太阳的光线，即

$$J(x) = R(x)(S + A) \tag{4.9}$$

式(4.8)就成为

$$I(x) = R(x)St(x) + R(x)At(x) + (1 - t(x))A \tag{4.10}$$

此时，图像中最亮的像素点可能比天空光 A 更大，如白色的物体、建筑物。正如之前讨论的，暗通道图像可以近似雾的浓度图。我们可以据此改进天空光 A 的估计。在暗通道图中选出 0.1%的最亮像素点，如图 4.4(b)中的框线所示，将此

(c) 图像中的最亮点之一

(d) 图像中的最亮点之一

(e) 图像中的最亮点之一

(a) 有雾图像　　　　　　　　　　　　(b) 暗通道图

图 4.4　有雾图像及其暗通道图像[4]

区域中的最亮点作为天空光。

减小噪声，限定 t 最小值，可得

$$J(x) = \frac{I(x) - A}{\max\{t(x), t_0\}} + A \tag{4.11}$$

4.1.2　颜色衰减先验法

近些年，机器学习技术不断发展，在诸多邻域均有应用。Zhu 等[6]提出·种监督学习的方法。该方法为得到图像的场景深度图建立了一个线性模型，可以通过监督学习的方式得到相应参数，进而有效地求解得出场景深度，得到去雾图像。

将式(4.2)代入式(4.1)可得

$$I(x) = J(x)\mathrm{e}^{-\beta d(x)} + A(1 - \mathrm{e}^{-\beta d(x)}) \tag{4.12}$$

只要 $d(x)$ 已知，$t(x)$ 就可以通过式(4.2)获取。当场景无穷远时，图像的值就可视作天空光，即

$$I(x) = A, \quad d(x) \to \infty \tag{4.13}$$

当 $d(x)$ 足够大时，$t(x)$ 就几乎与 A 相等了，因此可以使用下面的式子求取天空光 A ，即

$$I(x) = A, \quad d(x) \geqslant d_{\mathrm{threshold}} \tag{4.14}$$

在计算机视觉领域，由于场景结构的信息在单幅图像中并不易获取，云雾的检测与去除工作就显得十分困难。尽管如此，人类的大脑还是可以轻易地分辨出有雾的区域。这就启发我们可以利用大量实验得出云雾图像的统计规律，达到云雾去除的目的。

经过大量数据统计，像素点的亮度与饱和度在云雾集中的区域的变化十分明显。在雾天条件下，通常图像会受直线衰减与天空光的影响。这在式(4.1)中表示为 $J(x)t(x)$ 和 $A(1 - t(x))$ ，前一项表示像素值会以乘法的形式衰减，表现为直线衰减使场景反射能量衰减，亮度下降；第二项表示天空光，即环境散射的光线表现为灰色或白色。这种白色或灰色的天空光在加强亮度的同时会降低对比度。由于天空光在其中有更大的比重，因此造成亮度增强、对比度降低。

雾的浓度越高，天空光的影响就越大。这使利用亮度与对比度描述雾的浓度成为可能。如图 4.5 所示，亮度与对比度随雾的浓度的变化趋势正如我们所想的那样基本呈正相关。

基于上述分析，可以假设雾的浓度与场景深度是正相关的，于是就有

$$d(x) \propto c(x) \propto v(x) - s(x) \tag{4.15}$$

其中，c 为雾的浓度；v 与 s 为 HSV 模型空间中的亮度与对比度。

图 4.5　亮度与饱和度随的雾的浓度的变化[6]

式(4.11)只是定性描述 d、v、s 之间的规律，并不能准确表示其关系，因此为定量描述雾的浓度间的关系，建立如下线性模型，即

$$d(x) = \theta_0 + \theta_1 v(x) + \theta_2 s(x) + \varepsilon(x) \qquad (4.16)$$

其中，θ_0、θ_1、θ_2 是未知系数；$\varepsilon(x)$ 为随机变量，代表模型误差。

不妨令 $\varepsilon(x)$ 服从高斯分布，$\varepsilon(x) \sim N(0, \sigma^2)$，则有

$$d(x) \sim p(d(x)|x, \theta_0, \theta_1, \theta_2, \sigma^2) = N(\theta_0 + \theta_1 v + \theta_2 s, \sigma^2) \qquad (4.17)$$

此模型具有边缘保留的特性，式(4.16)的梯度可表示为

$$\nabla d = \theta_1 \nabla v + \theta_2 \nabla s + \nabla \varepsilon \qquad (4.18)$$

在实际统计中，σ 通常非常小，往往接近于 0。线性模型的边缘保留特征如图 4.6 所示。事实证明，当 σ 非常小时，d 的边缘分布与 σ 独立。图 4.6(b)与图 4.6(c)相近，表示 I 和 d 有相似的边缘分布，说明即使场景深度不连续，也可以从中恢复场景深度信息。

为得出式(4.15)中的未知系数，需要一批训练数据，随机产生一系列场景深度信息图来制造有雾图像(图 4.7)。利用这样制造出来的样本，进行监督学习可以得

到线性模型中的系数。

(a) 有雾图像　　(b) 有雾图像的Sobel图　(c) ∇d的Sobel图　(d) ε随机图　(e) ε随机图的Sobel图

图 4.6　线性模型的边缘保留特性[6]

图 4.7　利用随机深度图产生训练样本的过程[6]

令

$$L = p(d(x_1), \cdots, d(x_n) | x_n, \cdots, x_n, \theta_0, \theta_1, \theta_2, \sigma^2) \tag{4.19}$$

其中，n 为训练图像的总像素数；θ_0、θ_1、θ_2、σ 可通过最大似然(maximum likelihood, ML)函数的方法求解，即

$$\underset{\theta_0, \theta_1, \theta_2, \sigma^2}{\arg\min} \ln L = \sum_{i=1}^{n} \ln \left(\frac{1}{\sqrt{2\pi\sigma^2}} \mathrm{e}^{\frac{\mathrm{dg}_i - (\theta_0 + \theta_1 v(x_i) + \theta_2 s(x_i))}{2\sigma^2}} \right) \tag{4.20}$$

其中，dg_i 为 i 处的实际深度，可以通过一批数据训练出 θ_0、θ_1、θ_2、σ^2。

线性模型参数估计算法如下。

线性模型参数估计算法

输入：训练样本图像的亮度向量 v，对比度向量 s，产生训练样本的实际场景深
　　　度向量 d 和训练迭代次数 t

输出：线性模型系数 $\theta_0, \theta_1, \theta_2, \sigma^2$

　　　Begin

　　　1: $n = \mathrm{size}(v)$;

　　　2: $\theta_0 = 0, \theta_1 = 1, \theta_2 = -1$;

　　　3: sum = 0; wSum = 0; sSum = 0;

　　　4: for iter = 1 to t

　　　5: for $i = 1$ to n

6: tmp = d$[i] - \theta_0 - \theta_1 * v[i] - \theta_2 * s[i]$;

7: wSum = wSum + tmp;

8: vSum = vSum + $v[i]$*tmp;

9: sSum = sSum + $s[i]$*tmp;

10: sum = sum + square(tmp);

11:end for

12: σ^2 = sum/n ;

13: θ_0 + = wSum, θ_1 + = vSum, θ_2 + = sSum;

14:end for

End

为避免个别白色物体被识别为有雾区域，令 $d(x) = \min\limits_{y \in \Omega_r(x)} d(y)$ ，其中 $\Omega_r(x)$ 为边界 r 的 x 的邻域。为避免产生太多噪声，将 $t(x)$ 限制在 0.1～0.9 之间，则最终结果为

$$J(x) = \frac{I(x) - A}{\min\left\{\max\left\{e^{-\beta d(x)}, 0.1\right\}, 0.9\right\}} + A \tag{4.21}$$

4.1.3 卷积网络获取介质传播图

卷积神经网络在图像处理方面有极其重要的应用。除了对大气光的估计，实现去雾算法的核心是获取准确的介质传播图。Cai 等[7]提出一个卷积神经网络，以有雾图像作为输入，输出介质传播图。

此卷积神经网络包含级联卷积层与池化层，在层后使用非线性激活函数。图 4.8 所示为网络结构与特征提取流程。

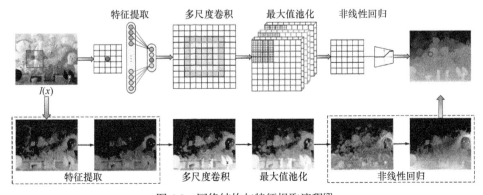

图 4.8 网络结构与特征提取流程[7]

Cai 等设计了 4 层节点实现介质传播图的获取。

①特征提取。为找出去雾问题的本质，图像领域内提出许多假设，如暗通道、色调差异[8]、颜色衰减，并基于这些假设提取雾的相关特征。这些雾特征提取的方法与用合适的滤波器卷积图像是等价的。受雾的特征提取处理过程的启发，使用一个不常用的激活函数 Maxout unit，对 k 个相似的特征图进行基于像素点的最大化操作。基于此，建立网络第一层，即

$$F_1^i(x) = \max_{j \in [1,k]} f_1^{i,j}(x), \quad f_1^{i,j} = W_1^{i,j} * I + B_1^{i,j} \tag{4.22}$$

其中，$W_1^{i,j}$ 和 $B_1^{i,j}$ 分别表示滤波器和偏差，$W_1^{i,j} \in \mathbf{R}^{3 \times f_1 \times f_1}$ 是 $k \times n_1$ 卷积核中的一个，n_1 是第一层输出的特征图数量；f_1 是卷积核的尺寸。

②多尺寸卷积。使用 3×3、5×5、7×7 三种尺寸的卷积核进行并行的卷积，即

$$F_2^i(x) = W_2^{i/3,(i\backslash3)} * F_1 + B_2^{i/3,(i\backslash3)} \tag{4.23}$$

其中，/表示除法；\表示取余数。

由于介质传播图在局部也趋于平坦，为了克服噪声影响，排除一些白色物体的干扰，因此第三层取局部极值，即

$$F_3^i = \max_{y \in \Omega(x)} F_1^i(y) \tag{4.24}$$

第四层使用非线性回归，在深度网络中常用的非线性激活函数包括 Sigmoid 和线性整流函数(rectified linear unit, ReLU)。前者往往会有梯度退化的问题，后者多用于分类问题，不适用于图像复原，因此采用双边修正线性单元。第四层定义为

$$F_4 = \min(t_{\max}, \max(t_{\min}, W_4 * F_3 + B_4)) \tag{4.25}$$

该层节点的梯度可以按下式计算，即

$$\frac{\partial F_4(x)}{\partial F_3} = \begin{cases} \dfrac{\partial F_4(x)}{\partial F_3}, & t_{\min} \leqslant F_4 < t_{\max} \\ 0, & \text{其他} \end{cases} \tag{4.26}$$

整个网络可以通过滤波器(图 4.9)得到云雾特征。W_1 如果是一个反滤波器中心，即只有一个 −1 的稀疏矩阵，B_1 是一个单位偏差，F_1 则类似于暗通道先验方法中的 J^{dark}。如果权重是图 4.9(c)所示的矩阵，则得到的 F_1 就类似于最大对比度的结果。若卷积核合适，则可抽取雾的全部特征。

通常训练一个深度模型需要大量的标记数据，得到有雾图像与对应的介质传播图就更加困难，因此 Cai 等使用大气散射模型。假设图像内容与雾的浓度或场景深度是无关的，并且介质传播率在局部是常值，根据 $I(x) = J(x)t(x) + A(1-t(x))$，就可以利用一幅无云雾的图像 $J(x)$ 与一张随机产生的介质传播图 $t(x)$ 得到一张有云的图像 $I(x)$，即有雾图像和对应介质传播图的训练数据集。

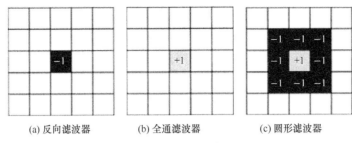

(a) 反向滤波器　　　　　(b) 全通滤波器　　　　　(c) 圆形滤波器

图 4.9　滤波器示意图

在整个网络中，需要训练的参数 $\theta = \{W_1, W_2, W_4, B_1, B_2, B_4\}$，可以使用监督学习的方法最小化 loss 函数优化从有雾图像 I_i^p 到介质传播图 $t(x)$ 的映射 $\mathcal{F}$。用之前制作的数据集进行训练，并使用最小平方误差为 loss 函数，即

$$L(\theta) = \frac{1}{N} \sum_{i=1}^{N} \left\| \mathcal{F}(I_i^p; \theta) - t_i \right\|^2 \tag{4.27}$$

使用随机梯度下降法最终得到的图像即介质传播图 $t(x)$，通过类似前两节的方法即可得到去雾后的结果图像。

4.2　光谱混合分析

雾的效应与遥感图像领域薄云有着极为相似的特性。本节介绍一种结合光谱分析[9]与大气散射模型去除遥感图像薄云的方法。

Xu 等[9]提到的物理模型与大气散射模型有相同的本质，即

$$s(x,y) = aIr(x,y)t(x,y) + I(1 - t(x,y)) \tag{4.28}$$

其中，(x,y) 为图像上的一个像素点；I 为太阳辐射度；$t(x,y)$ 为介质传播率；a 为太阳光衰减系数；$r(x,y)$ 为地表的反射率；等式右边前一项表示地表反射的光线经过衰减后到达卫星的光线，后一项表示云反射的光线。

对上述模型做如下转化，即

$$\log(I - s(x,y)) = \log(I - aIr(x,y)) + \log t(x,y) \tag{4.29}$$

其中，$\log(I - aIr(x,y))$ 和 $\log t(x,y)$ 为原始信号和云产生的噪声。

由于空间分辨率的限制和地表物体的丰富度，遥感图像的大多数像素点包含不止一种类型的地表物体。用另一种说法就是，由于卫星接收器距地表很远，其记录的光谱信息图中的单个像素一般都包含多种不同的地表物体。光谱分解技术就是分解一个像素点的光谱信息为不同比例的光谱(称为端元)的加和形式，可以分析不同类别的地表物体所占比例。具体地，将云作为一种特征类别，即端元，参与计算，将全部由云构成的像素点的光谱作为云的端元信息。然后，用此技术

估计云的厚度，用有云的图像通过减去云端元与云厚度分数的乘积，根据云的厚度按比例进行缩放，完成数据矫正(去云)。

假设不同类别的地物或云共有 M 种可能包含在同一像素中，则该像素的光谱信息 x 可以表示为

$$x = \sum_{m=1}^{M} a_m s_m + e = Sa + e \tag{4.30}$$

其中，x 为 $L\times1$ 的列向量，表示一个像素内的光谱，L 为光谱波段的总数；$S = (s_1 \cdots s_M)$ 为 $L\times M$ 的成分特征矩阵，每一列代表一种端元；$a = (a_1 \cdots a_m)^{\mathrm{T}}$，为各元素对应成分的占比；$e$ 为模型的随机误差。

光线传播的过程包含散射与吸收。散射会在反射与传播的过程中发生，因此入射光线可以表示为反射、吸收，以及传播损失的加和，即 $I = R + A + T$，其中 I 为接收到的光，R 为反射光，A 表示吸收，T 表示传播损失，分别设置对应的系数 ρ_r、ρ_a、ρ_t 为给定波段对应的反射系数、吸收系数、传播系数，则有

$$\rho_r + \rho_a + \rho_t = 1 \tag{4.31}$$

当云层较厚，光线完全被挡住时，只有反射与吸收的两个部分，穿过云层的系数 $\rho_t = 0$，显然有

$$\rho_a = 1 - \rho_r \tag{4.32}$$

为找出吸收系数，需先确定云的光谱反射特征。虽然云的大概特征已经众所周知，但是为了适应当前场景，显然从当前图像中提取云的特征更加可靠。在可见光波段，有雪的区域也会表现出类似云的特征，因此可能会对云的提取造成影响。雪在短波红外的值会急剧下降，而云则不同。换言之，云厚的区域与雪的区域都比地表要明亮得多，但是雪在红外短波的反射会大大降低。因此，可以用以下方式找到云的端元特征，即

$$\arg\max_n \sum_{l=1}^{L} x_n(l), \quad n = 1,2,\cdots,N \tag{4.33}$$

其中，$x_n(l)$ 为 n 处的像素点在 l 波段的辐射；L 和 N 为波段和像素的总数。

式(4.33)中最优处的像素位置可以认为是云的特征端元。

如图 4.10 所示，薄一点的云显然反射与吸收的会少一点。设 Γ 为云的厚度系数，Γ 为 0 表示没有云，Γ 为 1 表示云不透明。假定反射系数和吸收系数与厚度 Γ 成正比，则有

$$\hat{\rho} = 1 - \Gamma\rho_r - \Gamma\rho_a = 1 - \Gamma \tag{4.34}$$

若某点地表反射的光线为 r，则卫星传感器接收到的信号可以表示为

$$x = (1-\Gamma)r + \Gamma S_c + e \tag{4.35}$$

其中，x 为 $L\times1$ 的向量，是卫星接收到的信号；ΓS_c 为云反射的光线，除随机误

差项 e，有 $L+1$ 个未知数，即云的厚度 Γ 与 L 个波段值。

显然，我们仍然不能求解，需要用到光谱分析技术。

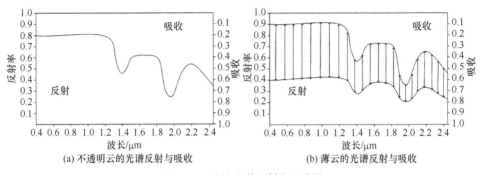

(a) 不透明云的光谱反射与吸收　　　　　　　　　(b) 薄云的光谱反射与吸收

图 4.10　云的光谱反射与吸收[9]

类似式(4.28)，式(4.33)中的 r 可表示为

$$r = \sum_{m=1}^{M} a_m S_m + e \tag{4.36}$$

其中，a_m 为 m 个端元的占比；S_m 为成分特征矩阵；e 为随机误差。

需要注意的是，式(4.36)并不包含云的特征元。

为求解原始信号 r，将式(4.34)代入式(4.33)可得

$$x = (1-\Gamma)\sum_{m=1}^{M} a_m S_m + \Gamma S_c + e \tag{4.37}$$

并且有

$$\sum_{m=1}^{M} a_m = 1, \quad a_m \geqslant 0, 0 \leqslant \Gamma \leqslant 1 \tag{4.38}$$

式(4.38)含有 $M+1$ 个未知数(a 的各部分占比与云厚度 Γ)，若满足 $L > M+1$，即可求解上述方程，得到云的厚度系数 Γ。去除云的图像为

$$r = \frac{1}{1-\Gamma}(x - \Gamma S_c) \tag{4.39}$$

显然，当 $\Gamma=1$ 时是没有意义的，即云层不透明时不能应用此式。对于这种情况，我们可以使用其他多时相图像来估计被遮挡的区域。

4.3　滤波的方法

空间域和频域滤波的基础都是卷积定理。该定理可以写为

$$f(x,y)*h(x,y) \Leftrightarrow H(u,v)F(u,v)$$

$$f(x,y)h(x,y) \Leftrightarrow H(u,v)*F(u,v)$$

其中，$\Leftrightarrow$ 两边的表达式组成傅里叶变换对。

第一个表达式表明，两个空间函数的卷积可以通过计算两个傅里叶变换函数的乘积逆变换得到。在滤波问题上，我们更关注第一个表达式，它构成整个频域滤波的基础，式中的乘积实际上就是 $F(u,v)$ 和 $H(u,v)$ 对应元素之间的乘积。

本节介绍几种频域内滤波去薄云的算法。

4.3.1　同态滤波

通常遥感图像 $f(x,y)$ 包含反射分量与散射分量，因此可以表示为 $f(x,y) = R(x,y) + S(x,y)$。为了忽略散射项，把薄云造成的效应归因于大气的透射比，可以表示为

$$f(x,y) = i(x,y)r(x,y) \tag{4.40}$$

其中，$i(x,y)$ 表示照度分量，分布在低频区；$r(x,y)$ 表示反射分量，分布在高频区。

因此，二者均可用频域的低通滤波或高通滤波进行估计。云雾往往是大气中大粒子(如尘埃、烟雾、水蒸气等)产生的。因此，常假设云的信息都分布在薄云图像的低频区域。抑制低频增强高频的方法可以为去薄云提供可能性。同态滤波算法具体如下。

同态滤波算法

输入：图像 $f(x,y)$

输出：$g_L(x,y)$

　　取对数：$z(x,y) = \ln f(x,y) = \ln(i(x,y)) + \ln(r(x,y))$

　　傅里叶变换：$Z(u,v) = F_i(u,v) + F_r(u,v)$

　　其中，$F_i(u,v)$ 和 $F_r(u,v)$ 表示 $\ln(i(x,y))$ 和 $\ln(r(x,y))$ 的傅里叶变换

　　滤波：用滤波器 $H(u,v)$ 抑制低频的云雾信息，加强高频的地表信息，即

$$S(u,v) = H(u,v)Z(u,v) = H(u,v)F_i(u,v) + H(u,v)F_r(u,v)$$

　　傅里叶逆变换：$s(x,y) = Z^{-1}(S(u,v))$

　　取指数：$g(x,y) = \exp(s(x,y))$

　　可选步骤：与输入图像保持相符的动态范围，即

$$g_L(x,y) = a_0 + \frac{b_0 - a_0}{b - a}(g(x,y) - a)$$

　　其中，$[a_0, b_0]$ 是输入动态范围，$[a,b]$ 是输出动态范围。

在同态滤波后，高频信息被增强，低频信息被减弱，即如果无云区域有很大的空间差异，那么该区域的亮度会增强，反之亮度会降低。

为克服此缺点，可以采用基于同态滤波的高保真薄云去除方法。

首先，用一种半自动的频率界定方法确定每个通道的频率边界。薄云的效应与光线波长有关。波长越短，大气的散射就越强。这里的半自动意味着，对于多光谱图，只要其中一个通道的频率边界被确定，其他的就可以通过各个通道间的波长关系来确定。

薄云通常会使图像亮度增加，梯度降低。梯度在这里指图像平均梯度，即

$$G_i = \frac{1}{(M-1)(N-1)} \sum_{x=1}^{M-1}\sum_{y=1}^{N-1} \sqrt{\frac{(F_i(x,y)-F_i(x+1,y))^2 + (F_i(x,y)-F_i(x,y+1))^2}{2}}, \quad i=1,2,3$$

(4.41)

其中，$F_i(x,y)$ 为通道 i 对应位置处的 DN(digital number)值。

对于多光谱图像，大气效应随通道的不同而不同，平均梯度与波长正相关，频率边界与波长负相关。这表明，频率边界与平均梯度负相关。大量实验数据表明，每个通道的平均梯度与该通道的动态范围相关，为确保不同梯度的可对比性，可以将梯度规格化，即

$$G_{N,i} = \frac{B_r}{B_i} G_i$$

(4.42)

其中，B_i 和 B_r 分别为待处理图像和参考图像的亮度，可用图像内像素点的 DN 均值表示。

各截止频率与归一化平均梯度如表 4.1 所示。

表 4.1　各截止频率与归一化平均梯度表

图像	波段	D	G_N	$DG_N=C$
	Band 1	13	2.669	34.697
Image 1	Band 2	10	3.666	36.66
	Band 3	6	5.812	34.872
	Band 1	20	1.688	33.76
Image 2	Band 2	16	2.088	33.408
	Band 3	11	3.307	36.377
	Band 1	15	1.475	22.125
Image 3	Band 2	11	1.844	20.284
	Band 3	7	3.124	21.868
	Band 1	8	1.704	13.632
Image 4	Band 2	6	2.389	14.344
	Band 3	3	4.132	12.396

规格化后的梯度 G_N 和人工调节的最优频率边界列在表 4.1 中，表中最后一列为前两列的乘积。显然有如下规律，即

$$D_1 G_{N,1} \approx D_2 G_{N,2} \approx D_3 G_{N,3} \approx C \tag{4.43}$$

若常数 C 确定，则各个通道的频率边界可估计出来，第一个通道需要人工调节边界值至最佳，其他通道可通过计算估计得出。

然后，为了克服传统同态滤波的缺点，自适应高频 HF 可以保证结果的高保真度。该方法分为薄云检测、适应性同态滤波、水域检测与校正。

薄云检测的方法[10,11]在数据处理的过程中需要基于经验的参数在空间域中处理。为建立一个统一的框架，我们引进一种利用同态滤波特性的云检测方法。令 $e(x,y)$ 为原图 $f(x,y)$ 与滤波后图像 $g(x,y)$ 的差异图，即 $e(x,y) = f(x,y) - g(x,y)$，如果 $e(x,y) > 0$，则判定为有云；考虑连续性，若周围 8 个像素点是有云的，则该点判定有云。

滤波后通常有线性拉伸的可选步骤，使输出图像的动态范围与输入图像一致。由于云的存在，图像最大值往往是有云区域，因此在考虑输入图像的范围时不考虑最大和最小的 2% 的像素。基于云标记图，适应性滤波过程为

$$F(x,y) = \begin{cases} f(x,y), & (x,y) \notin \Omega_{\text{cloudy}} \\ g(x,y), & \text{其他} \end{cases} \tag{4.44}$$

图像中可能存在无云的同质区域，如水域，会被归类为有云区域 Ω_{cloudy}。清澈的水域反射度较低，受同态滤波的影响较弱，而浑浊的水域受到的影响较大，因此需要检测浑浊的水域。对于平坦的水域而言，高亮度是有云像素点的一个明显特征。令 $\text{DN}_{W,i}$ 为通道 i 清晰水域样本的亮度均值，DN_i 是通道 i 中的未知像素点，若所有通道中 $\text{DN}_i > \text{DN}_{W,i}$ 成立，则标记该点为有云，反之标记该点为清晰。

对于清晰的像素点，不做任何处理保留其值到最终结果中。对于有云像素点，使用矩匹配方法[12]来校正其亮度。使用统计信息的方法，根据清晰参考像素调整有云像素点，即

$$\text{DN}'_{W,i} = \frac{\sigma'_i}{\sigma_i}(\text{DN}_{W,i} - \mu_i) + \mu'_i \tag{4.45}$$

其中，$\text{DN}'_{W,i}$ 为目标像素通道 i 的校正 DN 值；μ'_i、σ'_i 和 μ_i、σ_i 分别为无云参考像素和有云目标像素点的均值、标准差。

不确定的像素点可以用原始亮度与校正亮度的加权和表示最终结果，即

$$F_{W,i} = t\text{DN}_{W,i} + (1-t)\text{DN}'_{W,i} \tag{4.46}$$

令 N 表示总通道数量，n 表示满足 $\text{DN}_i \leqslant \text{DN}_{W,i}$ 的数量，则有 $t = n/N$。这种

只作用在有云子图并保留其余区域的方法虽然高效且可用于大面积有云的场景,但是不可避免地会有拼接的痕迹出现,因此需要去除这些拼接的痕迹,保证修改后的子图与原图无缝拼接。修改过的一块子图有两条水平拼接线和两条竖直的拼接线。邻近拼接线的像素点需要根据其与边界的距离来调整。设需要调整的宽度为 L,此宽度内的像素可按以下方式调整,即

$$F_M = \lambda f + (1-\lambda)F, \quad \lambda = \frac{d}{L} \tag{4.47}$$

其中,λ 为校正值的权重。

4.3.2　小波变换

不同于傅里叶变换,小波变换使用小波基而非正弦波做基函数。它在时域和频域都有很好的局部化性质,可以较好地解决时域和频域分辨率的矛盾,对信号的低频成分采用宽时窗,高频成分采用窄时窗。因此,它适合处理非平稳的时变信号,在语音与图像处理中都有广泛的应用。

小波变换具有多分辨率分析的特点,在时域、频域都具有局部分析的能力。图片经多层小波变换可以得到最高层的低频近似系数和每一层的高频细节。变换后得到的系数有特殊性质。近似系数代表图片的背景,频率最低,细节系数代表图像的高频信息,层数大的细节系数频率较低。不同尺度的高频子带图像之间存在同构特性,并且 3 个方向上不同尺度下的小波系数能量大小不同,各方向的侧重不同。在同一方向上,图像间具有更强的同构性和相似性,并且各方向不同尺度下对应频带的相关性是最强的。

首先,对图像按波段分别进行小波分解。然后,用图像上云区低频系数值减小的办法对低频进行抑制。由于高频区域清晰度降低,因此需要对图像的高频部分进行适当的补偿,采用非线性函数提升细节分量之间的对比度。最后,对调整后的小波分解系数进行小波反变换,得到去除薄云的图像。

许多方法均以以上内容为基础[13-15],这里不再赘述。下面重点介绍孔哲[16]等的研究工作。

孔哲等使用对偶树复小波变换(图 4.11),克服了常规小波分解(图 4.12)的一些缺陷,并且保留了复小波变换的诸多优良特性。

① 近似的平移不变性,可克服离散小波变换的平移敏感性。

② 良好的方向选择性($\pm 15°$、$\pm 45°$、$\pm 75°$),可克服离散小波变换缺乏方向性选择。

③ 有限的冗余和高效的阶数。

④ 同复小波变换一样可提供幅值信息,并具有完全重构性。

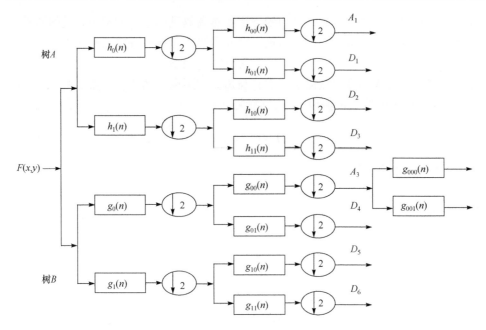

图 4.11　对偶树复小波变换[16]

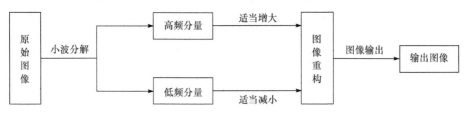

图 4.12　小波分解示意图

对偶树复小波变换通过平行小波树生成的实值系数实现完全重构。一维对偶树复小波变换分解信号 $f(x)$ 可通过平移和膨胀的小波函数 $\psi(x)$ 和尺度函数 $\varphi(x)$ 表示，即

$$f(x) = \sum_{l \in \mathbf{Z}} s_{j_0,l} \varphi_{j_0,l}(x) + \sum_{j > j_0} \sum_{l \in \mathbf{Z}} c_{j,l} \psi_{j,l}(x) \tag{4.48}$$

$$\varphi_{j_0,l}(x) = \varphi_{j_0,l}^{\mathrm{r}}(x) + \sqrt{-1} \varphi_{j_0,l}^{\mathrm{i}}(x) \tag{4.49}$$

$$\psi_{j,l}(x) = \psi_{j,l}^{\mathrm{r}}(x) + \sqrt{-1} \psi_{j,l}^{\mathrm{i}}(x) \tag{4.50}$$

其中，j 和 l 为平移系数和膨胀系数；$s_{j_0,l}$ 为尺度系数；$c_{j,l}$ 为小波系数；上标 r 和 i 表示实部和虚部。

对偶树复小波变换分解二维图像 $f(x,y)$ 可通过一系列的复数尺度函数和 6 个复小波函数表示，即

$$f(x,y) = \sum_{l \in \mathbf{Z}^2} s_{j_0,l} \varphi_{j_0,l}(x,y) + \sum_{\theta \in \Theta} \sum_{j > j_0} \sum_{l \in \mathbf{Z}} c_{j,l}^{\theta} \psi_{j,l}^{\theta}(x,y), \quad \Theta = \left\{ \pm 15°, \pm 45°, \pm 75° \right\} \quad (4.51)$$

支持向量回归的目标是构造线性回归函数 f，使结构风险 $R_{\text{reg}}(f)$ 最小，即

$$R_{\text{reg}}(f) = R_{\text{emp}}(f) + C\Omega(f) \quad (4.52)$$

其中，$R_{\text{emp}}(f)$ 为经验损失函数；$\Omega(f)$ 为正则项；C 为均衡常数。

式(4.52)的最小化问题等价于约束问题，即

$$\min\left[\|\omega\|^2 + C\sum_{i=1}^{n} L(\xi_i) \right]$$

$$\text{s.t.} \quad \left\| y_i - \Phi^{\mathrm{T}}(x_i)\omega - b \right\| \leqslant \varepsilon + \xi_i \quad (4.53)$$

$$\xi_i \geqslant 0, \quad i = 1, 2, \cdots, n$$

利用 Lagrange 乘子法，由 KKT 条件和表示定理可得

$$\begin{bmatrix} K + D_\alpha^+ & I \\ \alpha^{\mathrm{T}} K & \alpha^{\mathrm{T}} I \end{bmatrix} \begin{bmatrix} \gamma \\ b \end{bmatrix} = \begin{bmatrix} y \\ \alpha^{\mathrm{T}} y \end{bmatrix} \quad (4.54)$$

其中，$K_{ij} = K(x_i, x_j) = \Phi^{\mathrm{T}}(x_i)\Phi^{\mathrm{T}}(x_j)$；$I = [1\ 2\ \cdots\ n]^{-\mathrm{T}}$；$y = [y_1\ y_2\ \cdots\ y_n]^{\mathrm{T}}$；$\alpha = [\alpha_1\ \alpha_2\ \cdots\ \alpha_n]^{\mathrm{T}}$ 为拉格朗日乘子；$D_\alpha = \text{diag}(\alpha)$。

求解上式可得

$$b = \left[\alpha^{\mathrm{T}} I - \alpha^{\mathrm{T}} K(K + D_\alpha^+)^{-1} I \right]^{-1} \alpha^{\mathrm{T}} \left[I - K(K + D_\alpha^+)^{-1} \right] y$$

$$\gamma = (K + D_\alpha^+)^{-1}(y - Ib)$$

定义

$$A = (K + D_\alpha^+)^{-1}$$

$$B = \left[\alpha^{\mathrm{T}} I - \alpha^{\mathrm{T}} K(K + D_\alpha^+)^{-1} I \right]^{-1} \alpha^{\mathrm{T}} \left[I - K(K + D_\alpha^+)^{-1} \right]$$

$$Q = A(I - B)$$

则

$$\gamma = Qy \quad (4.55)$$

如果核函数 K 的输入为像素坐标 (r, c)，则对任意图像窗口，输入点通常具有下述形式，即

$$\left\{ (r_0 + d_r, c_0 + d_c) : |d_r| \leqslant m\ |d_c| \leqslant n \right\}$$

对于任意图像窗口，K 矩阵就有相同的取值，将 Q 矩阵的中心行向量重新排列成方阵，可以得到支持向量滤波器。

分别利用对偶树复小波变换和支持向量滤波器对薄云覆盖遥感图像进行多分辨率分解，可以将图像分解成高频方向子带和低频子带。由于地物信息主要占据

图像的高频部分，因此采用增强函数对高频方向子带系数进行增强处理，即

$$f(x) = \begin{cases} x, & x < \text{thr} \\ ax_{\max}\left[\text{sigm}\left(c\left(\dfrac{x}{x_{\max}} - b \right) \right) - \text{sigm}\left(-c\left(\dfrac{x}{x_{\max}} + b \right) \right) \right], & x \geqslant \text{thr} \end{cases} \quad (4.56)$$

其中，阈值 $\text{thr} = \sigma\sqrt{2\ln n}$，$\sigma$ 为高频部分所有子带的平均噪声标准差，可以由

$\hat{\sigma} = \dfrac{\text{median}\left[\left| x_{i,j} : i, j \in H_i \right| \right]}{0.6745}$ 估计出来，H_i 为第 i 尺度分解系数的高频部分；$x_{\max}$ 为

高频方向子带的最大系数。

遥感图像中的薄云在频域上具有低频特性，因此低频系数主要包含云的信息，降低低频系数就等于去除薄云覆盖信息。为避免损伤低频区域地面景物轮廓信息，随着分解水平的增加，选取在最粗分辨率水平下的图像低频系数进行抑制或者去掉最粗分辨率水平下的低频系数，可以实现对薄云信息的去除。

将以上采用不同方法处理后的图像的高频细节信息和低频近似信息采用如下规则进行融合。

低频系数采用基于匹配度的选择和加权相结合的方法进行融合。首先，给出两幅图像 A 和 B 在窗口 N 内的匹配度，即

$$M_{a_J}^{AB} = 2 \sum_{(x+m, y+n) \in \mathbf{N}} W_1(m,n)(a_J^A(x+m, y+n) \times a_J^B(x+m, y+n))^2 \frac{1}{E_{a_J}^A + E_{a_J}^B} \quad (4.57)$$

其中，W_1 为权重矩阵；a_J^A 和 a_J^B 为图像 A 和 B 的低频分解系数。

$$E_{a_J}^{A/B} = \sum_{(x+m, y+n) \in \mathbf{N}} W_1(m,n)(a_J^{A/B}(x+m, y+n))^2 \quad (4.58)$$

然后，根据图像不同区域匹配度的大小，给出如下低频系数融合规则，即

$$a_J^F(x,y) = \begin{cases} W_2 a_J^A(x,y) + (1-W_2)a_J^B(x,y), & M_{a_J}^{AB} \geqslant \tau \\ a_J^A(x,y), & E_{a_J}^A \geqslant E_{a_J}^B, M_{a_J}^{AB} < \tau \\ a_J^B(x,y), & E_{a_J}^A < E_{a_J}^B, M_{a_J}^{AB} < \tau \end{cases} \quad (4.59)$$

其中，τ 为图像匹配度阈值。

$$W_2 = \begin{cases} 0.5 + 0.5 \times \dfrac{1 - M_{a_J}^{AB}}{1 - \tau}, & E_{a_J}^A \geqslant E_{a_J}^B \\ 0.5 - 0.5 \times \dfrac{1 - M_{a_J}^{AB}}{1 - \tau}, & E_{a_J}^A < E_{a_J}^B \end{cases} \quad (4.60)$$

高频系数采用轮廓波对比度的选择方法进行融合。轮廓波对比度定义为

$$C_{k,l}(x,y) = \frac{b_{k,l}(x,y)}{\displaystyle\sum_{(x+m, y+n) \in \mathbf{N}} W_1(m,n)a_k(x+m, y+n)} \quad (4.61)$$

其中，$b_{k,l}(x,y)$ 为像素点第 k 尺度第 l 方向上的高频系数；a_k 为低频系数。

根据轮廓波对比度，高频系数融合规则为

$$F_{k,l}(x,y) = \begin{cases} A_{k,l}(x,y), & C_{a_J}^A \geqslant C_{a_J}^B \\ B_{k,l}(x,y), & C_{a_J}^A < C_{a_J}^B \end{cases} \tag{4.62}$$

4.4　薄云最优化变换方法

在晴朗的天气条件下[17]，对于不同的地物，Landsat 专题绘图仪(thematic mapper, TM)的 band1 和 band 3 高度相关[18]，即红色波段和蓝色波段 DN 值具有高度的相关性。在 band 1 和 band 3 的散点图上，像元点的分布集中在一条直线上，并且与地物的种类无关。这条线被定义为晴空线。

对薄厚不同的云或气溶胶，Landsat TM 的 band 1 和 band 3 的表观辐射亮度不同。与晴朗无云的条件相比，band 1 和 band 3 的 DN 值都升高，但 band 1 受气溶胶的影响更大，升高的更多。图 4.13 中 1~19 指不同的大气条件，光学厚度逐

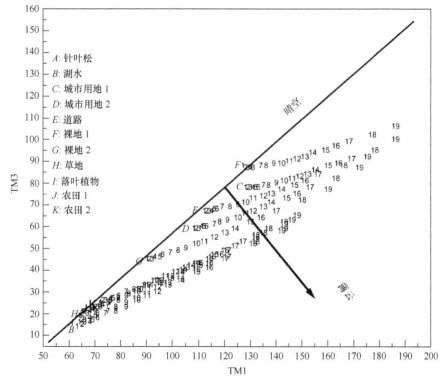

图 4.13　晴空线示意图[18]

渐增加，因此在以 band 1 为横轴，band 3 为纵轴的散点图上，受气溶胶影响的像元相对于晴空线向右上方偏移，云越厚，像元向右上方的偏移量越大，由此得到薄云最优化变换(haze optimized transformation, HOT)方法。

首先以像元与晴空线的距离作为 HOT 值，系数的方向垂直于晴空线，数值大小与偏离晴空线的程度成比例，即

$$\text{HOT} = B_1 \sin\theta - B_3 \cos\theta - |I|\cos\theta \tag{4.63}$$

其中，B_1 和 B_3 分别为 TM_1 和 TM_3 的 DN 值；θ 为 CL 的倾角；I 为晴空线的纵截距。

传统 HOT 方法需要手动选择晴空区，可以采用自动检测无云区的方法，即在晴朗的图像区域大多数图像存在至少一个亮度值很低的通道。计算图像的暗通道图时，一般选取亮度接近 0 的区域为无云区。

某些地物类别不符合 HOT 的假设。红蓝波段散点图如图 4.14 所示。主相关直线的两侧均为不符合假设的点，移除这些点可以提高去薄云的效果。

刘泽树等[19]使用归一化植被指数(normalized differential vegetation index, NDVI)来改进。NDVI 的取值范围为$[-1,1]$，负值表示可见光波段高反射率的区域，0 表示岩石和裸地，正值表示植被覆盖，1 表示最大，即

$$\text{NDVI} = \frac{\text{NIT} - \text{RED}}{\text{NIT} + \text{RED}} \tag{4.64}$$

其中，NIT 为近红外波段；RED 为红色波段。

以此为指导，可以建立高置信度的薄云最优化变换(reliable HOT, RHOT)，即

$$\text{RHOT}(x) = \text{HOT}(x) \times \text{cs}(x) \tag{4.65}$$

其中，$\text{cs}(x)$ 为像元 x 处的掩膜值，即

$$\text{cs}(x) = \begin{cases} 0, & \text{NDVI}(x) \in [-1,0] \\ 0, & \text{NDVI}(X) \in [0,a], \dfrac{1}{s^2}\displaystyle\sum_{y\in\Omega(x)}\text{NDVI} < a \\ 1, & \text{NDVI}(X) \in [0,a], \dfrac{1}{s^2}\displaystyle\sum_{y\in\Omega(x)}\text{NDVI} \geqslant a \\ 1, & \text{NDVI}(x) \in (a,1] \end{cases} \tag{4.66}$$

其中，$\Omega(x)$ 是边长为 s 的 x 的邻域；a 为阈值。

由于待插值区域大小不定且分布不规律，不能直接使用传统插值算法，因此对最近邻插值法进行部分修改，即对 RHOT 中所有待插值像元，计算以待插值像元为中心的窗口内非零点的均值，并将其赋值给该像元。如果窗口内不存在非零点，则增加窗口大小。然后，采用文献[20]的方法对影像的每个波段去除薄云的干扰。

根据 HOT 原理，其值越大表示受云干扰越严重，即云越厚，然后根据改进 HOT(improved HOT, IHOT)将云厚度分类，对每类影像的亮度上下界值进行统计。

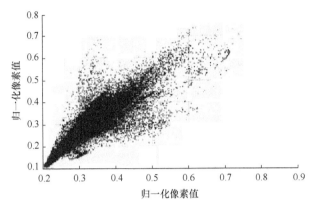

图 4.14　红蓝波段散点图[19]

对每类影像的最大值和最小值进行线性回归，交于一点，记为 VCP，即虚拟云点(图 4.15)。

穿过原始影像点 P 与 VCP 做直线，直线上 IHOT 为 0 的点即校正的值。计算公式为

$$DN_{result} = \frac{DN \cdot IHOT_{VCP} - IHOT \cdot DN_{VCP}}{IHOT_{VCP} - IHOT} \qquad (4.67)$$

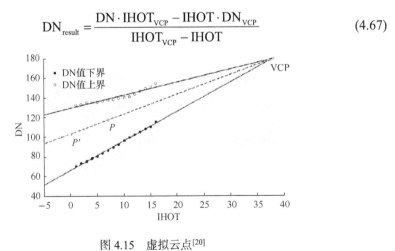

图 4.15　虚拟云点[20]

参 考 文 献

[1] Nayar S K, Narasimhan S G. Vision in bad weather// International Conference on Computer Vision, 1999: 820.

[2] Narasimhan S G, Nayar S K. Contrast restoration of weather degraded images. IEEE Transactions

on Pattern Analysis & Machine Intelligence, 2003, 25(6): 713-724.

[3] Narasimhan S G, Nayar S K. Removing weather effects from monochrome images// Proceedings of the 2001 IEEE Computer Society Conference on Computer Vision and Pattern Recognition, 2001: 186-193.

[4] He K, Sun J, Tang X. Single image Haze removal using dark channel prior. IEEE Transactions on Pattern Analysis & Machine Intelligence, 2011, 33(12): 2341-2353.

[5] Jr P S C. An improved dark-object subtraction technique for atmospheric scattering correction of multispectral data. Remote Sensing of Environment, 1988, 24(3): 459-479.

[6] Zhu Q, Mai J, Shao L. A fast single image Haze removal algorithm using color attenuation prior. IEEE Transactions on Image Processing: A Publication of the IEEE Signal Processing Society, 2015, 24(11): 3522-3533.

[7] Cai B, Xu X, Jia K, et al. DehazeNet: an end-to-end system for single image Haze removal. IEEE Transactions on Image Processing, 2016, 25(11): 5187-5198.

[8] Ancuti C O, Ancuti C, Hermans C, et al. A fast semi-inverse approach to detect and remove the Haze from a single image// Asian Conference on Computer Vision, 2010: 501-514.

[9] Xu M, Pickering M, Plaza A J, et al. Thin cloud removal based on signal transmission principles and spectral mixture analysis. IEEE Transactions on Geoscience & Remote Sensing, 2016, 54(3): 1659-1669.

[10] Hégarat-Mascle S L, André C. Use of Markov random fields for automatic cloud/shadow detection on high resolution optical images. Journal of Photogrammetry & Remote Sensing, 2009, 64(4): 351-366.

[11] Li H, Zhang L, Shen H. A principal component based Haze masking method for visible images. IEEE Geoscience & Remote Sensing Letters, 2013, 11(5): 975-979.

[12] Daniel L, Siong O C, Chay L S, et al. A multiparameter moment-matching model-reduction approach for generating geometrically parameterized interconnect performance models. IEEE Transactions on Computer-Aided Design of Integrated Circuits and Systems, 2006, 23(5): 678-693.

[13] 张波, 季民河, 沈琪. 基于小波变换的高分辨率快鸟遥感图像薄云去除. 遥感信息, 2011, (3): 38-43.

[14] 闫丽娟, 颉耀文, 弥沛峰, 等. 基于小波的遥感影像薄云去除方法. 矿山测量, 2013, (6): 62-65.

[15] 李超炜, 邓新蒲, 赵昊宸. 基于小波分析的遥感影像薄云去除算法研究. 数字技术与应用, 2017, (6): 137-139.

[16] 孔哲, 胡根生, 周文利. 遥感图像薄云覆盖下地物信息恢复算法. 淮北师范大学学报(自然科学版), 2017, 38(3): 53-59.

[17] Selesnick I W, Baraniuk R G, Kingsbury N C. The dual-tree complex wavelet transform. IEEE Signal Processing Magazine, 2005, 22(6): 123-151.

[18] Zhang Y, Guindon B, Cihlar J. An image transform to characterize and compensate for spatial

variations in thin cloud contamination of Landsat images. Remote Sensing of Environment, 2002, 82(2): 173-187.

[19] 刘泽树, 陈甫, 刘建波, 等. 改进 HOT 的高分影像自动去薄云算法. 地理与地理信息科学, 2015, 31(1): 41-44.

[20] He X Y, Hu J B, Chen W, et al. Haze removal based on advanced haze optimized transformation (AHOT) for multispectral imagery. International Journal of Remote Sensing, 2010, 31(20): 5331-5348.

第5章 遥感图像复原

本章重点对模糊遥感图像的降晰方式及相应的图像复原方法进行阐述。为了方便，我们暂时不考虑降采样、缺失、薄云和阴影等。一般在去模糊的模型中总是有保持求解稳定的规整化项来平抑相应的噪声干扰。大体上，关于去模糊的研究可以分为已知模糊核函数的一般图像复原和未知模糊核函数的图像盲复原。另外，基于图像特征单独估计 PSF 或调制传递函数(modulation transfer function, MTF)也在去模糊的研究范畴。

去模糊从求解方程来看是典型的逆问题。求解这类逆问题，一方面需要反降晰来增强细节，另一方面需要平滑或规整化策略来抑制噪声，它们是对立统一的。对于已知模糊核函数的图像复原来说，反降晰部分相对容易，因此研究的重点在于设计更加有效的规整化项，使其既能抑制噪声，又能较好地保存图像细节。对于未知模糊核函数的图像盲复原，未知因素过多，导致反降晰、规整化和模糊核函数的估计互相制约，甚至互为因果。遥感图像 PSF 的测量并不十分容易，盲复原在遥感图像质量改善领域有很重要的实用价值，但是盲复原问题一直未完全解决。本章将详细阐述遥感图像复原和图像盲复原。

5.1 遥感图像模糊的形成

1. 散焦模糊

散焦模糊是光学模糊中常见的一类。其光学原理如图 5.1 所示。

可以看到，如果成像平面比焦距远，单点成像会分散落在一个区域，造成散焦模糊。实际上，成像平面比焦距近也会造成类似的散焦模糊。几何光学表明，光学系统散焦造成的图像降质 PSF 是一个均匀分布的圆形光斑。图像降质函数可以表示为

$$h_{\mathrm{optical}}(m,n) = \begin{cases} \dfrac{1}{\pi R^2}, & m^2 + n^2 \leqslant R \\ 0, & \text{其他} \end{cases} \tag{5.1}$$

其中，R 为散焦半径；$h_{\mathrm{optical}}(m,n)$ 为散焦函数，其傅里叶变换为

$$H_{\text{optical}}(u,v) = 2\pi R \frac{J_1(R\sqrt{u^2+v^2})}{R\sqrt{u^2+v^2}} \tag{5.2}$$

其中，$J_1(\cdot)$ 为第一类 Bessel 函数；$H_{\text{optical}}(u,v)$ 是圆对称的，第一过零点的轨迹形成一个圆。

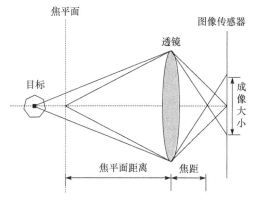

图 5.1　散焦模糊的光学原理

设该圆的半径为 d_r，L_0 为离散傅里叶变换的尺寸，则有如下关系，即

$$R = \frac{3.83 L_0}{2\pi d_r} \tag{5.3}$$

如果可以计算图像的傅里叶变换，那么在频域应该观察到圆形的轨迹，进而估计图像散焦降质函数的半径 R。散焦函数的幅频特性如图 5.2 所示。

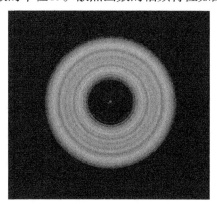

图 5.2　散焦函数的幅频特性

2. 运动模糊

当成像系统和目标之间有相对匀速直线运动造成的模糊时，水平方向的线性移动可以描述为

$$h_{\mathrm{motion}}(m,n) = \begin{cases} \dfrac{1}{d}, & 0 \leqslant m \leqslant d, n = 0 \\ 0, & \text{其他} \end{cases} \tag{5.4}$$

其中，d 为降质函数的长度，如果线性移动函数不在水平方向，可以进行类似的定义。

如果噪声比较小，可以在频域辨识这种类型的降质函数。这里必须说明，噪声的影响非常重要，大噪声条件下辨识降质函数是很困难的。在频域，$h_{\mathrm{motion}}(m,n)$ 傅里叶变换的模 $|H_{\mathrm{motion}}(u,v)|$ 在线性运动方向上是 $\dfrac{\sin(x)}{x}$ 函数。因此，观测图像的傅里叶变换 $|Y(u,v)|$ 的模应该有带状调制外观(图 5.3)。中央条带的宽度，即 $|Y(u,v)|$ 中间两条过零线之间的距离可以用来决定降质函数的参量。频域的运动模糊函数如图 5.4 所示。

(a)　　　　　　　　　　　　　　　　(b)

图 5.3　运动模糊

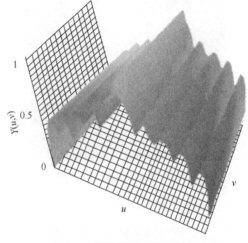

图 5.4　频域的运动模糊函数

3. 大气模糊

大气湍流通常指大气风速起伏所对应的动力湍流。大气湍流的形成过程如图 5.5 所示。对成像系统的光学性质而言，大气密度变化导致的大气折射率起伏所对应的大气光学湍流对其影响更大。通常情况下，人眼通过火焰或者灼热的路面观察远处的目标时，会感觉到目标有明显的颤动现象，这是因为受到大气湍流的影响。光束在大气湍流中的波阵面由于大气折射率的随机变化而产生畸变，使光波的相干性被破坏。相干性的严重退化会引起光线的随机漂移和光能量的重新分布，导致观测目标的细节形态分辨不清，同时降低观测影像的观测精度，严重制约地面目标的高分辨率观测。

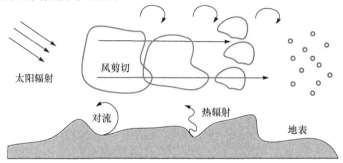

图 5.5　大气湍流的形成过程

因为大气密度的起伏主要由温度起伏决定，所以大气光学湍流可由大气温度场的起伏性质决定。造成大气温度场随机起伏的因素主要包括热量释放(如结晶、沉积等)的相变过程造成的速度场和温度场的变化、地球表面对气流拖拽形成的风速剪切、地表面热辐射导致的热对流，以及地球表面不同区域接受的太阳辐射强度不同形成的温度差异。

当大气干扰相对比较弱时，大气结构对航空航天遥感成像系统的地面分辨力影响只有几厘米。这对大多数遥感成像系统而言可以忽略。当大气干扰相对较强时，大气结构对遥感成像观测系统分辨力的影响可达十几或几十厘米，这对自身分辨力为数米，甚至数十米的遥感成像系统来说仍然不严重。随着现代遥感成像系统分辨力的提高，已经出现了米级，甚至厘米级的遥感成像系统。在这种情况下，大气结构对遥感成像系统分辨力的影响会变得非常严重。应对大气湍流可采用的方案主要有两个，一是在遥感平台上安装自适应光学(adaptive optics，AO)系统，二是采用遥感图像后处理技术。

AO 系统利用波前传感器实时测量光学遥感器瞳面波前相位误差，然后将这些测量数据转换成系统的控制信号，并对望远镜的光学特性进行实时控制，从而对波前相位畸变进行补偿，使物镜得到接近衍射极限的目标。1km 距离不同大气条件下的成像如图 5.6 所示。即使目标直到光学衍射极限的空间频率信息已被记录在观测数据中，考虑 AO 系统自身的原因、闭环侍服带宽、波前观测数据误差，以及噪声等因素的影响，AO 的补偿或校正仅仅是部分的、不充分的，目标的高频信息仍然受到严重的抑制而衰减。因此，这些经过 AO 校正的图像必须进行基于数字技术的后处理，才能获取目标的高清晰图像。无论采用哪种技术，相应的后处理都是必不可少的。

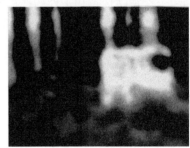

　　　　(a) 早上拍摄　　　　　　　　　　(b) 下午大气湍流条件下拍摄

图 5.6　1km 距离不同大气条件下的成像

4. 高斯模糊

高斯降质函数可以看作成像系统多个降晰环节叠加的结果。对于一般的成像，系统决定的因素比较多，例如假设

$$k = h_{\text{motion}} * h_{\text{atmosphere}} * h_{\text{optical}} * h_{\text{electronic}} \tag{5.5}$$

那么 k 可能就是一个高斯函数或者类高斯函数。一般情况下，众多因素综合的结果经常使 PSF 趋于高斯型。高斯降质函数可以表示为

$$k = \frac{1}{\sqrt{2\pi}\mu} e^{\frac{x^2+y^2}{2\mu^2}} \tag{5.6}$$

其中，μ 为常数，理想高斯函数中的 μ^2 是方差。

连续理想高斯函数的傅里叶变换仍然是高斯函数且没有过零点。支持域受限制的高斯函数的傅里叶变换是近似的高斯函数，有过零点，但是难以从过零点的位置决定高斯函数的参数。相对于运动模糊、大气模糊和散焦模糊，高斯模糊的情况更加难以恢复。这与一般的去模糊视觉或直觉判断不太符合，因为散焦、运动、大气模糊经常表现出的图像失真现象更加严重。

对于模糊的图像，图像盲复原是其中非常重要的一类。对于单幅遥感图像，在不知道模糊核函数的条件下，利用反卷积直接改善图像的清晰程度一般称为图像的盲恢复(盲复原)。如果有可能，我们总是希望先估计图像的降质函数，但是

这在很多情况下是不可行的。图像的降质是个复杂的物理过程，在许多情况下降质函数可以从物理知识和观测图像求解。特别是，如果降质函数的类型是常见的几种时，可以有效辨识出降质函数。在估计降质函数的时候有以下几个先验知识是可以被利用的。

① K 是确定的和非负的。

② K 是有限支持域的。

③ 降质过程不损失图像的能量(不考虑降采样)。

下面讨论图像复原、图像盲复原和单独估计 PSF 方面的基本理论和方法。

5.2 已知模糊核函数的图像复原

如前所述，遥感图像经常因为水蒸气、大气湍流、散焦、设备老化等原因产生模糊。图像复原是去除模糊获得清晰图像的关键技术。在过去的十几年中，在新的图像规整化技术推动下，图像复原有了很大的发展，但大多是假设已知降晰函数条件下的研究成果。在遥感领域,图像模糊的过程一般可以看作一个核函数 h 与原始图像 x 做卷积，即

$$y = h \otimes x + n \tag{5.7}$$

其中，y 为观测图像；n 为加性噪声。

实际上，为了方便计算，降晰模型都可以表示为矩阵向量相乘的形式，即

$$Y = HX + N \tag{5.8}$$

简单来看，当前所有除噪声的方法最终都被用于去模糊中的规整化。但是，去模糊是病态的，因此比除噪声困难。

在降晰函数 H 和原始图像 X 都未知的情况下，基于观测图像 Y 同时求解 H 和 X 就是图像盲复原。这显然是非常困难的逆问题。下面以时间为线索进行简要介绍。

5.2.1 基本的变换域图像复原逆滤波

1. 逆滤波

逆滤波是一种经典的非约束复原算法。图像退化模型的频域形式可表示为

$$Y(u,v) = H(u,v)X(u,v) + N(u,v) \tag{5.9}$$

其中，$Y(u,v)$、$H(u,v)$、$X(u,v)$ 和 $N(u,v)$ 分别是观测图像 y、点扩展函数 h、原始图像 x 和噪声 n 的傅里叶变换。

因此，可得

$$H(u,v)X(u,v) = Y(u,v) - N(u,v) \tag{5.10}$$

两边除以 $H(u,v)$ 可得

$$X(u,v) = \frac{Y(u,v) - N(u,v)}{H(u,v)} \tag{5.11}$$

进行傅里叶逆变换可得原始图像，即

$$x = F^{-1}\left(\frac{Y(u,v) - N(u,v)}{H(u,v)} \right) \tag{5.12}$$

这便是逆滤波算法的基本原理。显然，我们一般并不知道确切的 $N(u,v)$，而实际的逆滤波器经常是

$$x = F^{-1}\left(\frac{Y(u,v)}{H(u,v)} \right) \tag{5.13}$$

因此，有两个方面对逆滤波图像复原有重要影响：一是 $H(u,v)$ 可能有过零点，做除数的时候方程是不稳定的；二是噪声 $N(u,v)$ 会被 $H(u,v)^{-1}$ 放大，所以逆滤波很容易受到噪声影响，图像边缘或细节尤其容易被污染。在图像噪声非常小，并且已知 $H(u,v)$ 零点位置的时候，可以对 $H(u,v)$ 的零点进行处理，以便逆滤波图像复原得到较好的效果。

2. 维纳滤波

维纳滤波可以算是频域图像复原最经典的改进之一。假设存在一个滤波器 $G(u,v)$ 使得

$$\hat{X}(u,v) = G(u,v)Y(u,v) \tag{5.14}$$

我们需要知道 $G(u,v)$ 的具体形式。首先，从均方误差的角度，原始图像与估计图像之间的关系可以表示为

$$e = E\left[(X(u,v) - \hat{X}(u,v))^2 \right] \tag{5.15}$$

替换 $\hat{X}(u,v)$ 可得

$$e = E\left[(X(u,v) - G(u,v)Y(u,v))^2 \right] \tag{5.16}$$

进一步，替换 $Y(u,v)$ 可得

$$e = E\left[(X(u,v) - G(u,v)(H(u,v)X(u,v) + N(u,v)))^2 \right] \tag{5.17}$$

所以有

$$e = E\left[((1 - G(u,v)H(u,v))X(u,v) - G(u,v)N(u,v))^2 \right] \tag{5.18}$$

进一步有

$$e = (1 - G(u,v)H(u,v))(1 - G(u,v)H(u,v))^* E\left[X(u,v) \right]^2$$
$$+ (1 - G(u,v)H(u,v))G(u,v)^* E\left[X(u,v)N(u,v)^* \right]$$
$$+ (1 - G(u,v)H(u,v))^* G(u,v)E\left[N(u,v)X(u,v)^* \right] \tag{5.19}$$
$$+ G(u,v)G(u,v)^* E\left[N(u,v) \right]^2$$

假设信号与噪声相互独立，即

$$E\left[X(u,v)N(u,v)^* \right] = E\left[N(u,v)X(u,v)^* \right] = 0 \tag{5.20}$$

此时，我们定义噪声与信号的能量谱为

$$V(u,v) = E\left[N(u,v) \right]^2$$
$$S(u,v) = E\left[X(u,v) \right]^2 \tag{5.21}$$

那么均方差可以表示为

$$e = (1 - G(u,v)H(u,v))(1 - G(u,v)H(u,v))^* S(u,v)$$
$$+ G(u,v)G(u,v)^* V(u,v) \tag{5.22}$$

我们的目标是求滤波器 $G(u,v)$ ，对 $G(u,v)$ 求导可得

$$\frac{\partial e}{\partial G(u,v)} = H(u,v)(1 - G(u,v)H(u,v))^* S(u,v) + G(u,v)^* V(u,v) = 0 \tag{5.23}$$

维纳滤波器 $G(u,v)$ 可以表示为

$$G(u,v) = \frac{H^*(u,v)S(u,v)}{\left| H(u,v) \right|^2 S(u,v) + V(u,v)} \tag{5.24}$$

审视 $G(u,v)$ 的定义，$H(u,v)$ 应该是固定的，因为分母有 $V(u,v)$ 存在，可以减弱 $H(u,v)$ 中零点对图像复原的不利影响。另外，$S(u,v)$ 和 $V(u,v)$ 之间的关系会影响滤波器的作用。噪声功率谱大的时候，$G(u,v)$ 的反降晰作用相应较弱，$H(u,v)$ 零点的作用被抑制，反之，维纳滤波接近直接的逆滤波器。这样看，维纳滤波是有一定的自适应性的，从理论上试图根据信噪比指引信号的复原。因此，如果已知图像中包含噪声的强度和分布状态，维纳滤波的机制会起作用。

3. Lucy-Richhardson 方法

假设噪声服从高斯分布，也可以推导出维纳滤波。如果假设噪声服从泊松分布，已知观测图像条件下的原始图像分布为

$$p(y|x) = \prod_{i,j} \frac{[h*x]^y \exp(-(h*x))}{y!} \tag{5.25}$$

图像复原可以看作式(5.25)求极大似然的结果，那么以 x 为自变量，求导可得

$$\frac{\partial p(y|x)}{\partial x} = 0 \tag{5.26}$$

从而可得

$$\frac{y}{x*h} * h^{\mathrm{T}} = 1 \tag{5.27}$$

两边同时乘以 x，可得

$$x = \frac{y}{x*h} * h^{\mathrm{T}} x \tag{5.28}$$

使用 Picard 迭代，可得

$$x^{n+1} = \frac{y}{x*h} * h^{\mathrm{T}} x^n \tag{5.29}$$

我们可以看到 Lucy-Richhardson 方法不是频域的方法，它只是在泊松噪声假设条件下推导的结果。我们列出这个方法只是为了与高斯噪声假设前提下推导的维纳滤波进行比较。在实现的过程中，Lucy-Richhardson 方法涉及的卷积运算可以基于快速傅里叶变换在频域实现。这对于尺度不太大的图像可以提高速度。

4. 约束最小二乘

约束最小二乘复原算法最早由 Hunt[1]提出。1992 年，Charalambous 等[2]在此基础上提出改进的方法。在最小二乘复原算法中附加一些约束条件，可以使复原过程在一定程度上克服病态特征。回到图像复原的基本形式，即

$$y = Hx + n$$

假定 n 为零均值的高斯噪声，那么剩余误差与噪声的关系为

$$\|y - Hx\|^2 = \|n\|^2 \tag{5.30}$$

为了克服病态问题，约束最小二乘采用二阶导数范数的平方最小进行规整化。在离散情况下，用二阶差分代替二阶导数。图像的差分可以用卷积算子(拉普拉斯算子)表示，即

$$c = \frac{1}{8} \begin{bmatrix} 0 & 1 & 0 \\ 1 & -4 & 1 \\ 0 & 1 & 0 \end{bmatrix} \tag{5.31}$$

卷积运算可以用矩阵向量乘积表示，目标函数可以表示为

$$\min \|Cx\|^2 \quad \text{s.t.} \quad \|y - Hx\|^2 = \|n\|^2 \tag{5.32}$$

引入拉格朗日乘子，则有

$$J(x) = \|Cx\|^2 + \lambda \left(\|y - Hx\|^2 - \|n\|^2 \right) \tag{5.33}$$

以 x 为自变量，最小化目标函数，对 $J(x)$ 求导有

$$(\lambda H^{\mathrm{T}}H + C^{\mathrm{T}}C)x = H^{\mathrm{T}}y \tag{5.34}$$

虽然约束最小二乘的目标函数是在空域构建的，但是为了计算方便，我们经常在频域进行求解。卷积核函数和规整化算子都可以在频域表示，那么就有

$$X(u,v) = \frac{H^{*}(u,v)Y(u,v)}{\left|H(u,v)\right|^{2} + \lambda\left|C(u,v)\right|^{2}} \tag{5.35}$$

其中，$C(u,v)$ 为规整化算子在频域的形式。

因此，也有人把约束最小二乘的方法归为频域方法。

我们审视维纳滤波和约束最小二乘，其形式都涉及信噪比或规整化参数，可以看作是对基本逆滤波器方法的改进。纯粹的逆滤波器只有反降晰而没有相应的规整化来保持求解稳定。目前，规整化的形式是各种先进的反卷积图像复原方法的研究重点。从频域的方法看，规整化及规整化参数的作用至少有两个方面的启示。

① 噪声不同，规整化强度应该不同。噪声大的情形应该施加更强的规整化保持稳定。

② 从噪声相对大小的角度，不同频率对应的规整化参数也应该有一定的适应性。在噪声保持不变的情况下，信号高频部分相对噪声只有更弱的能量，过强的规整化在抑制噪声的同时也会损失图像细节，而信号低频部分则不太容易受噪声影响。因此，在噪声一定的情形下，高频和低频应该有不同强度的规整化。

频域方法可以看作各种变换域类方法的特例或原始阶段。我们可以大体认为，噪声比较均匀地分布在各个频段，图像在变换域的能量主要集中在低频，并随频率的升高快速衰减。基于频域的规整化在抑制高频能量的时候会更多地削弱噪声能量。后期发展的基于 Wavelet、Curvelet 和 Bandlet 等方法也是在变换域抑制噪声，不同的是这些变换使信号的能量更加集中，而且处理信号不同变换分量的策略更加精细。如果能使信号进一步集中，支持域的其他大部分地方值都很小(接近为零)，那么我们可以简化规整化策略，把变换域内取值小的地方直接置为零。

5.2.2　基本的空域图像复原

1. 受限自适应方法

早期的空域图像复原方法主要针对维纳滤波等方法，容易产生振铃效应。这种效应很容易出现在图像边缘附近，而图像边缘恰好具有信息量较大的重要视觉认知特征。Lagendijk 等[3]提出的受限自适应图像复原方法是早期的典型代表。其主要思想是在空域对图像进行局部适应性控制，在平坦区域加强平滑，在边缘附近减弱平滑。这样既可以减弱平滑区域的噪声，又可以较好地保持边缘特征，满

足视觉对棱边特征较为敏感的要求。受限自适应的初始目标包括两方面的限制，即

$$\|y - Hx\|_2^2 \ll \sigma \text{ 和 } \|Cx\|_2^2 \ll e \tag{5.36}$$

其中，σ 取决于噪声的能量；e 取决于估计图像高频细节部分的总体能量；C 为规整化算子。

为了使图像复原有局部适应性，引入两个加权矩阵，则有

$$\|y - Hx\|_R = (y - Hx)^T R(y - Hx) \ll \sigma$$
$$\|Cx\|_R = (Cx)^T S(Cx) \ll e \tag{5.37}$$

其中，R 和 S 为对角阵，元素 r_{ij} 和 s_{ij} 代表每个像素对能量贡献的权值系数。

在复原过程中，人工确定 r_{ij} 值，一般可以强调保持图像的边缘细节、控制噪声变化的平稳性和补充丢失数据的恢复等。指定 s_{ij} 值可以控制局部平滑的强度，抑制寄生波纹。可以看到，r_{ij} 和 s_{ij} 的作用是相反的。此时可以构造目标不等式，即

$$J(x) = (y - Hx)^T R(y - Hx) + \lambda(Cx)^T S(Cx) \tag{5.38}$$

最小化目标函数可得

$$(H^T RH + \lambda C^T SC)x = H^T Ry \tag{5.39}$$

如果 H 和 C 是循环矩阵，R 和 S 是对角阵，就不能简单地用循环矩阵对角化方法计算，需要迭代求解。Lagendijk 的原方法建议用 van Cittert 迭代，则有

$$x_{k+1} = x_k + \eta[H^T Ry - (H^T RH + \lambda C^T SC)x_k] = H^T Ry \tag{5.40}$$

受限自适应方法中 R 和 S 的选择性，一般可以有效地改善图像复原结果。

2. 最大熵图像复原

从另一个角度看，可以认为受限自适应方法是对约束最小二乘方法的改进，它们都在空域的图像复原增加了约束。增加约束的目的一般都是保持图像平滑。空域约束的种类繁多，基于最大熵的约束也是非常典型的一种。与受限自适应明显不同的是，最大熵是非线性规整化，一般不能直接写成线性算子的形式，因此计算过程较为复杂。考察基于最大熵的图像复原，即

$$\begin{aligned} &\max Z(x) \\ &\text{s.t. } y = Hx + n \end{aligned} \tag{5.41}$$

其中，$Z(x)$ 为图像的熵，可以有多重定义，典型的是 Frieden 提出的，即

$$Z(x) = \sum_{i,j} -x\ln x \tag{5.42}$$

这个熵的定义与经典的香农熵相同。按照信息论的观点，一个系统越是有序，信息熵就越低；反之，一个系统越是混乱，信息熵就越高。因此，信息熵也可以说是系统有序化(或混乱)程度的一个度量。一般认为，噪声比人类视觉容易感受

的有内容的图像要更混乱一些。越是纹理清晰且边缘锐利的图像，越被认为是有序的。因此，图像熵可以用作抑制噪声。从上面的定义看，图像是负数的时候，在熵的计算中是没有意义的，这与实际应用中图像的非负特性吻合。

基于熵规整化的图像复原有一些明显的好处。首先，最大熵恢复方法可处理残缺图像(不完全数据)。其次，最大熵方法不需要对图像先验知识做更多假设便可以达到抑制噪声和恢复细节的效果。较少的假设使处理效果不会过分依赖具体的降质模型，具有很强的通用性。但是，最大熵方法也有一些缺点，作为一种非线性的方法，在数值求解上比较困难，通常只能用极耗时的迭代解法。因此，寻求高效、稳定的算法一直是最大熵图像复原方法研究的一个重点。

5.2.3　引入先进的规整化方法

当把图像质量提升归结为逆问题，即

$$T(x) = \left\| y - Hx \right\|_2^2 + \left\| \Psi(x) \right\|_p \tag{5.43}$$

当 H 已知时，规整化的形式 $\Psi(x)_p$ 是决定图像复原效果的关键。由于规整化希望方程的解稳定，一般会引入平滑机制，因此在图像复原领域，噪声去除与规整化几乎是完全相同的。几乎所有抑制噪声的策略都可以引申为规整化策略，变为 $\Psi(x)$ 的具体形式。

1. 基于全变分的图像复原

ROF 模型[4]对图像处理领域产生了非常重要的影响，已经渗透到图像处理领域的各个分支。1998 年前后，全变分规整化在以去模糊为目的的图像反卷积(图像复原)领域开始流行[5]。基于变分规整化的图像复原需要最小化如下目标函数，即

$$T(x) = \int (y - Hx)^2 \, \mathrm{d}x\mathrm{d}y + \lambda \int \Psi(|\nabla x|) \mathrm{d}x\mathrm{d}y \tag{5.44}$$

其中，λ 为规整化参数；$\int \Psi(|\nabla x|)\mathrm{d}x\mathrm{d}y$ 为规整化项；∇x 为 x 的梯度，当 $\Psi(|\nabla x|) = |\nabla x|$ 时，就是变分规整化的最基本形式，称为全变分。

基于变分规整化的图像复原效果好，已经获得很多成功，但对变分规整化的改进也一直在进行。这些改进大体上包括两个方面。

① 具体形式上的改进，目的是让规整化的效果更好。

② 离散化计算策略的改进，目的是计算更方便，收敛速度更快。

这两方面的改进在图像复原领域都有明显的体现。形式上的改进主要体现在 $\Psi(|\nabla x|)$ 函数的构造上[6]，目的是在更好地抑制噪声的同时保存图像边缘和细节。离散化计算方面的改进除了早期的时间步进法[4]、定点迭代[7]，后来又发展出原

对偶[8]、基于对偶的梯度下降[9]、二阶圆锥规划[10]、多网格[11]、基于图割[12]的方法等。对于变分图像复原来说，无论是规整化形式上的变化，还是离散化计算方式的改进都需要规整化参数来协调计算过程中反降晰和规整化的关系。先进的规整化一定要配合适当的规整化参数才能有更好的效果。

2. 基于小波的图像复原

如同除噪声，图像复原的规整化也可以在小波域进行。设图像的离散小波变换用 W 表示，小波系数用 θ 表示，此时原始图像可以表示为 $x=W\theta$。图像复原的观测模型可以进一步表示为

$$y=HW\theta+n \tag{5.45}$$

实际上，W 可以是早期的傅里叶变换。后来发展起来的基函数，如小波变换、曲波变换等也有类似形式。模型实施的困难很大一部分来自计算。虽然核函数 H 能够对角化，但是 HW 一般不能对角化。因此，我们遵循最大期望(expectation maximization, EM)算法的小波域图像复原策略[13]。在这个策略中，高斯噪声 n 可以看作两个高斯噪声分量的和，即

$$n=\alpha Hn_1+n_2 \tag{5.46}$$

其中，α 为正的协调参数；n_1 和 n_2 为相互独立的噪声，它们服从高斯分布，即

$$p(n_1)=N(n_1|0,I)$$
$$p(n_2)=N(n_2|0,\sigma^2I-\alpha^2HH^{\mathrm{T}}) \tag{5.47}$$

注意到，αHn_1+n_2 的方差为 $\alpha^2HH^{\mathrm{T}}+\sigma^2I-\alpha^2HH^{\mathrm{T}}=\sigma^2I$。既然 $\sigma^2I-\alpha^2HH^{\mathrm{T}}$ 是正定协方差矩阵，那么一定有 $\sigma^2\leqslant\alpha^2/\lambda_1$，这里 λ_1 是 HH^{T} 的最大特征值。当 H 是归一化的循环矩阵时，$\lambda_1=1$，此时有 $\sigma^2\leqslant\alpha^2$。噪声分解成两个分量的思路允许我们引入隐含的图像变量 z，这样可以让噪声和卷积运算分离。此时，基于 n_1 和 n_2，图像的观测模型可以表示为

$$\begin{cases}z=W\theta+\alpha n_1\\y=Hz+n_2\end{cases} \tag{5.48}$$

显然，如果 z 是已知的，那么第一个方程是纯粹的除噪声。隐性观测数据 z 非常关键，通常基于 EM 算法可以估计隐含变量 z。当似然惩罚 $\log p(y|\theta)-\mathrm{pen}(\theta)$ 难以估计的时候，EM 算法是一种较为有效的最大后验概率参数估计方式。显然，目标变量是 θ，EM 算法通过 E 步和 M 步交互迭代来求解 $\hat{\theta}^{(t)}$。EM 估计的基本框架如下。

E 步：假设观测数据和目标 $\hat{\theta}^{(t)}$ 已知，计算似然估计的条件期望值，即

$$Q(\theta,\hat{\theta}^{(t)})=E[\log p(y,z|\theta)|y,\hat{\theta}^{(t)}] \tag{5.49}$$

M 步：更新估计变量，即

$$\hat{\theta}^{(t+1)} = \underset{\hat{\theta}^{(t+1)}}{\operatorname{argmax}} \left\{ Q(\theta, \hat{\theta}^{(t)}) - p(\theta) \right\} \tag{5.50}$$

关于收敛性的讨论可以参考文献[13]，[14]。根据贝叶斯理论，有

$$p(y, z|\theta) = p(y|z, \theta) p(z|\theta) = p(y|z) p(z|\theta) \tag{5.51}$$

因为以 z 作为条件，一般认为 y 与 θ 是相互独立的。在图像复原领域，假设 $z = W\theta + \alpha n_1$，αn_1 是零均值方差为 $\alpha^2 I$ 的噪声，因此有

$$\begin{aligned}
\log p(y, z|\theta) &= \log p(y|z) - \frac{W\theta - z_2^2}{2\alpha^2} + K_1 \\
&= -\frac{\theta^{\mathrm{T}} W^{\mathrm{T}} W\theta - 2\theta^{\mathrm{T}} Wz}{2\alpha^2} + K_2
\end{aligned} \tag{5.52}$$

其中，K_1 和 K_2 是不依赖 θ 的常数。

可以看到，似然函数 $\log p(y, z|\theta)$ 与隐含变量 z 呈线性关系，因此 E 步估计最重要的是得到 z 的条件期望。当观测数据 y 和系数(参数)已知时，z 的条件期望可表述为

$$\hat{z}^{(t+1)} = E[z|y, \hat{\theta}^{(t+1)}] \tag{5.53}$$

把 $\hat{z}^{(t+1)}$ 代入 Q 函数可得

$$\begin{aligned}
Q(\theta, \hat{\theta}^{(t)}) &= \frac{\theta^{\mathrm{T}} W^{\mathrm{T}} W\theta - 2\theta^{\mathrm{T}} W\hat{z}^{(t+1)}}{2\alpha^2} \\
&= \frac{W\theta - \hat{z}_2^{(t+1)2}}{2\alpha^2} + K_1
\end{aligned} \tag{5.54}$$

由于 $p(y|z)$ 和 $p(z|\hat{\theta}^{(t)})$ 都服从高斯分布，因此 $p(z|y, \hat{\theta}^{(t)}) \propto p(y|z) p(z|\hat{\theta}^{(t)})$ 也服从高斯分布。此时，$\hat{z}^{(t+1)}$ 的期望值可以表示为

$$\hat{z}^{(t+1)} = W\hat{\theta}^{(t)} + \frac{\alpha^2}{\sigma^2} H^{\mathrm{T}} (y - HW\hat{\theta}^{(t)}) \tag{5.55}$$

求得的 $\hat{z}^{(t+1)}$ 的期望值可以直接代入 Q 函数。

在 M 步，基于已经得到的 Q 函数更新参数估计，即

$$\hat{\theta}^{(t+1)} = \underset{\hat{\theta}^{(t+1)}}{\operatorname{argmax}} \left\{ -\frac{W\theta - \hat{z}_2^{(t+1)2}}{2\alpha^2} - \operatorname{pen}(\theta) \right\} \tag{5.56}$$

如果 W 是正交的，$\hat{\omega}^{(t)} = W^{\mathrm{T}} \hat{z}^{(t)}$ 的 M 步也可以转化为

$$\hat{\theta}^{(t+1)} = \underset{\hat{\theta}^{(t+1)}}{\operatorname{argmax}} \left\{ -\theta - \hat{\omega}_2^{(t)2} - 2\alpha^2 \operatorname{pen}(\theta) \right\} \tag{5.57}$$

这就像一个纯粹的基于小波变换的除噪声问题。问题的关键是如何定义 $\operatorname{pen}(\theta)$，

也就是 θ 服从什么样的分布，一般以混合高斯分布和拉普拉斯分布最为流行。

3. 基于字典学习的图像复原

在稀疏表征领域，小波是典型的解析字典。对于图像复原问题，基于非解析字典进行稀疏表征也是非常有效的规整化手段。回顾图像复原的观测模型，即

$$y = HD\alpha + n$$

其中，D 为非解析字典；α 为相应的稀疏表征系数。

非解析字典 D 一般是图像中的小块，既可以是全局的，也可以是邻域内的相似块组进行稀疏表征。从数据源来看，D 既可以来自当前模糊目标图像，也可以来自同一地理位置的多时相或多源图像。这一点在遥感领域更加普遍。

在已知 D 的条件下，基于字典学习的图像复原(图 5.7)可以表示为

$$\underset{\hat{\alpha}}{\mathrm{argmin}} \left\| y - HD\alpha \right\|_2^2 + \lambda \left\| \alpha \right\|_1 \tag{5.58}$$

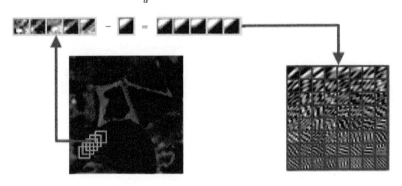

图 5.7　基于字典学习的图像复原

此时，优化的困难主要在于 α 不方便求导，因此不能直接求解。目前，有很多流行的求解目标函数的方法，如正交匹配追踪[15]、Bregman 剖分[16]、迭代硬阈值[17]等，但都需要 H 能够写成矩阵形式。对于去模糊图像复原这种场景，PSF 一般可以写成矩阵的形式。为了更加具有普遍意义，下面基于参考文献[18]给出更加一般的求解形式。

对于求解 $\hat{\alpha}$ 的第 $t+1$ 次迭代，可以先获得一个中间结果 $\hat{x}^{t+0.5}$，即

$$\hat{x}^{t+0.5} = \hat{x}^t + H^{\mathrm{T}}(y - HD\hat{\alpha}^t) \tag{5.59}$$

在得到 $\hat{\alpha}^{t+1}$ 前，先获得 $\hat{\alpha}^{t+0.5}$，即

$$\hat{\alpha}^{t+0.5} = D^{\mathrm{T}}\hat{x}^{t+0.5} \tag{5.60}$$

实际上，D 不一定是正交字典，可以基于正交匹配追踪[15]或迭代硬阈值[17]等经典方法获得 $\hat{\alpha}^{t+0.5}$。由 $\hat{\alpha}^{t+0.5}$，我们可以基于 $\hat{\alpha}^{t+0.5}$ 进行阈值截断处理，即

$$\hat{\alpha}^{t+1} = \text{sign}(\hat{\alpha}^{t+0.5})\max\left(\left|\hat{\alpha}^{t+0.5}\right| - \frac{\lambda}{2}, 0\right) \tag{5.61}$$

其中，$\text{sign}(\cdot)$ 为符号函数；$\max(\cdot)$ 为取最大值函数。

当我们获得 $\hat{\alpha}^{t+1}$ 后，进行下一次迭代前更新 $\hat{x}^{t+1}$，即

$$\hat{x}^{t+1} = D\hat{\alpha}^{t+1} \tag{5.62}$$

在这种求解模式下，如果 H 不能写成矩阵的形式，$H^{\mathrm{T}}(y - HD\hat{\alpha}^t)$ 运算也可以直接实施，只要 $H^{\mathrm{T}}(y - HD\hat{\alpha}^t)$ 的结果与 $\hat{x}^t$ 对应即可。

可以看出，为了使图像复原的解更加稳定，各种各样的规整化都可以引入方程，而几乎任何一种图像平滑除噪声的策略都可以作为规整化的形式加入图像复原。除噪声的目标一般是在平滑掉噪声的同时尽量多地保存图像的细节。这一目标与图像复原规整化的目标十分一致。近年来流行的全变分、小波、字典学习、非局部平均、马尔可夫场、低秩、图像块似然对数等都可以直接过渡到图像复原领域。

5.2.4 多通道图像复原

大部分遥感图像都是多通道的，每个通道都对应特定的波段能量。尽管每个波段的模糊核函数可能并不一样，但是多通道图像在图像特征上总是既有区别，又共享一些相似性。例如，边缘和纹理经常有明显的相似性，但是图像灰度值的分布又有明显的差异。不同波段的相似性可以在图像复原的时候加以利用，这样能更好地抑制噪声，改善去模糊的效果。大部分除噪声的手段都有相应的扩展高维的形式，如多通道全变分、多通道小波、多通道非局部平均等。显然，这些除噪手段进行去模糊的规整化时，也可以扩展到高维，进而应用到多通道图像复原。不同的规整化策略有不同的扩展到高维的方式。下面以全变分为例，阐述多通道图像复原。基于变分规整化的单通道图像复需要最小化如下目标函数，即

$$T(x) = \int (y - Hx)^2 \, \mathrm{d}x\mathrm{d}y + \lambda \int \Psi(|\nabla x|)\mathrm{d}x\mathrm{d}y \tag{5.63}$$

全变分部分可定义为

$$\text{TV}(x) = \int |\nabla x| \, \mathrm{d}x\mathrm{d}y \tag{5.64}$$

对于多通道的情况 $x = \{x_i\}_{i=1}^{n}$，考虑在规整化部分利用多通道数据的相关性，那么规整化部分可以重新定义为

$$\text{TV}_{\text{ms}}(x) = \sqrt[2]{\sum_{i=1}^{n}\left(\text{TV}(x_i)\right)^2} \tag{5.65}$$

对每个通道 x_i，基于欧拉-拉格朗日方程求解，即

$$H_i^{\mathrm{T}}(y_i - H_i x_i) + \lambda \frac{\mathrm{TV}(x_i)}{\mathrm{TV}_{\mathrm{ms}}(x)} \nabla\left(\frac{\nabla x_i}{|\nabla x_i|}\right) = 0 \tag{5.66}$$

关于方程的离散化求解可以用时间步进法、定点迭代、对偶方法等[19]。

5.3　未知模糊核函数的盲复原

重新审视图像复原问题，即

$$y = Hx + n$$

当仅 y 已知，而核函数 H 和原始数据 x 都未知的时候，称为盲复原问题。由于核函数未知，求解的难度远高于一般的图像复原问题。在遥感图像领域，可以利用观测图像上的特殊点和线来辨识降质函数 H。这对某些图像是很有效的，但也不是通用有效的。关于图像盲复原的研究也非常多，研究者基于各种类型的方法从不同的角度和侧面探索了盲复原问题的求解。由于不同方法之间错综复杂的关系，我们不对盲复原进行严格而细致的分类。为了阅读方便，我们简要介绍早期的一些代表性方法。

5.3.1　早期方法

1987 年，Lane 等[20]利用 z 变换进行零叶面分离求解图像盲复原的问题。零叶面分离的方法比较直观，但是由于对多项式的根进行关联、分群和跟踪并不容易，而且对噪声比较敏感，因此在实际应用中会产生很大困难。另一种早期比较流行的方法是由 Ayers 等[21]提出的类似维纳滤波的盲复原模型。这种方法交替使用频域和空域的形式，方便加入非负性、有限支持域等不同的约束。该方法经过一系列改进后可以得到一个比较近似的解，而且速度比较快，缺点是不具备稳定的收敛性。自回归模型[22-24]认为图像盲复原是一个系统辨识的过程，所以像高阶统计的方法和 ML 估计方法等都可以在自回归模型框架下求解盲复原问题。1996 年，Kundur 等[25]提出针对有限支持域，使用递归滤波器的图像盲复原方法。该方法目前已经成为有限支持域情况下图像盲复原的经典方法，后继又有一些研究者做了有意义的改进[26,27]。1998 年，Chan 等[28]提出的基于全变分和交互迭代优化的方法引起人们的广泛关注。已知降晰函数情况下的基于全变分的图像复原取得了显著的进展，但是盲复原不只取决于规整化，因此 Chan 等的方法也受到很多研究者的质疑。大体上，这些早期的方法从变换域、空域和图像统计特性等不同角度对盲复原问题做了很多有益的探索。

我们探索和解决盲复原问题时，由于降晰函数和原始图像都未知，问题已经不再是 Fredholm 第一类方程，甚至不再是一个线性积分方程。此时，一个非常大的困难是没有一个完善的理论指导我们如何处理这类问题[29]，因此尽管研究者从不同的角度都取得了一些进展，但总体上并没有彻底解决图像盲复原的问题。

对理论完善性的问题，EM 算法是非常值得关注的。尽管 EM 算法还存在问题，但是它在形式上相对比较完整，对盲复原问题的描述也相对合理。EM 算法有基于空域的形式，也有频域的形式[30]。Molina 等提出新的基于贝叶斯框架的图像盲复原模型[31]，通过引入超参数，不再区分待估计参数和隐含变量。因此，实际上是采用 Kullback-Leibler 散度的变分贝叶斯方法。变分法和超参数的引入使盲复原的稳定性明显增强。然而，超参数虽然不是特别敏感，但仍然需要估计，甚至需要一些经验值，导致对结果有一定的影响。同时，变分贝叶斯方法完全从统计角度解释盲复原问题并不全面。例如，认为图像是服从拉普拉斯分布，这有一定的局限性的。实际上，从视觉角度来说，图像可以有空域的各向异性、纹理的冗余性、变换域的稀疏性等很多方面的先验知识约束。因此，Bababan 沿着Molina 的思路，把流行的全变分先验知识引入图像盲复原[32]，并收到不错的效果，但是仍然过于强调超参数对盲复原的作用。

除了变分贝叶斯，也有研究者从引入更加合理的规整化的角度改进盲复原算法[33,34]。尽管图像复原和图像除噪声都需要平滑约束，有一定的相似性，但是盲复原中对规整化项的要求远比一般的图像除噪要高。Fergus 等[33]认为早期的规整化项不合理是导致盲复原效果不好的重要原因。实际上，根据 Levin 等[35]的分析，最大后验概率估计对象的选择更加重要。以往的方法是以最大后验概率同时估计卷积核 k 和原始图像 x。此时，由于未知数的个数总是多于方程的个数，因此使问题求解困难，而且不能引导优化的过程朝着我们希望的方向发展。同时，Levin 等[35]指出，绝大多数情况下，k 的尺寸是远远小于 x 的，如果可以优先估计 k 可能得到更好的结果。Levin 的研究推进了我们对图像盲复原的理解。针对特殊领域或特殊问题建立模型是盲复原的另一个发展趋势，如针对运动模糊函数的解决方法[36,37]、针对特定图像的解决方法[38]、针对大气湍流产生的模糊问题的解决[39]、针对天文图像的模糊问题的解决方法[40]等。

国内的学者也在图像盲复原方面做了大量有价值的研究工作。邹谋炎[29]对2000 年以前的盲复原研究进行了较好的总结，并深刻分析了盲复原面临的困难。Shen 等[41]对盲复原过程中 PSF 的支持域估计做了有益的改进，取得了较好的效果，但是迭代求解的优化过程尚需完善。Lai 等[42]在盲复原的过程中联合空域的全变分和变换域的稀疏两种规整化，使方程的求解更加稳定。Liao 等[43]基于交叉检验理论对盲复原做了有益的改进，但是算法主要侧重于规整化参数方面。

5.3.2　变分贝叶斯盲复原

图像复原问题可以写成矩阵向量的形式，即

$$g = Hf + n \tag{5.67}$$

其中，g 为观测图像；f 为原始图像；n 为噪声；H 为关于 h 的循环矩阵排列的分块特普利茨矩阵。

首先，定义观测 g 的联合分布 $p(\Omega, f, h, g)$，其中 f 为未知图像，h 为模糊核，Ω 为超参数。然后，计算给定观察图像 $p(\Omega, f, h|g)$ 未知量的后验分布，并使用这种后验分布估计图像和模糊核。贝叶斯建模是先建立 $p(\Omega, f, h, g)$，然后在此基础上推断 $p(\Omega, f, h|g)$。

为了对联合分布建模，我们采用分层贝叶斯范式。这个范式已经应用于各个领域的研究[44-46]。盲反卷积的分层法至少有两个阶段。在第一阶段，基于观测噪声的结构形式、图像和 PSF 的知识分别用于形成 $p(g, f, h, \Omega)$、$p(f|\Omega)$ 和 $p(h|\Omega)$。这些噪声、图像和模糊模型取决于未知的超参数 Ω。在第二阶段，定义超参数上的超先验，并将超参数的信息并入进程。

对于 Ω、f、h、g，定义联合分布，设推理是基于 $p(\Omega, f, h|g)$ 的，则有

$$p(\Omega, f, h, g) = p(\Omega)p(f|\Omega)p(h|\Omega)p(g|f, h, \Omega) \tag{5.68}$$

在使用分层贝叶斯范式建模和执行盲反卷积时，至少需要解决三个关键问题。

第一个关键问题是关于 $p(\Omega)$ 的定义。盲反卷积是一个不适定问题，以一种非常简单的方式，不考虑 PSF 可以分解为两个已知乘积的情况。显然，有许多对数字的乘积是相同的，并且能够满足这个形式。因此，在解决方案的过程中，添加的信息越多，对未知参数的估计就越准确。

第二个关键问题是决定如何进行推理。一种常用的方法是用下式估计 Ω 中的超参数，即

$$\hat{\Omega} = \arg\max_{\Omega} p(\Omega|g) = \iint_{f\,h} p(\Omega, f, h, g)\mathrm{d}f\mathrm{d}h \tag{5.69}$$

然后，求解估计图像和模糊，即

$$\hat{f}, \hat{h} = \arg\max_{f, h} p(f, h|\hat{\Omega}, g) \tag{5.70}$$

该推理过程旨在优化给定的函数，而不是获得可被模拟的后验分布和关于估计质量的附加信息。图像和模糊元素估计的解可以看作是 delta 函数后验分布的近似值。上述推断过程不是对图像和模糊的可能值进行分布估计，而是选择一组特定的值。这意味着，我们忽略了对数据的许多其他解释。如果后验概率急剧变化，其他的超参数、图像和模糊的值会有一个更低的后验概率。如果后验概率变化平

稳，选择独特的值将忽略具有相似后验概率的许多其他选择。

图像灰度分布平滑性的先验知识使我们可以通过自回归[47]对 f 的分布进行建模，即

$$p(f \mid a_{im}) \propto a_{im}^{N/2} \exp\left(-\frac{1}{2} a_{im} \|Cf\|^2\right) \tag{5.71}$$

其中，C 为拉普拉斯算子；$N = P \times Q$ 为列向量的大小，表示按顺序排列的 $P \times Q$ 图像；a_{im} 为高斯分布的方差。

在式(5.71)中用 $N-1$ 来代替 N，用于 f 的高斯分布是奇异的，即当 $f = \text{const} \times 1$ 时，对于所有 const，$Cf = 0$。

对 PSF 使用相同的模型，即

$$p(h \mid a_{bl}) \propto a_{bl}^{M/2} \exp\left(-\frac{1}{2} a_{bl} \|Ch\|^2\right) \tag{5.72}$$

其中，$M = U \times V$ 为模糊核的支持域的大小；h 为 $N = P \times Q$ 的列向量；a_{bl} 为高斯分布的方差。

不同于式(5.72)定义的先验模糊模型，文献[48]使用的模糊模型为

$$h \sim N(m_h, a_h^{-1}I) \tag{5.73}$$

其中，m_h 为未知向量均值；a_h^{-1} 为多维正态分布的未知方差；h 的分量在统计上是独立的，在这个分布中，未知数的个数等于模糊加 1(方差)支持的大小。

设 u 可以用来表示图像或模糊，在更复杂的层面，我们可以通过下式模拟 u 的分布，即

$$u \sim N(m_u, \textstyle\sum_u) \tag{5.74}$$

其中，m_u 和 $\sum_u$ 为正态分布的未知向量均值和协方差矩阵。

使用这种模型的一个问题是，除非已知向量的均值和协方差矩阵，否则会同时估计大量的超参数。

(1) 第一阶段

假设观测噪声是均值为零且方差等于 β^{-1} 的高斯分布，如果 f 和 h 分别为真实图像和模糊核函数，那么观察图像的概率为

$$p(g \mid f, h, \beta) \propto \beta^{N/2} \exp\left(-\frac{1}{2} \beta \|g - Hf\|^2\right) \tag{5.75}$$

同样，可以用 f 形成 $N \times N$ 卷积矩阵 F，并将式(5.75)改写为

$$p(g \mid f, h, \beta) \propto \beta^{N/2} \exp\left(-\frac{1}{2} \beta \|g - Fh\|^2\right) \tag{5.76}$$

(2) 第二阶段

一个重要的问题是在式(5.71)、式(5.72)、式(5.76)中估计位置参数 a_{im}、a_{bl} 和 β。为了处理这个估计问题，层次贝叶斯范式被引入第二阶段(第一个阶段由 $p(f\,|\,a_{im})$、$p(h\,|\,a_{bl})$、$p(g\,|\,f,h,\beta)$ 组成)。这个阶段，已经提出超先验 $p(a_{im},a_{bl},\beta)$，联合全局分布为

$$p(a_{im},a_{bl},\beta,f,h\,/\,g) = p(a_{im},a_{bl},\beta)p(f\,|\,a_{im})p(h\,|\,a_{bl})p(g\,|\,f,h\beta) \qquad (5.77)$$

有关贝叶斯的文献很大一部分是寻找超先验分布 $p(a_{im},a_{bl},\beta)$，使 $p(a_{im},a_{bl},\beta,f,h\,|\,g)$ 可以用直接或近似的方法计算。这些共轭先验[49,50]得到了广泛的发展和应用。

除了提供对 $p(a_{im},a_{bl},\beta,f,h\,|\,g)$ 的简单计算或近似值，共轭先验具有直观的特征。它允许以先前的特定功能形式开始，以相同的功能形式结束。

考虑共轭先验，假设每个超参数具有超伽马分布 $\Gamma(\omega|a_\omega^o,b_\omega^o)$，定义为

$$p(\omega) = \Gamma(\omega|a_\omega^o,b_\omega^o) = \frac{(b_\omega^o)^{a_\omega^o}}{\Gamma(a_\omega^o)}\omega^{a_\omega^o-1}\exp(-b_\omega^o\omega) \qquad (5.78)$$

其中，$\omega>0$ 为超参数；$b_\omega^o>0$ 为尺度参数；$a_\omega^o>0$ 为形状参数。

假定这些参数已知，伽马分布具有以下均值、方差和模式，即

$$E[\omega] = \frac{a_\omega^o}{b_\omega^o}, \quad \mathrm{Var}[\omega] = \frac{a_\omega^o}{(b_\omega^o)^2}, \quad \mathrm{Mode}[\omega] = \frac{a_\omega^o-1}{b_\omega^o} \qquad (5.79)$$

当 $a_\omega^o<1$ 且平均值和模型不一致时，模型不存在。

文献[48]提出的模型具有式(5.71)、式(5.73)、式(5.76)定义的超参数 a_{im}、m_h、a_h 和 β，并且在这些超参数上用作超先验，即

$$p(a_{im},m_h,a_h,\beta) \propto \mathrm{const} \qquad (5.80)$$

这个超先验的估计过程完全依赖观测，对观测噪声和超参数的初始估计非常敏感。

对于向量的分量，对应的共轭先验是正态分布。此外，如果在式(5.75)中使用先验模型，那么 $\sum_u$ 的超先验值是由反 Wishart 分布给出的[51]。

下面给出所有超参数 Ω 的集合，即

$$\Omega = (a_{im},a_{bl},\beta) \qquad (5.81)$$

所有未知 Θ 的集合由下式给出，即

$$\Theta = (\Omega,f,h) = (a_{im},a_{bl},\beta,f,h) \qquad (5.82)$$

贝叶斯范式决定了推理应该基于下式，即

$$p(\Theta\,|\,g) = p(a_{im},a_{bl},\beta,f,h\,|\,g) = \frac{p(a_{im},a_{bl},\beta,f,h,g)}{p(g)} \qquad (5.83)$$

其中，$p(a_{im},a_{bl},\beta,f,h\,|\,g)$ 由式(5.77)给出。

当 $p(\Theta\,|\,g)$ 被计算出来后，可以对 f 和 h 积分得到 $p(\Theta\,|\,g)=p(a_{im},a_{bl},\beta\,|\,g)$。然后，使用这个分布来模拟或选择超参数。如果对一个点估计，$\hat{a}_{im}$、$\hat{a}_{bl}$、$\hat{\beta}$ 是必须的，那么可以使用这个后验分布的模式或均值。最后是对原始图像和模糊的点估计 $\hat{f}$ 和 $\hat{h}$，可以通过最大化 $p(f,h\,|\,g,\hat{a}_{im},\hat{a}_{bl},\hat{\beta})$ 得到，或者选择这个后验分布的平均值作为图像和模糊的估计。

可以看出，为了继续推理，需要计算或估计后验分布 $p(\Theta\,|\,g)$。由于 $p(\Theta\,|\,g)$ 不能在闭合形式中得到，我们可以使用变分方法通过 $q(\Theta)$ 近似模拟这个分布。

$q(\Theta)$ 的变分准则可由文献[47]，[52]给出的 Kullback-Leibler 散度的最小化求解，即

$$C_{KL}(q(\Theta)p(\Theta\,|\,g))=\int_{\Theta}q(\Theta)\log\left(\frac{q(\Theta)}{p(\Theta\,|\,g)}\right)\mathrm{d}\Theta$$

$$=\int_{\Theta}q(\Theta)\log\left(\frac{q(\Theta)}{p(\Theta,g)}\right)\mathrm{d}\Theta+\mathrm{const} \tag{5.84}$$

只有当 $q=p$ 时，它总是非负且等于零。集成学习这个术语也用来表示分布的变分近似。

我们选择近似后验分布 $p(\Theta\,|\,g)$，即

$$q(\Theta)=q(\Omega)q(f)q(h) \tag{5.85}$$

其中，$q(f)$ 和 $q(h)$ 为 f 和 h 的分布；$q(\Omega)$ 为

$$q(\Omega)=q(a_{im},a_{bl},\beta)=q(a_{im})q(a_{bl})q(\beta) \tag{5.86}$$

下面在散度代价中找到这些分布的最佳值。

对于 $\theta\in\{a_{im},a_{bl},\beta,f,h\}$，令 Θ_{θ} 表示 Θ 去除 θ 后的子集。例如，$\theta=f$，则 $\Theta_{f}=(a_{im},a_{bl},\beta,h)$，那么可得

$$C_{KL}(q(\Theta)p(\Theta\,|\,g))=C_{KL}(q(\theta)q(\Theta_{\theta})p(\Theta\,|\,g))$$

$$=\mathrm{const}+\int_{\theta}q(\theta)\left(\int_{\Theta_{\theta}}q(\Theta_{\theta})\log\left(\frac{q(\Theta)}{p(\Theta\,|\,g)}\right)\mathrm{d}\Theta_{\theta}\right)\mathrm{d}\theta \tag{5.87}$$

对于 $q(\Theta)=\prod_{\rho\neq\theta}q(\rho)$，如果 $\theta=f$，那么 $q(\Theta_{f})=q(a_{im})q(a_{bl})q(\beta)q(h)$，可以得到 $q(\theta)$ 的估计值，即

$$\hat{q}(\theta)=\arg\min_{q(\theta)}C_{KL}(q(\theta)q(\Theta_{\theta})p(\Theta\,|\,g)) \tag{5.88}$$

$C_{KL}(q(\Theta)p(\Theta\,|\,g))$ 相对于 $q(\theta)$ 的微分结果为

$$\hat{q}(\theta) = \text{const} \times \exp(E(\log p(\Theta)p(g\,|\,\Theta))_{q(\Theta_\theta)}) \tag{5.89}$$

其中

$$E(\log p(\Theta)p(\mathrm{g}\,|\,\Theta))_{q(\Theta_\theta)} = \int \log p(\Theta_\theta)p(g|\Theta)q(\Theta_\theta)\mathrm{d}\Theta_\theta \tag{5.90}$$

由此可以推出下面的迭代过程，得到 $q(\Theta_\theta)$。

给定 $q^1(h)$、$q^1(a_{im})$、$q^1(a_{bl})$ 和 $q^1(\beta)$，令 $k=1,2,\cdots$，分布 $q(h)$、$q(a_{im})$、$q(a_{bl})$ 和 $q(\beta)$ 初始估计值已知。

① $\quad q^k(f) = \underset{q(f)}{\arg\min} \times C_{\text{KL}}(q^k(a_{im})q^k(a_{bl})q^k(\beta)q(f)q^k(h)p(\Theta\,|\,g))$。

② $\quad q^{k+1}(h) = \underset{q(h)}{\arg\min} \times C_{\text{KL}}(q^k(a_{im})q^k(a_{bl})q^k(\beta)q^k(f)q(h)p(\Theta\,|\,g))$。

③ $\quad q^{k+1}(a_{im}) = \underset{q(a_{im})}{\arg\min} \times C_{\text{KL}}(q(a_{im})q^k(a_{bl})q^k(\beta)q^k(f)\times q^{k+1}(h)p(\Theta\,|\,g))$。

$$q^{k+1}(a_{bl}) = \underset{q(a_{bl})}{\arg\min} \times C_{\text{KL}}(q^k(a_{im})q(a_{bl})q^k(\beta)q^k(f)\times q^{k+1}(h)p(\Theta\,|\,g))。$$

$$q^{k+1}(\beta) = \underset{q(\beta)}{\arg\min} \times C_{\text{KL}}(q^k(a_{im})q^k(a_{bl})q(\beta)q^k(f)\times q^{k+1}(h)p(\Theta\,|\,g))。$$

在上述迭代过程中，超参数的分布是并行更新的。如果按顺序进行更新，则会得到相同的分布，因为 $\log p(\Theta\,|\,g)$ 不包含涉及超参数对的项。作为上述迭代的停止标准，可以使用定义参数来收敛。为了简化上面的标准，令 $\left\| E(f)_{q^k(f)} - E(f)_{q^{k-1}(f)} \right\|^2 \Big/ \left\| E(f)_{q^{k-1}(f)} \right\|^2 < \varepsilon$，其中 ε 是规定的边界。这是一个在图像上的收敛准则，但通常意味着收敛后验超参数和模糊分布，因为它们的收敛是图像后验分布的收敛。

关于算法的收敛，可以通过 Kullback-Leibler 散度值的减小来完成。为了进一步了解上述算法，我们考虑退化分布 $q(\Omega)$，即

$$q(\Omega) = \begin{cases} 1, & \Omega = \underline{\Omega} \\ 0, & \text{其他} \end{cases} \tag{5.91}$$

如果在第 k 次迭代中，$q^k(\Omega)$ 是 Ω 上的退化分布，则更新图像和模糊为

$$q^{*k}(f,h) = p(f,h\,|\,g,\Omega_k) \tag{5.92}$$

更新超参数上的退化分布，即

$$\Omega^{k+1} = \underset{\Omega}{\arg\min} E(\log(p(\Omega,f,h,g))_{q^{*k}(f,h)} \tag{5.93}$$

有趣的是，这是超参数最大后验估计的 EM 公式[52]，可用于盲卷积问题。迭代过程是用一个更容易计算的分布代替 $q^{*k}(f,h)$，并通过在超参数上搜索最佳的

分布来代替只搜索一个超参数。

参 考 文 献

[1] Hunt B R. The application of constrained least squares estimation to image restoration by digital computer. IEEE Transactions on Computers, 1973, 100(9): 805-812.

[2] Charalambous C, Ghaddar F K, Kouris K. Two iterative image restoration algorithms with applications to nuclear medicine. IEEE Transactions on Medical Imaging, 1992, 11(1): 2-8.

[3] Lagendijk R L, Biemond J, Boekee D E. Identification and restoration of noisy blurred images using the expectation-maximization algorithm. IEEE Transactions on Acoustics Speech & Signal Processing, 1990, 31(31): 1180-1191.

[4] Rudin L I, Osher S, Fatemi E. Nonlinear total variation based noise removal algorithms. Physica D, 1992, 60: 259-268.

[5] Chan T F, Wong C K. Total variation blind deconvolution. IEEE Transactions on Image Processing, 1998, 7(3): 370.

[6] Teboul S, Blanc F L, Aubert G, et al. Variational approach for edge-preserving regularization using coupled PDEs. IEEE Transactions on Image Processing, 1998, 7(3): 387-397.

[7] Vogel C R, Oman M E. Fast, robust total variation-based reconstruction of noisy, blurred images. IEEE Transactions on Image Processing: A Publication of the IEEE Signal Processing Society, 1998, 7(6): 813-824.

[8] Chan T F, Golub G H, Mulet P. A nonlinear primal-dual method for total variation-based image restoration. SIAM Journal on Scientific Computing, 1999, 20(6): 1964-1977.

[9] Chambolle A. An Algorithm for Total Variation Minimization and Applications. New York: Kluwer Academic Publishers, 2004.

[10] Goldfarb D, Yin W. Second-order Cone Programming Methods for Total Variation-Based Image Restoration. New York: Society for Industrial and Applied Mathematics, 2005.

[11] Chan T F, Chen K. An optimization based total variation image denoising. SIAM Journal on Multiscale Modeling and Simulation, 2006, 5(2): 615-645.

[12] Ishikawa H. Exact optimization for markov random fields with convex priors. IEEE Transactions on Pattern Analysis & Machine Intelligence, 2003, 25(10): 1333-1336.

[13] Figueiredo M A, Nowak R D. An EM algorithm for wavelet-based image restoration. IEEE Transactions on Image Processing, 2003, 12(8): 906-916.

[14] Dempster A P. Maximum likelihood estimation from incomplete data via the EM algorithm. Journal of the Royal Statistical Society, 1977, 39(1): 1-38.

[15] Tropp J A, Gilbert A C. Signal recovery from random measurements via orthogonal matching pursuit. IEEE Transactions on Information Theory, 2007, 53(12): 4655-4666.

[16] Goldstein T, Osher S. The split Bregman method for L1-regularized problems. Society for Industrial and Applied Mathematics, 2009, 467(2): 323-343.

[17] Blumensath T, Davies M E. Iterative hard thresholding for compressed sensing. Applied & Computational Harmonic Analysis, 2008, 27(3): 265-274.

[18] Daubechies I, Defrise M, De Mol C. An iterative thresholding algorithm for linear inverse problems with a sparsity constraint. Communications on Pure and Applied Mathematics, 2004, 57(11): 1413-1457.

[19] Blomgren P, Tony F C. Color TV: total variation methods for restoration of vector-valued images. IEEE Transactions on Image Processings,1998, 7(3): 304-309.

[20] Lane R, Bates R. Automatic multichannel deconvolution. Journal of the Optical Society of America A, 1987, 4(1): 180-188.

[21] Ayers G R, Dainty J C. Interative blind deconvolution method and its applications. Optics Letters, 1988, 13(7): 547.

[22] Lagendijk R L, Biemond J, Boekee D E. Identification and restoration of noisy blurred images using the expectation-maximization algorithm. IEEE Transactions on Acoustics Speech & Signal Processing, 1990, 31(31): 1180-1191.

[23] Reeves S J, Mersereau R M. Blur identification by the method of generalized cross-validation. IEEE Transactions on Image Processing, 1992, 1(3): 301-311.

[24] Rajagopalan A N, Chaudhuri S. A recursive algorithm for maximum likelihood-based identification of blur from multiple observations. IEEE Transactions on Image Processing, 1998, 7(7): 1075-1079.

[25] Kundur D, Hatzinakos D. Blind image deconvolution. Signal Processing Magazine IEEE, 1996, 13(3): 43-64.

[26] Ong C A, Chambers J A. An enhanced NAS-RIF algorithm for blind image deconvolution. IEEE Transactions on Image Processing: A Publication of the IEEE Signal Processing Society, 1999, 8(7): 988-992.

[27] Ng M K, Plemmons R J, Qiao S. Regularization of RIF Blind Image Deconvolution. New York: IEEE Press, 2000.

[28] Chan T F, Wong C K. Total variation blind deconvolution. IEEE Transactions on Image Processing, 1998, 7(3): 370.

[29] 邹谋炎. 反卷积和信号复原. 北京: 国防工业出版社, 2001.

[30] McLachlan G, Krishnan T. The EM Algorithm and Extensions. New York: Wiley, 1997.

[31] Molina R, Mateos J, Katsaggelos A K. Blind deconvolution using a variational approach to parameter, image, and blur estimation. IEEE Transactions on Image Processing, 2006, 15(12): 3715-3727.

[32] Babacan S D, Molina R, Katsaggelos A K. Variational bayesian blind deconvolution using a total variation prior. IEEE Transactions on Image Processing, 2009, 18(1): 12-26.

[33] Krishnan D, Tay T, Fergus R. Blind deconvolution using a normalized sparsity measure// IEEE Computer Vision and Pattern Recognition, 2011: 233-240.

[34] Babacan S D, Wang J, Molina R, et al. Bayesian blind deconvolution from differently exposed image pairs// IEEE International Conference on Image Processing, 2009: 133-136.

[35] Levin A, Weiss Y, Durand F, et al. Understanding blind deconvolution algorithms. IEEE Transactions on Pattern Analysis & Machine Intelligence, 2011, 33(12): 2354-2367.

[36] Oliveira J P, Figueiredo M A T, Bioucas-Dias J M. Parametric blur estimation for blind restoration of natural images: linear motion and out-of-focus. IEEE Transactions on Image Processing, 2013, 23(1): 466-477.

[37] Cai J F, Ji H, Liu C, et al. Framelet-based blind motion deblurring from a single image. IEEE Transactions on Image Processing, 2012, 21(2): 562-572.

[38] Fang H, Yan L, Liu H, et al. Blind poissonian images deconvolution with framelet regularization. Optics Letters, 2013, 38(4): 389.

[39] Zhu X, Milanfar P. Removing atmospheric turbulence via space-invariant deconvolution. IEEE Transactions on Pattern Analysis & Machine Intelligence, 2013, 35(1): 157-170.

[40] Vorontsov S V, Strakhov V N, Jefferies S M, et al. Deconvolution of astronomical images using SOR with adaptive relaxation. Optics Express, 2011, 19(14): 13509.

[41] Shen H, Du L, Zhang L, et al. A blind restoration method for remote sensing images. IEEE Geoscience & Remote Sensing Letters, 2012, 9(6): 1137-1141.

[42] Gong X, Lai B, Xiang Z. A L0 sparse analysis prior for blind poissonian image deconvolution. Optics Express, 2014, 22(4): 3860-3865.

[43] Liao H, Ng M K. Blind deconvolution using generalized cross-validation approach to regularization parameter estimation. IEEE Transactions on Image Process, 2011, 20(3): 670-680.

[44] Galatsanos N P, Mesarovic V Z, Molina R, et al. Hyperparameter estimation in image restoration problems with, partially-known blurs. Optical Engineering, 2002, 8: 1845-1854.

[45] Molina R, Katsaggelos A K, Mateos J. Bayesian and regularization methods for hyperparameter estimation in image restoration. IEEE Transactions on Image Processing, 1999, 8(2): 231-246.

[46] Mateos J, Katsaggelos A K, Molina R. A Bayesian approach for the estimation and transmission of regularization parameters for reducing blocking artifacts. IEEE Transactions on Image Processing, 2000, 9(7): 1200-1215.

[47] Ripley B D. Spatial Statistics. New York: Wiley, 1981.

[48] Likas C L, Galatsanos N P. A variational approach for Bayesian blind image deconvolution. IEEE Transactions on Signal Processing, 2004, 52(8): 2222-2233.

[49] Berger J O. Statistical Decision Theory and Bayesian Analysis. New York: Springer, 2013.

[50] Raiffa H, Schlaifer R. Applied statistical decision theory. Cambridge: Harvard Business School, 1961.

[51] Gelman A, Carlin J B, Stern H S, et al. Bayesian Data Analysis. New York: Chapman & Hall, 1995.

[52] Kullback S, Leibler R A. On information and sufficiency. Annals of Mathematical Statistics, 1951, 22(1): 79-86.

第6章　遥感图像的融合

在现实世界中，时间、空间、光谱和观测角度等都是连续的。但是，遥感成像过程必须对时间、空间、光谱和观测角度进行离散化才能以数字图像的形式保存。离散化的过程通常意味着数据的降采样，而降采样必然导致信息丢失。根据香农采样定理，采样频率必须满足高于信号中最高频率的 2 倍，我们才有可能从采样数据中完整恢复出原始数据。由于现实场景的连续性一般是无限带宽，因此基本上任何采样都会丢失大量高频信息。

本章从融合角度介绍改善图像质量和提高遥感图像分辨能力的方法。图像融合涉及的成像模型在一定程度上可以弥补时间、空间、光谱等方面的降采样导致的遥感图像质量下降。

6.1　遥感图像的分辨率

遥感图像的分辨率一般来说包括空间分辨率、光谱分辨率、辐射分辨率和时间分辨率。

① 空间分辨率指像元代表的地面范围的大小，即能分辨的最小地面物体。

② 光谱分辨率指传感器接收目标辐射的波谱时能分辨的最小波长间隔。

③ 辐射分辨率指传感器接收波谱信号时能分辨的最小辐射度差。

④ 时间分辨率指对同一地点进行遥感采样的时间间隔，即重访周期。

基于图像融合改善遥感图像质量和提高图像分辨率大多数都与上面这些分辨率有关。空间分辨率主要由单位尺寸上 CCD 传感器像元的密度和卫星视场的面积决定。当然，光学透镜的加工精度、焦距，以及成像时的大气条件等也对空间分辨率有影响。如果卫星处于很高的轨道，那么视场内就包含很大的面积。相同 CCD 像元密度情况下的空间分辨率会比小视场成像的空间分辨率低一些，因为此时一个 CCD 像元对应场景内较大的面积。一般来说，遥感领域的很多研究对象都有最佳观测尺度，但是很多情况下我们仍希望能够获取较高的空间分辨率。空间分辨率、光谱分辨率、时间分辨率和辐射分辨率往往相互制约。例如，我们希望在空间分辨率高的情况下光谱分辨率也很高，此时困难很大程度上来自制造工艺。当白色的太阳光被分解成不同谱段，所有谱段的能量之和才是白光的能量。

对于单一的谱段，固定的空间分辨率在确定像元面积上接受的能量比白光要少很多。所以，光谱分辨率越高，确定像元面积接收的能量就越少，噪声就会变得越明显。此时，如果像元面积本来就很小，就会因为信噪比不高而严重影响成像的质量。实际上，时间分辨率也对空间分辨率和光谱分辨率有制约，因为高回访频率的卫星一般视场较大，很难使 CCD 像元集成度更高。过于密集的 CCD 像元，面积小，接收的光能量不足，成像质量也受影响。常见的卫星参数列表如表 6.1 所示。

除了空间分辨率、时间分辨率、光谱分辨率和辐射分辨率，还有以下几个概念会在后续关于遥感图像融合的介绍中用到。

① 反射率，指任何物体表面反射阳光的能力。这种反射能力通常用百分数来表示。例如，某物体的反射率是 50%，意思是说，在此物体表面受到的太阳辐射中，有 50%被反射出去。

② 地表反射率，指地面反射辐射量与入射辐射量之比，表征地面对太阳辐射的吸收和反射能力。反射率越大，地面吸收太阳辐射越少；反射率越小，地面吸收太阳辐射越多。

③ 表观反射率，指大气层顶的反射率，是辐射定标的结果之一。大气层顶表观反射率，简称表观反射率，又称视反射率。它等于地表反射率加上大气反射率，所以需要大气校正为地表反射率。"5S" 和 "6S" 模型输入的是表观反射率，MODTRAN 模型要求输入的是辐射亮度。

④ 反照率，指地表在太阳辐射的影响下，反射辐射通量与入射辐射通量的比值。它是反演很多地表参数的重要变量，反映地表对太阳辐射的吸收能力。反射率指某一波段在一定方向的反射，因此反照率是反射率在所有方向上的积分。反射率是波长的函数，不同波长的反射率不一样，而反照率是对全波长而言的。反照率是地物全波段的反射比，反射率是各个波段的反射系数。

⑤ 地表辐射率，又称地表发射率，指在同一温度下地表发射的辐射量与一黑体发射的辐射量的比值，与地表组成成分、地表粗糙度、波长等因素有关，是辐射率的直接测量。

在做遥感图像融合的时候，我们有时候不是直接对像素进行融合，而是对地表反射率产品进行融合，有时也对植被指数产品、地表温度产品或宽波段发射率产品等数据产品进行融合。这样更有针对性，也能在一定程度上减轻不同数据成像条件差异造成的系统性融合误差。

表 6.1　常见的卫星参数列表

卫星	传感器	幅宽/km	空间分辨率/m	回访能力
Airborne	Variable CASI Hymap	Variable Variable 100~225	>0.1 1~2 2~10	Mobilized to order

续表

卫星	传感器	幅宽/km	空间分辨率/m	回访能力
Worldview	Panchromatic Multispectral	16.4 16.4	0.46 1.85	1.1 天
Worldview	Panchromatic Multispectral	16.5 16.5	0.46 1.85	1.1 天
Quickbird	Panchromatic Multispectral	16.5 16.5	0.6 2.4	1.5×3 天
IKONOS	Panchromatic Multispectral	11 11	1 4	1.5×3 天
RapidEye	Multispectral	77×1500	6.5	1 天
EO-1	ALI Hyperion	60 7.5	30 30	16 天
Terra	ASTER	60	15,30, 90	4×16 天
Terra / Aqua	MODIS	2300	250、500、1000	1 天 2 次
GOES	Variable	1, 4, 8	—	实时
ALOS	PRISM	35	4	数月
SPOT-4	Panchromatic Multispectral	60～80 60～80	10 20	11 次每 26 天
SPOT-5	Panchromatic Multispectral	60～80 60～80	5 10	11 次每 26 天
Kompsat	Panchromatic Multispectral	15 15	1 15	2～3 天
Landsat-5	TM Multispectral TM Thermal	185 185	30 120	16 天
Landsat-7	ETM+panchromatic ETM+ Multispectral ETM+ Thermal	185 185 185	15 30 60	16 天
NOAA	AVHRR	2399	1100	1 天几次
Envisat	MERIS	575	300	2～3 days
Radarsat-2	Ultra-fine	20	3	数天
Radarsat-1/-2	Fine	50	8	—
Radarsat-2	Quad-polfine	25	8	—
Radarsat-1/-2	Standard	100	25	—
Radarsat-2	Quad-pol standard	25	25	—
Radarsat-1	Wide	150	30	—
Radarsat-1/-2	ScanSAR narrow	300	50	—
Radarsat-1/-2	ScanSAR wide	500	100	—
Radarsat-1/-2	Extended high	75	25	—
Radarsat-1	Extended low	170	35	—

续表

卫星	传感器	幅宽/km	空间分辨率/m	回访能力
ERS-2	—	100	30	35 天
Envisat	ASAR standard ASAR ScanSAR	100 405	30 1000	36 天
TerraSAR-X	Spotlight Stripmap ScanSAR	10 30 100	1 3 18	11 天 2.5 天 数天
Cosmo-Skymed	Spotlight Stripmap ScanSAR	10 40 100-200	<1 3~15 30~100	37 小时

6.2　多光谱与全色融合

　　遥感卫星成像的光谱分辨率与空间分辨率往往相互制约。例如，高光谱数据一般可以包含几十个或二三百个波段，有很高的光谱分辨率，但是空间分辨率一般不会同时很高。多光谱图像的光谱分辨率相对高光谱图像要低得多，往往空间分辨率就比高光谱图像高一些。全色图像因为没有光谱分辨率方面的制约，空间分辨率可以达到远高于多光谱或高光谱的水平。很多卫星都同时搭载全色传感器和多光谱传感器，如 Landsat 系列、Spot 系列和 IKONOS 系列等。在遥感卫星的有效载荷设计和集成方式中，全色与多光谱的搭配是非常普遍的，因此全色与多光谱图像的融合也是研究的热点。

　　区别于解决模糊问题的图像复原，全色与多光谱融合同一场景的图像也可以提高遥感图像的分辨能力。全色与多光谱图像融合常利用不同传感器内部成像差异的互补特性，如采样频率、光谱响应函数、CCD 内部的电压分级机制等。成像模型中的光电转化如图 6.1 所示。

图 6.1　成像模型中的光电转化

　　单纯面向视觉增强的图像融合技术的主要问题在于如何将多源图像中的信息有效合成到一幅图像中。这类融合方法从融合处理的作用域出发，可分为基于图像空间域的融合方法、基于彩色空间域的融合方法和基于多尺度空间域的融合方法。

1. 基于图像空间域的融合方法

　　直接从图像空间域进行的融合方法的特点在于实现简单，适合实时处理，但是当原始图像之间的灰度差异很大时，就会出现明显的拼接痕迹，不利于人眼识别和后续的目标识别。图像融合数值方法指对图像进行加、减、乘、除等混合运算。这类方法虽然简单，但是对于某些特定的问题可以取得较好的结果，如 Landsat TM 和 SPOT PAN(panchromatic，全色)图像融合，生成多光谱的高分辨率图像。此方法中权重的选择非常重要，需要考虑多种因素的影响。一般来说，对图像取一个全局的权重，对图像之间存在的局部性差异不是很合理。差值图像和比值图像对于变化检测是非常有效的。尤其是，比值图像对于图像之间微弱的差异检测比较有用。差值图像去掉了输入图像均有的背景而方便目标的差异检测，但是图像之间的差异是由许多因素造成的，如光照条件、大气干扰、传感器系数及配准的差异等，因此在利用差值图像进一步处理时必须考虑这些因素的影响，并将这些影响降至最低。Brovey 变换也可以提高图像空间分辨率，由高分辨率全色图像和低分辨率多光谱图像融合得到高分辨率的多光谱图像。

概率统计方法广泛地应用于图像融合领域,特别是特征级融合和决策级融合。基于概率统计的图像融合方法能比较方便地对图像融合进行分析，为图像融合提供了一个理想的理论框架。在图像融合中，主成分分析方法常采用两种方式，一是用一幅高分辨率图像代替多波段图像的第一主分量[1]；二是对所有输入图像进行主成分分析后，只生成较少的(如一幅)图像文件[2]。前者是指对多波段图像进行主成分分析，然后用一幅高分辨率图像代替第一主分量；在用高分辨率图像做取代之前先对其进行拉伸，使其方差与第一分量的方差相同，并且使其均值也与之前的相同。后者是指对所有多源图像进行主成分分析变换，但只选择前面的几个分量，生成比多源图像少得多的图像文件。这样可以减少数据的冗余度，同时尽可能地保持源图像的信息。

2. 基于彩色空间域的融合方法

在一幅灰度图像中，人眼只能区分出由黑到白的二十多种灰度级，而人眼对彩色的分辨能力可以达到几百种，甚至上千种。因此，人们想到将彩色显示技术用到图像融合中，用不同的颜色来显示灰度差，以增强融合图像的可辨识性。Toet 等[2]将伪彩色技术用于图像融合。其基本思想是利用原始图像中的灰度差形成色差，从而达到增强图像可识别的目的。Waxman 等[3,4]利用人眼彩色视觉模型提出另一种伪彩色融合增强技术。实验表明[2,5]，Waxman 的算法在性能上比 Toet 的算法要好，可以提高目标识别的准确率。伪彩色融合增强技术是供观察人员使用的一种显像技术，可以将来自两个或者更多图像的视觉信息融合起来，并使观察人员能很容易地把目标同背景区分开。由于利用伪彩色技术得到的融合图像反映的并不是场景的真实色彩，因此融合图像的色彩往往不自然。同时，由于融合后图像数据的增加，对数据的存储、处理和传输都提出了更高的要求。

3. 基于多尺度空间域的融合方法

把图像分解到多尺度空间进行融合，可以有效解决融合图像的拼接痕迹。按照多分辨率分解方法的不同，融合方法可基于拉普拉斯金字塔[1,6,7]、梯度金字塔[7]、对比度金字塔[8]、形态学金字塔[9,10]和小波变换[11-18]。

由于正交小波变换是非冗余变换，因此图像经分解后具有方向性。同时，人类视觉的生理和心理实验表明，图像的小波多分辨分解与人类视觉的多通道分解规律一致，因此可以获得视觉效果更佳的融合图像。现在许多学者都以小波多分辨率分解为工具，研究基于小波变换的多源图像多分辨率融合方法。

在像素级数据融合发展历程的早期，如代数运算法、彩色空间法等，以图像视觉增强为主要目的。在转变期，以高通滤波方法的出现为标志，人们开始注重数据融合的光谱保持能力。依赖先进的数学工具，在信号分析的基础上，人们进一步强调光谱保持能力。就常用算法的实际应用效果来看，加权融合可以降低图像对比度；IHS 变换容易扭曲原始的光谱特性，产生光谱退化现象；主成分替换法要求被替换和替换数据之间有较强的相关性，通常情况下，这种条件并不成立。对高分辨率波段影像滤波时，高通滤波器可以滤除大部分纹理信息。智能图像融合方法实现较为复杂，实际应用受到诸多限制。多分辨率分析方法在提高图像分辨能力的同时对原图像光谱信息的保留具有相当好的性能，包括使用相关性、平均差值、标准偏差等指标评估都能得到较好的效果，因此多分辨分析方法是目前图像融合处理的研究热点。具有多分辨率特征的小波变换之所以能在图像融合领域得到广泛的应用，主要是因为其精确重构能力可以保证图像分解过程没有信息损失；能够把图像分解到不同尺度下，便于分析原图像的近似信息和细节信息；小波分解过程与人类视觉系统分层次理解的特点类似。总的来说，没有一种图像融合算法适合所有图像类型的融合。目前的主要矛盾是提高分辨率与保持光谱特性之间的对立。

6.2.1　全色与多光谱融合研究现状

本节从成像模型角度介绍以提高图像空间分辨率为目的的图像信息融合模型。也有人把超分辨率重建称为图像融合。这与超分辨率的根本区别是利用不同类型传感器的光电转换过程的互补性来提高图像质量。从层次上来说，融合分为像素级、特征级和决策级。本节针对像素级。

对于图像融合技术，主要解决如何将多源图像中的各种信息有效合成到一幅图像。这类融合方法从融合处理的作用域出发，主要分为基于图像空间域的融合方法、基于彩色空间域的融合方法和基于多尺度空间域的融合方法。除了经典的算法，近些年很多新算法都有多方面的改进。

为了从改进的算法中发现融合问题的本质，我们对 8 种算法进行详细的分析（表 6.2 和表 6.3）。这些算法都使用相同的数据和标准。下面进行简单介绍。

(1) AWLP (additive wavelet luminance proportional)

AWLP[19]主要依靠的是"à trous"小波变换。算法是修正版的加性小波[20]，在 HIS 域进行多分辨率融合。为了提高光谱质量，高频细节被注入低频多光谱分量，高频细节的注入与融合前低频多光谱图像的像素值成正比。

(2) FSRF (fast spectral response function)

快速光谱响应函数融合方法来自西班牙纳瓦拉大学，但是改进部分没有公开发表[21]。文献[21]中的方法是 Tu 等[22]方法的改进版。快速光谱响应函数融合方法也属于分量替换法。

(3) GIHS-GA (GIHS with genetic algorithm)

基于基因算法的色度融合由意大利的锡耶纳大学提出，仍然属于分量替换方法。注入多光谱分量权重由最小全局扭曲代价决定。该算法在粗尺度上进行最小化，在细节尺度上确定模型参数，优化的过程很耗时间[23]。

(4) GIHS-TP (GIHS with tradeoff parameter)

基于平衡参数的色度融合算法由韩国大田先进科学技术研究所提出，也是基于分量替换的方法。其特点是利用一些参数平衡空间扭曲与空间分辨率增强的矛盾[22,24]。通过在 1 到正无穷之间调节参数，该算法可以产生处于平面采样无分辨率提高和标准色度融合的所有中间结果。

(5) GLP-CBD (generalized laplacian pyramid with context-based decision)

正则化 CBD 拉普拉斯金字塔算法，由意大利国家研究委员会的应用物理研究所提出，采用正则化拉普拉斯金字塔[25]实现多分辨率的模式，同时让分解滤波器的空间频率响应与多光谱器件的调制传递函数匹配[26]。空间细节的注入由重采样的多光谱图像与全色图像低通估计部分相关系数的局部阈值决定。

(6) UNB (university of new brunswick-pansharp)

该算法由加拿大新布伦瑞克大学提出，仍然是分量替换的方法。为了减少光谱扭曲，可以采用最小二乘法，考虑各个波段灰度值及其对融合结果的贡献利用最小二乘减少融合的误差[27]。为了消除数据集合的差异，估计输入波段灰度值之间的联系，采用一系列统计学的方法可使融合过程更加自动化。

(7) WiSpeR (window spectral response)

窗光谱响应算法由巴塞罗那计算机视觉中心研发，是比 AWLP[19]更一般化的方法。在注入高通小波细节时，它考虑多光谱图像和全色图像的相对光谱响应函数，并以此确定注入的权值。

(8) WSIS (weighted sum image sharpening)

加权和的图像锐化由费尔伯恩空间技术公司研发，可以归为分量替代法。全色图像跟每个波段的图像进行直方图匹配，然后通过所有图像的线性组合获得高分辨率的多光谱图像。

表 6.2　实验图像为 TOULOUSE URBAN 时的算法性能分析（原始图像 0.8m 多光谱，融合图像 3.2m 多光谱,0.8m 全色）

方法	AWLP	FSRF	GIHS-GA	GIHS-TP	GLP-CBD	UNB	WiSpeR	WSIS
Q4	0.96	0.95	0.93	0.84	0.96	0.90	—	0.86
ERGAS	3.12	3.50	3.63	5.34	2.78	4.68	—	5.59
SAM	4.56	5.74	4.08	5.30	3.67	5.40	—	6.05

表 6.3　实验图像为 QUICKBIRD OUTSKIRTS 时的算法性能分析(原始图像 2.8m 多光谱，融合图像 11.2m 多光谱,2.8m 全色)

方法	AWLP	FSRF	GIHS-GA	GIHS-TP	GLP-CBD	UNB	WiSpeR	WSIS
Q4	—	—	0.90	—	0.94	—	0.90	0.84
ERGAS	—	—	2.83	—	2.13	—	3.10	3.62
SAM	—	—	3.95	—	2.98	—	3.34	4.60

目前主要是提高分辨率与保持光谱特性之间的矛盾，GLP-CBD 和 AWLP 都可以获得明显好于其他算法的效果，因为它们都依靠相似的数学工具和理念。两种方法都采用多分辨率变换实现分辨率的增强，前者的多分辨率依靠正则化拉普拉斯金字塔，后者依靠"à trous"小波变换实现。扩展滤波器的拉普拉斯金字塔几乎是理想的。像在文献[25]中一样，正则化拉普拉斯和小波等价分解滤波器的频率响应仅依靠滤波器的分解。如果设计滤波器时让它们和需要增强的不同波段图像传感器的调制传递函数相匹配，那么补偿的高通滤波器可以恰当地注入原光学系统没有的频率分量。多分辨率可以调节多光谱扫描仪(multi spectral scanner, MSS)的调制传递函数，可以是直接的调节，如 GLP- CBD[20,26]，也可以是间接的调节，如类高斯立方样条滤波器[20]的频率响应可以与一个各向同性调制传递函数相匹配。理想的细节注入是不同的，但都是自适应的，依赖数据的自身特征。GLP-CBD 方法通过比较多光谱局部像素和降低分辨率的全色图像的相关系数决定局部应注入的高频细节。AWLP 通过让注入的高频细节等比于采样的多光谱向量来减少融合后的光谱扭曲。从色度上讲，H 分量保留得比较好，S 分量可能会被改变。在分量代换这类方法时，采用多分辨率会获得比较好的效果。更重要的

是，两个效果出众的算法都采用相似的理念，它们都考虑传感器的物理模型。多光谱与全色图像成像的差别如图 6.2 所示。

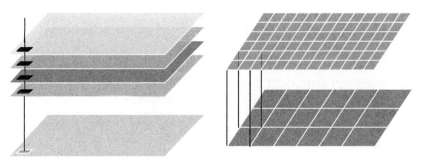

图 6.2　多光谱与全色图像成像的差别

　　色度融合算法可以得到高分辨率的多光谱图像，但是光谱扭曲现象比较明显。尤其是，对当前的一些高分辨率，如 QUIK BIRD 和 IKONOS 等卫星的图像更为明显。

　　高通滤波的方法可以减少光谱扭曲，但是计算量大且损失细节比较明显。鉴于多光谱与全色图像成像的差别，很多研究者都认为色度融合的光谱扭曲现象是传感器光谱响应函数不理想造成的。许多研究者也提出不同的基于多分辨率思想的融合算法，如小波变换、拉普拉斯金字塔、"á trous"小波变换等。尽管基于小波的方法融合图像可以得到光谱质量更高的结果，但是其复杂的计算在处理大规模数据的时候效率不高，同时细节的丢失也是一个问题。文献[28]提出结合加性小波和色度融合的混合方法，采用多分辨率分解抽取细节分量，然后遵循色度融合方法将全色图像的空间细节注入多光谱图像。换句话说，不是直接利用全色图像和多光谱图像进行色度融合，而是经过多分辨率抽取后再融合。

　　Tu 等[29]提出 IKONOS 的红外波段也应包含到色度的 I 分量。这种改进可以减少光谱的扭曲，尤其是对植被区域的作用比较明显。这种方法也可以让色度融合扩展到任意波段的情况。Gonzalez-Audcana 等[30]对光谱响应函数作了统计上的分析，建立了后验概率模型，并用这个模型产生的参数修正色度融合的结果，应该说这个方法是有一定效果的，但是效果不稳定。Choi[31]也提出在色度融合计算 I 分量的时候应该加入补偿系数克服全色不能覆盖多波段的问题。这种方法在不同的区域需要的系数可能不同。Tu 等的方法在一定程度上与 Choi 等[32]的方法有相似性，也增加了类似的系数。Gonzalez-Audcana 等[28]提出混合的方法，将色度融合与小波融合相结合，在提高速度、保存细节和光谱特性的保持之间作了适当的平衡。这些方法都有一定的效果，但是因为没有从成像模型的角度解释，使现存的改进有一定的局限性[33]。

6.2.2　色度融合的改进算法

每个像素的色度融合都包括如下过程。

① 正变换，即

$$
\begin{bmatrix}
\dfrac{1}{3} & \dfrac{1}{3} & \dfrac{1}{3} \\
\dfrac{\sqrt{2}}{6} & \dfrac{\sqrt{2}}{6} & -\dfrac{2\sqrt{2}}{6} \\
\dfrac{1}{\sqrt{2}} & -\dfrac{1}{\sqrt{2}} & 0
\end{bmatrix}
\begin{bmatrix} R \\ G \\ B \end{bmatrix}
=
\begin{bmatrix} I \\ V \\ U \end{bmatrix}
\tag{6.1}
$$

② I 分量由全色图像 PAN 替换。

③ 反变换获得融合图像 R_f、G_f 和 B_f ，即

$$
\begin{bmatrix}
1 & -\dfrac{1}{\sqrt{2}} & \dfrac{1}{\sqrt{2}} \\
1 & -\dfrac{1}{\sqrt{2}} & -\dfrac{1}{\sqrt{2}} \\
1 & \sqrt{2} & 0
\end{bmatrix}
\begin{bmatrix} P \\ V \\ U \end{bmatrix}
=
\begin{bmatrix} R_f \\ G_f \\ B_f \end{bmatrix}
\tag{6.2}
$$

色度融合显然由于全色图像和 I 分量的差异引入光谱或颜色的扭曲。为了减小 PAN 和 I 分量之间的差异[29]，可以将红外波段包含到色度融合的定义。文献[29]提出的算法可以减少融合图像的光谱扭曲现象，尤其是绿色的植被地区。另一个优势是将色度融合扩展到四个或任意波段的情形，即

$$
\begin{bmatrix} R_f \\ G_f \\ B_f \\ N_f \end{bmatrix}
=
\begin{bmatrix} R_l + \delta \\ G_l + \delta \\ B_l + \delta \\ N_l + \delta \end{bmatrix}
\tag{6.3}
$$

此外，还有如下一些代表性的改进[29]。

eFIHS 方法[29]：$\delta = P - (R_l + G_l + B_l + N_l)/4$ 。

eFIHS SA 方法[29]：$\delta = P - (R_l + aG_l + bB_l + N_l)/3$ 。

eFIHS SRF 方法[30]：$\delta = \dfrac{[P\gamma - (R_l + G_l + B_l + N_l)]M_i}{R_l + G_l + B_l + N_l}$ ， $M_i = \{R_l, G_l, B_l, N_l\}$ ， γ 为依靠传感器的光谱响应函数。

eFIHS TP 方法[31]：$\delta = t[P - (R_l + G_l + B_l + N_l)/4]$ 。

eFIHS W 方法[28]：$\delta = \sum\limits_{k=1}^{n} W_{\text{pan}_k}$ 。

不同传感器之间光谱响应函数的差异是融合图像光谱失真的重要原因。我们认为，全色图像同时包含所有波段多光谱图像的高频和低频信息。当光谱响应函数与图 6.3 一样理想的时候，融合的结果也会相对准确。当然，由于 δ 包含所有波段的细节信息，当被加到各个波段的时候，冗余信息也不可避免地会带来融合误差。对于 eFIHS 和 eFIHS TP[29-31]等方法，分母有时是 3，有时是 4，有时是 $R+G+B+N$。我们认为，分母应该是确定的，但可能不是常数。如果传感器的所有参数都不知道，至少应该匹配全色图像和多光谱图像的直方图来决定它们的关系，而不是直接设定分母。

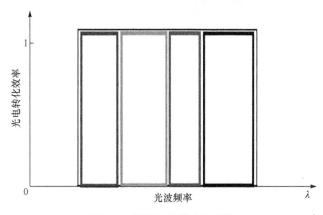

图 6.3　理想的光谱响应函数

6.2.3　色度融合与多分辨率融合的关系

考虑成像过程，用 u 表示光信号的波长；$\varphi(u)$ 描述光信号的光谱密度函数，代表波长为 u 的光子能量，是光本身固有的性质；光谱响应函数代表传感器对特定频率光子的敏感程度，是传感器固有的性质。不同的传感器应该有不同的光谱响应函数。高分辨率全色图像传感器的光谱响应函数可以表示为 $\mathrm{pan}(u)$，多光谱第 i 波段的光谱响应函数可表示为 $\mathrm{ms}_i(u)$，$i=1,2,\cdots,n$。在图像传感器中，输出电压大体上正比于光电效应产生的电子能量。光电效应产生的电子转换成电压的效率称为传感器的增益。设 a_R、a_G、a_B、a_N 和 a_{pan} 为相应传感器的增益，b_R、b_G、b_B、b_N 和 b_{pan} 为相应的传感器的偏置，它们影响图像的灰度。图像灰度与电压之间的关系如图 6.4 所示。图像像素的灰度级由传感器像元产生的电压决定。某点的灰度值可以表示为

$$P^{i,j} = a_{\mathrm{pan}} \int_0^{+\infty} \mathrm{pan}(u)\varphi_H^{i,j}(u)\mathrm{d}u + b_{\mathrm{pan}} \tag{6.4}$$

$$R_l^{i,j} = a_R \int_0^{+\infty} \varphi_L^{i,j}(u) \mathrm{ms}_R(u)\mathrm{d}u + b_R$$

$$G_l^{i,j} = a_G \int_0^{+\infty} \varphi_L^{i,j}(u) \mathrm{ms}_G(u)\mathrm{d}u + b_G$$

$$B_l^{i,j} = a_B \int_0^{+\infty} \varphi_L^{i,j}(u) \mathrm{ms}_B(u)\mathrm{d}u + b_B \tag{6.5}$$

$$N_l^{i,j} = a_N \int_0^{+\infty} \varphi_L^{i,j}(u) \mathrm{ms}_N(u)\mathrm{d}u + b_N$$

$$R_h^{i,j} = a_R \int_0^{+\infty} \varphi_H^{i,j}(u) \mathrm{ms}_R(u)\mathrm{d}u + b_R$$

$$G_h^{i,j} = a_G \int_0^{+\infty} \varphi_H^{i,j}(u) \mathrm{ms}_G(u)\mathrm{d}u + b_G$$

$$B_h^{i,j} = a_B \int_0^{+\infty} \varphi_H^{i,j}(u) \mathrm{ms}_B(u)\mathrm{d}u + b_B \tag{6.6}$$

$$N_h^{i,j} = a_N \int_0^{+\infty} \varphi_H^{i,j}(u) \mathrm{ms}_N(u)\mathrm{d}u + b_N$$

其中，$R_h^{i,j}$、$G_h^{i,j}$、$B_h^{i,j}$ 和 $N_h^{i,j}$ 为理想的高分辨率多光谱图像在点 (i,j) 处的灰度值；$R_l^{i,j}$、$G_l^{i,j}$、$B_l^{i,j}$ 和 $N_l^{i,j}$ 为已知的低分辨率多光谱图像在 (i,j) 处的灰度值；$P^{i,j}$ 为高

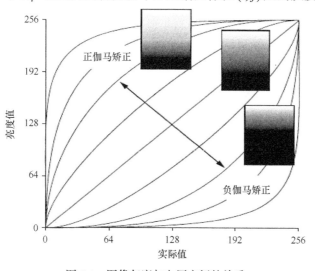

图 6.4　图像灰度与电压之间的关系

分辨率全色图像在 (i,j) 处的灰度值。

对同一场景，高分辨率的光谱密度可以表示为 $\varphi_H(u)$，低分辨率的光谱密度函数可以表示为 $\varphi_L(u)$。对于不同的分辨率，多光谱与全色图像在一个像元上得到的光能量是不同的，光谱密度之间的关系为

$$\varphi_L^{i,j}(u) = \sum_{m=-k,n=-k}^{m=k,n=k} \varphi_H^{i+m,j+n}(u) \tag{6.7}$$

$$c_R R_h^{i,j} + c_G G_h^{i,j} + c_B B_h^{i,j} + c_N N_h^{i,j}$$

$$= c_R a_R \int_0^{+\infty} \varphi_{\text{pan}}^{i,j}(u) \text{ms}_R(u) \mathrm{d}u + c_R b_R + c_G a_G \int_0^{+\infty} \varphi_{\text{pan}}^{i,j}(u) \text{ms}_G(u) \mathrm{d}u$$

$$+ c_G b_G + c_B a_B \int_0^{+\infty} \varphi_{\text{pan}}^{i,j}(u) \text{ms}_B(u) \mathrm{d}u + c_B b_B + c_N a_N \int_0^{+\infty} \varphi_{\text{pan}}^{i,j}(u) \text{ms}_N(u) \mathrm{d}u + c_N b_N \tag{6.8}$$

$$= \int_0^{+\infty} (c_R a_R \varphi_{\text{pan}}^{i,j}(u) \text{ms}_R(u) + c_G a_G \varphi_{\text{pan}}^{i,j}(u) \text{ms}_G(u) + c_B a_B \varphi_{\text{pan}}^{i,j}(u) \text{ms}_B(u)$$

$$+ c_N a_N \varphi_{\text{pan}}^{i,j}(u) \text{ms}_N(u)) \mathrm{d}u + c_R b_R + c_G b_G + c_B b_B + c_N b_N$$

对于所有波段的联合，很多方面可以让色度融合不准确。

① 低分辨率和高分辨率的图像对应的区域光谱密度不同。

② 光谱响应函数之间的关系不理想，如

$$a_{\text{pan}}\text{pan}(u) - c_R a_R \text{ms}_R(u) - c_G a_G \text{ms}_G(u) - c_B a_B \text{ms}_B(u) - c_N a_N \text{ms}_N(u) \neq 0 \tag{6.9}$$

③ 从电子转换成电压的关系不合适，如传感器偏置和增益为

$$b_{\text{pan}} - c_R b_R - c_G b_G - c_B b_B - c_N b_N \neq 0 \tag{6.10}$$

如果 a_R、a_G、a_B、a_N、a_{pan} 和 b_R、b_G、b_B、b_N、b_{pan} 之间的关系满足下式，即

$$\begin{cases} \text{pan}(u) = \text{ms}_R(u) + \text{ms}_G(u) + \text{ms}_B(u) + \text{ms}_N(u) \\ b_R = b_G = b_B = b_N = b_{\text{pan}} = 0 \\ a_R = a_G = a_B = a_N = a_{\text{pan}} \end{cases} \tag{6.11}$$

理想光谱响应函数的高分辨率多光谱图像有如下关系，即

$$R_h^{i,j} + G_h^{i,j} + B_h^{i,j} + N_h^{i,j}$$

$$= a_{\text{pan}} \int_0^{+\infty} \varphi_H^{i,j}(u)(\text{ms}_R(u) + \text{ms}_G(u) + \text{ms}_B(u) + \text{ms}_N(u)) \mathrm{d}u$$

$$= a_{\text{pan}} \int_0^{+\infty} \varphi_H^{i,j}(u) \text{pan}(u) \mathrm{d}u \tag{6.12}$$

$$= P^{i,j}$$

同时，我们可以认为图像是高频细节与低频图像的和，即

$$P_l + \Delta P = (R_l + \Delta R_h) + (G_l + \Delta G_h) + (B_l + \Delta B_h) + (N_l + \Delta N_h) \tag{6.13}$$

如果对两边同时进行高通滤波、小波分解、拉普拉斯金字塔分解，就能准确地获得高频细节，即

$$\Delta P = \Delta R_h + \Delta G_h + \Delta B_h + \Delta N_h \tag{6.14}$$

如果从经典色度融合的角度，有

$$\delta = P - (R_l + G_l + B_l + N_l) = \Delta R_h + \Delta G_h + \Delta B_h + \Delta N_h \tag{6.15}$$

显然，在理想光谱响应函数的情况下，色度融合与多分辨率融合在提取细节方面是等价的。如果采取相同的注入细节策略，那么两类算法就会产生完全相同的结果。下面通过实验验证这个结论。实验之前我们必须强调几点。

① 不同传感器的光谱响应函数必须符合理想情况。

② 多光谱图像是低分辨的图像，当我们提取全色图像的细节时，必须让全色图像的降晰或退化方式与多光谱图像的退化方式一样。

③ 不管是色度融合，还是多分辨率融合插值都采用相同的方式。

满足这些条件的传感器是很难制造的，但这并不妨碍我们进行仿真实验。对于成像模型中所有的因素，只有光谱密度是真正的外来输入，其他参数都可以人为控制和设定。完全随机产生的光谱密度数据是没有代表性的，视觉上也不好判别，因此可以用一组高光谱数据代替光谱密度。实验将 256×307×30 的高光谱数据作为光谱密度函数，利用理想的光谱响应函数，生成高分辨多光谱图像、低分辨率多光谱图像和高分辨全色图像。为了方便，令 $a_R = a_G = a_B = a_N = a_{\text{pan}} = 1$，$b_R = b_G = b_B = b_N = b_{\text{pan}} = 0$。

理想状态下色度融合与拉普拉斯金字塔融合如图 6.5 所示。IHSF 是色度融合的结果，GLPF 是拉普拉斯金字塔融合的结果。如表 6.4 所示，两种融合方法得到的结果是完全一致的。这从成像模型的角度不难理解。下面从成像模型的角度改进色度融合与多分辨率融合，使它们能够获得更好的效果。

表 6.4 IHSF 与 GLPF 的量化比较

指标	IHSF				GLPF			
	R	G	B	N	R	G	B	N
BIAS	−7.157	6.693	−2.993	3.456	−7.157	6.693	−2.993	3.456
CC	0.9768	0.9946	0.9507	0.9824	0.9768	0.9946	0.9507	0.9824
SAM	2.6381				2.6381			
ERGAS	1.4668				1.4668			
Q4	0.8046				0.8046			

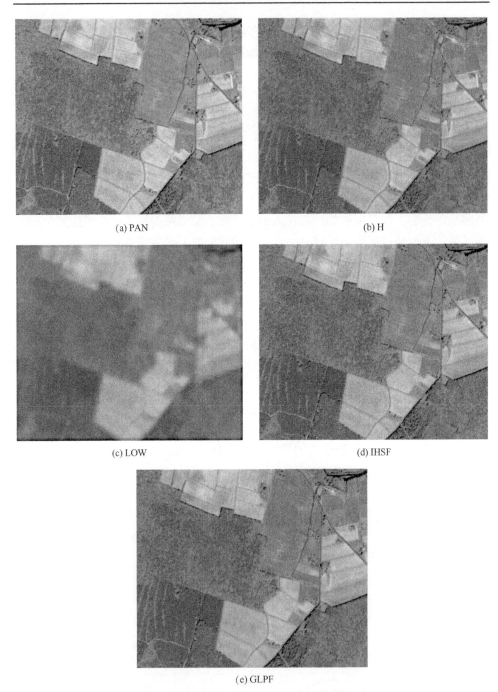

(a) PAN

(b) H

(c) LOW

(d) IHSF

(e) GLPF

图 6.5　理想状态下色度融合与拉普拉斯金字塔融合

此外，无论色度融合，还是基于各种金字塔的多分辨率融合都面临两个最基本的问题，即如何准确提取和注入细节。两类融合算法都只能提取所有波段细节的组合，不能准确地一次就提取某个波段的细节。下面从成像模型的角度对这些问题提出新的解决方法。

6.2.4　基于成像模型的色度融合

如果 a_R、a_G、a_B、a_N、a_{pan} 和 b_R、b_G、b_B、b_N、b_{pan} 之间的关系满足如下公式，即

$$\begin{cases} pan(u) = ms_R(u) + ms_G(u) + ms_B(u) + ms_N(u) \\ b_R = b_G = b_B = b_N = b_{pan} = 0 \\ a_R = a_G = a_B = a_N = a_{pan} \end{cases}$$

在这种理想状态下，高分辨率图像与多光谱图像有如下关系，即

$$R_h^{i,j} + G_h^{i,j} + B_h^{i,j} + N_h^{i,j}$$

$$= a_{pan} \int_0^{+\infty} \varphi_H^{i,j}(u)(ms_R(u) + ms_G(u) + ms_B(u) + ms_N(u)) du$$

$$= a_{pan} \int_0^{+\infty} \varphi_H^{i,j}(u) pan(u) du$$

$$= P^{i,j}$$

如果 $a_R = a_G = a_B = a_N = 3a_{pan}$，则有

$$\frac{R_h^{i,j} + G_h^{i,j} + B_h^{i,j} + N_h^{i,j}}{3} = P^{i,j}, \quad \delta = \frac{P - (R_l + G_l + B_l + N_l)}{3} \tag{6.16}$$

如果 $a_R = a_G = a_B = a_N = 4a_{pan}$，则有

$$\frac{R_h^{i,j} + G_h^{i,j} + B_h^{i,j} + N_h^{i,j}}{4} = P^{i,j}, \quad \delta = \frac{P - (R_l + G_l + B_l + N_l)}{4} \tag{6.17}$$

一般情况下，光谱响应函数之间并不存在 $pan(u) = ms_R(u) + ms_G(u) + ms_B(u) + ms_N(u)$ 这种关系。我们甚至不知道传感器之间增益 a_R、a_G、a_B、a_N、a_{pan} 与偏置 b_R、b_G、b_B、b_N、b_{pan} 的确定值。如果全色图像的光谱响应函数能大体覆盖所有多光谱波段的光谱响应函数，那么就一定有系数 c_R、c_G、c_B、c_N 使下式成立，即

$$pan(u) \approx c_R ms_R(u) + c_G ms_G(u) + c_B ms_B(u) + c_N ms_N(u) \tag{6.18}$$

若 c_R、c_G、c_B、c_N 都是已知的，则高分辨率多光谱图像的线性组合为

$$c_R R_h^{i,j} + c_G G_h^{i,j} + c_B B_h^{i,j} + c_N N_h^{i,j}$$

$$= c_R a_R \int_0^{+\infty} \varphi_H^{i,j}(u) \mathrm{ms}_R(u) \mathrm{d}u + c_R b_R + c_G a_G \int_0^{+\infty} \varphi_H^{i,j}(u) \mathrm{ms}_G(u) \mathrm{d}u$$

$$+ c_G b_G + c_B a_B \int_0^{+\infty} \varphi_H^{i,j}(u) \mathrm{ms}_B(u) \mathrm{d}u + c_B b_B + c_N a_N \int_0^{+\infty} \varphi_H^{i,j}(u) \mathrm{ms}_N(u) \mathrm{d}u + c_N b_N \quad (6.19)$$

$$= \int_0^{+\infty} (c_R a_R \varphi_H^{i,j}(u) \mathrm{ms}_R(u) + c_G a_G \varphi_H^{i,j}(u) \mathrm{ms}_G(u) + c_B a_B \varphi_H^{i,j}(u) \mathrm{ms}_B(u)$$

$$+ c_N a_N \varphi_H^{i,j}(u) \mathrm{ms}_N(u)) \mathrm{d}u + c_R b_R + c_G b_G + c_B b_B + c_N b_N$$

一般来说，如果同一颗卫星上所有多光谱传感器的性质相似，那么可以近似地认为 $a_R \approx a_G \approx a_B \approx a_N = a$ 和 $b_R \approx b_G \approx b_B \approx b_N = 0$。把它们代入式(6.19)，可以得到下式，即

$$c_R R_h^{i,j} + c_G G_h^{i,j} + c_B B_h^{i,j} + c_N N_h^{i,j}$$

$$\approx a \int_0^{+\infty} \varphi_H^{i,j}(u)(c_R \mathrm{ms}_R(u) + c_G \mathrm{ms}_G(u) + c_B \mathrm{ms}_B(u) + c_N \mathrm{ms}_N(u)) \mathrm{d}u$$

$$\approx \frac{a}{a_{\mathrm{pan}}} a_{\mathrm{pan}} \int_0^{+\infty} \varphi_H^{i,j}(u) \mathrm{pan}(u) \mathrm{d}u \qquad (6.20)$$

$$\approx \frac{a}{a_{\mathrm{pan}}} P^{i,j}$$

令 $k = \dfrac{a_{\mathrm{pan}}}{a}$，这样就可以简单描述理想高分辨率多光谱图像和高分辨率全色图像之间的关系，即

$$P \approx k(c_R R_h + c_G G_h + c_B B_h + c_N N_h) \qquad (6.21)$$

其中，k、c_R、c_G、c_B、c_N 为待定的参数。

图像可以认为是高频细节部分和低频概貌部分的和。高分辨率多光谱图像可以表示为

$$R_h = R_l + \Delta R, \quad G_h = G_l + \Delta G, \quad B_h = B_l + \Delta B, \quad N_h = N_l + \Delta N, \qquad (6.22)$$

如果我们联合 $P \approx k(c_R R_h + c_G G_h + c_B B_h + c_N N_h)$ 与已知的低分辨率多光谱图像，则有如下近似关系，即

$$P \approx k(c_R(R_l + \Delta R_h) + c_G(G_l + \Delta G_h) + c_B(B_l + \Delta B_h) + c_N(N_l + \Delta N_h)) \qquad (6.23)$$

一般来说，$k \neq 0$，所以有

$$c_R \Delta R_h + c_G \Delta G_h + c_B \Delta B_h + c_N \Delta N_h \approx \frac{P}{k} - (c_R R_l + c_G G_l + c_B B_l + c_N N_l) \qquad (6.24)$$

这类似于色度融合[29-31]，即

$$\delta = c_R \Delta R_h + c_G \Delta G_h + c_B \Delta B_h + c_N \Delta N_h \approx \frac{P}{k} - (c_R R_l + c_G G_l + c_B B_l + c_N N_l) \qquad (6.25)$$

不管色度融合，还是其他多分辨率融合，我们需要的就是每个波段的高频细节，如 ΔR_h、ΔG_h、ΔB_h、ΔN_h，但是只能近似得到所有波段细节的线性组合 $\delta \approx c_R \Delta R_h + c_G \Delta G_h + c_B \Delta B_h + c_N \Delta N_h$。为了得到单一波段的细节部分，我们希望得到 ΔR_h 在 δ 中所占的比例。设 $\Delta R_h \approx \gamma_R \delta$，系数 γ_R 待定，代表 R 波段的细节部分在 δ 中所占的比例，对于融合结果而言，当低分辨率的多光谱图像已知时，希望色度融合的结果是准确的，则有

$$\gamma_R = \frac{\Delta R_h}{c_R \Delta R_h + c_G \Delta G_h + c_B \Delta B_h + c_N \Delta N_h} \qquad (6.26)$$

可以近似地认为

$$\gamma_R \approx \frac{R_l}{c_R R_l + c_G G_l + c_B B_l + c_N N_l} \qquad (6.27)$$

最后可得

$$\delta_R = \gamma_R \delta \approx \gamma_R \left(\frac{P}{k} - (c_R R_l + c_G G_l + c_B B_l + c_N N_l) \right) \qquad (6.28)$$

$$\delta_G \approx \gamma_G \left(\frac{P}{k} - (c_R R_l + c_G G_l + c_B B_l + c_N N_l) \right) \qquad (6.29)$$

$$\delta_B \approx \gamma_B \left(\frac{P}{k} - (c_R R_l + c_G G_l + c_B B_l + c_N N_l) \right) \qquad (6.30)$$

$$\delta_N \approx \gamma_N \left(\frac{P}{k} - (c_R R_l + c_G G_l + c_B B_l + c_N N_l) \right) \qquad (6.31)$$

许多提高精度的算法[29-31]都是针对上述模型某一个特定方面改进的。从上面的分析看，决定融合效果的是一些参数，如 k、γ_R、γ_G、γ_B、γ_N、c_R、c_G、c_B、c_N。参数 γ_R、γ_G、γ_B、γ_N 可以由式(6.31)计算得到，为了与假设相符，应该有

$$\mathrm{pan}(u) \approx c_R \mathrm{ms}_R(u) + c_G \mathrm{ms}_G(u) + c_B \mathrm{ms}_B(u) + c_N \mathrm{ms}_N(u) \qquad (6.32)$$

一般来说，光谱响应函数是已知的，为了平衡各个波段光谱响应函数之间的关系，可采用最小二乘法计算 c_R、c_G、c_B、c_N，即

$$
[c_R \quad c_G \quad c_B \quad c_N] = \mathrm{pan}(u) \begin{bmatrix} \mathrm{ms}_R(u) \\ \mathrm{ms}_G(u) \\ \mathrm{ms}_B(u) \\ \mathrm{ms}_n(u) \end{bmatrix}^{\mathrm{T}} \left(\begin{bmatrix} \mathrm{ms}_R(u) \\ \mathrm{ms}_G(u) \\ \mathrm{ms}_B(u) \\ \mathrm{ms}_n(u) \end{bmatrix} \begin{bmatrix} \mathrm{ms}_R(u) \\ \mathrm{ms}_G(u) \\ \mathrm{ms}_B(u) \\ \mathrm{ms}_n(u) \end{bmatrix}^{\mathrm{T}} \right)^{-1} \tag{6.33}
$$

在色度融合算法中，默认上面的关系成立的。对于某些高分辨率卫星，光谱响应函数(图 6.6 和图 6.7)之间的关系与理想状况差距很大，因此如果认为 $c_R = c_G = c_B = c_N = 1$ 会导致比较严重的光谱扭曲现象。式(6.33)首次提出利用最小

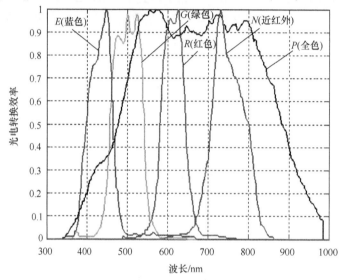

图 6.6　IKONOS 的光谱响应函数

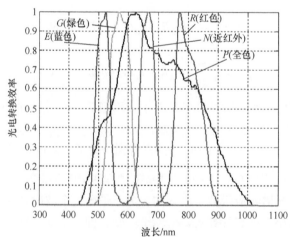

图 6.7　QuickBird-2 的光谱响应函数

二乘解决这个问题。

假设 $a_R \approx a_G \approx a_B \approx a_N = a$ 和 $b_R = b_G = b_B = b_N = 0$，如果每个传感器的偏置和增益都是确切知道的，参数 k 就可以准确地计算得到。

在文献 [29] 中，$\delta \approx P - \dfrac{R_l + aG_l + bB_l + N_l}{3}$，在文献 [34] 中，$\delta \approx P - \dfrac{R_l + G_l + B_l + N_l}{4}$，在文献[32]中，$\delta \approx P - \dfrac{aR_l + 0.75G_l + 0.25B_l + bN_l}{3}$，在文献[31]中，$\delta \approx \dfrac{l-1}{l}\left(P - \dfrac{R_l + G_l + B_l + N_l}{4} \right)$。一方面，这些模型中的未知参数都是从实验获得的，都没有给出一般情况下应该如何计算；另一方面，他们也没有证明为什么分母有的时候是 3，有的时候是 4。从上面的推导看，分母是由不同传感器光谱响应函数和不同传感器偏置增益之间的关系决定的。如果没有假设 $a_R = a_G = a_B = a_N = 3a_{\text{pan}}$，分母是 3 的时候就会产生错误，而系数 c_R、c_G、c_B、c_N 是由光谱响应函数之间的关系决定的，不知道传感器的偏置时，理论上应该假设 $a_R = a_G = a_B = a_N$。本书提出利用最小二乘法计算这些系数，可以提供比以往算法[29,31,32,34]更好的理论支持。

此外，如果确切知道 a_R、a_G、a_B、a_N 和 a_{pan}，则可以直接计算得到 k。如果不知道这些参数，可以令

$$k \approx \frac{\text{mean}(c_R R_l + c_G G_l + c_B B_l + c_N N_l)}{\text{mean}(P_l)} \tag{6.34}$$

其中，P_l 为 P 降晰到和多光谱图像相同分辨率时得到的低分辨率全色图像。

这样可以避免直方图匹配带来的大量计算。

1. 利用 IKONOS 数据的实验

IKONOS 的高分辨率全色图像和低分辨率多光谱图像分别是 1m 和 4m 的分辨率。相应的融合后的高分辨率多光谱图像的分辨率应该和全色图像的分辨率接近。为了评估融合的质量，理论上应该与 IKONOS 的高分辨率多光谱图像进行比较，但是实际上这样的图像是不存在的。因此，我们利用降低分辨率的图像进行实验，将融合前的 IKONOS 图像分辨率降到 4m 和 16m。每种融合方法的评估通过融合结果与 IKONOS 的低分辨率多光谱图像比较获得。这种比较同时考虑光谱特征和空间分辨率特征。融合前应该把 P 降晰到和多光谱图像相同的分辨率，得到的低分辨率全色图像记为 P_l。首先，利用式(6.33)和图 6.6 中的光谱响应函数，可以得到 $c_R = 1.1713$、$c_G = 0.8109$、$c_B = 0.2281$、$c_N = 1.3886$。然后，利用式(6.34) 得到 k。最后，利用式(6.28)~式(6.32)进行融合。如表 6.5 所示，本书方法的 ERGAS

参数明显较好，与 eFIHS SRF 方法接近，相关系数（correlation coefficient, CC）方法略好于其他方法。从图 6.8 可以看出，本书的方法没有明显的细节丢失，颜色扭曲现象也不严重。

表 6.5　IKONOS 图像融合结果的比较

方法		融合前	eFIHS	eFIHS SA	eFIHS SRF	eFIHS TP (t=0.75)	eFIHS W	本书方法
CC	R	0.8071	0.8880	0.9759	0.9684	0.9674	0.9521	0.9871
	G	0.9139	0.9548	0.9473	0.9543	0.9538	0.9401	0.9538
	B	0.9114	0.9174	0.9286	0.9443	0.9412	0.9300	0.9486
	N	0.9012	0.9261	0.9186	0.9036	0.9035	0.9152	0.9460
CC		0.8834	0.9216	0.9424	0.9426	0.9415	0.9344	0.9589
ERGAS		2.4683	1.8294	1.629	1.5948	1.6085	1.8939	1.5997

(a) 全色图像

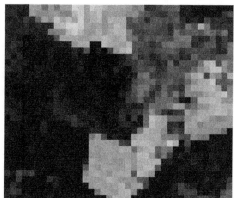

(b) 低分辨率多光谱图像

(c) 高分辨率多光谱图像

(d) 基于成像模型的方法

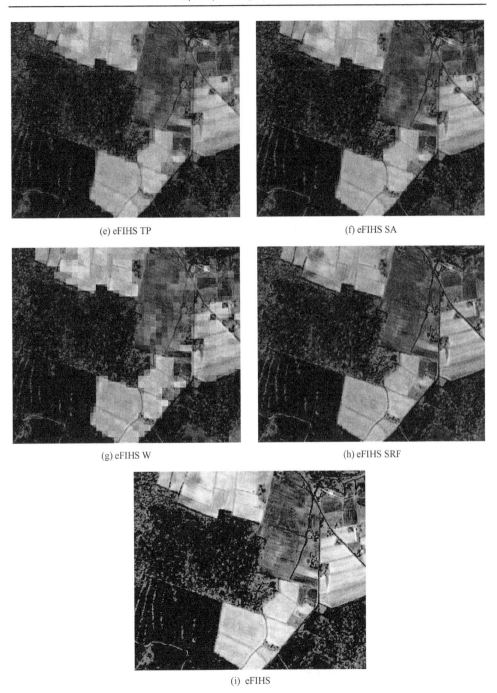

(e) eFIHS TP　　　　　　　　　　　　　(f) eFIHS SA

(g) eFIHS W　　　　　　　　　　　　　(h) eFIHS SRF

(i) eFIHS

图 6.8　利用 IKONOS 图像实验的结果

2. 利用 QuickBird-2 图像的实验结果

QuickBird-2 的高分辨率全色图像和低分辨率多光谱图像分别是 0.7m 和 2.8m 的分辨率。相应的融合后的高分辨率多光谱图像的分辨率应该和全色图像的分辨率 0.7m 接近。我们利用降低分辨率的图像进行实验，将融合前的 QuickBird-2 图像分辨率降到 2.8m 和 11.2m。每种融合方法的评估通过融合结果与 QuickBird-2 的低分辨率多光谱图像比较获得。这种比较同时考虑光谱特征和空间分辨率特征。融合前应该把 P 降晰到和多光谱图像相同的分辨率，得到的低分辨率全色图像记为 P_l。首先，利用式(6.33)和图 6.7 中的光谱响应函数，可以得到 $c_R = 1.0867$、$c_G = 0.8321$、$c_B = 0.2410$、$c_N = 0.9106$。然后，利用式(6.35)得到 k。最后，利用式(6.28)~式(6.31)进行融合。从表 6.6 可知，基于成像模型方法的 ERGAS 参数明显比较好，与 eFIHS SRF 方法比较接近。从图 6.9 可以看出，基于成像模型的方法没有明显的细节丢失，颜色扭曲现象也不严重。

表 6.6　QuickBird-2 遥感图像融合结果的比较

方法		融合前	eFIHS	eFIHS SRF	eFIHS TP(t=0.75)	eFIHS W	本书方法
CC	R	0.8340	0.8676	0.8824	0.9043	0.8650	0.9090
	G	0.8271	0.8915	0.9019	0.9192	0.8752	0.9180
	B	0.8608	0.9159	0.9236	0.9339	0.8966	0.9331
	N	0.8832	0.9295	0.8961	0.9338	0.9132	0.9414
CC		0.8513	0.9011	0.9010	0.9241	0.8875	0.9254
ERGAS		4.8454	3.8942	3.7274	3.3686	4.7002	3.23624

(a) 全色图像

(b) 低分辨率多光谱图像

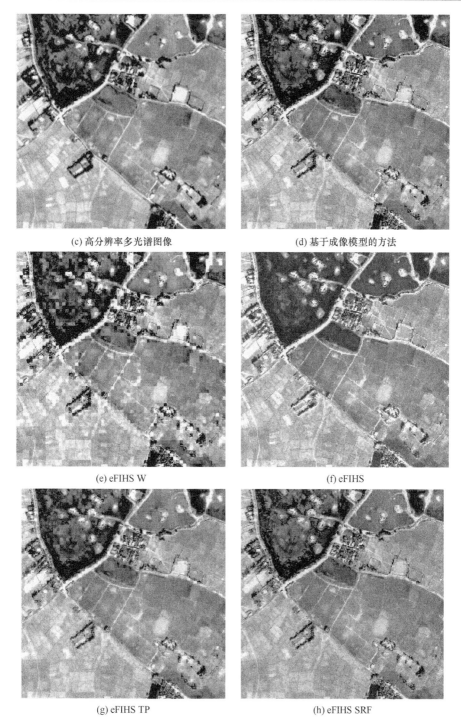

(c) 高分辨率多光谱图像　　　　　　　　　　(d) 基于成像模型的方法

(e) eFIHS W　　　　　　　　　　　　　　(f) eFIHS

(g) eFIHS TP　　　　　　　　　　　　　(h) eFIHS SRF

图 6.9　利用 QuickBird-2 图像实验的结果

通过表 6.6、图 6.8 和图 6.9 的比较可以看出，eFIHS SA、eFIHS TP 和 eFIHS W 方法共同的缺点是，它们对每个波段都注入了相同的细节分量。显然，这是不合理的，一定存在大量的冗余信息。eFIHS SRF 方法在不同的波段注入了不同的细节分量，更加合理。从结果看确实也是 eFIHS SRF 方法更好一些，但是依靠传感器的光谱响应函数得到的 γ 值有些笼统，因为光谱密度不是均匀的，每个像素的 γ 值也可能不一样。eFIHS W 方法最大的问题在于细节容易丢失，小波的分解层数需要人为确定，所以有一定的主观性。另外，eFIHS SA 和 eFIHS TP 两种方法中的参数在文献中没有给出通用的确定方法，需要人为设定。此外，eFIHS TP 方法难以调节参数让所有的指标同时达到最优。在实际应用中，如果没有高分辨率的参考图像，或者使用不同的卫星图像时，这些参数的获得是比较困难的。本书提出的基于最小二乘确定色度融合参数的方法对所有参数都给出了计算的方法。从结果图像和原始图像比较的结果看，新提出的方法有一定的优势。对于目视的效果，本书提出的方法细节的损失比基于多小波的 eFIHS W 方法要少。从光谱质量方面看，本书提出的方法的融合结果光谱特性也可以较好地保持，相对于其他改进的色度融合方法，ERGAS 和 CC 两个指标都有所提高。

我们从成像模型的角度解释色度融合算法，在此基础上分析各个影响融合效果的因素，并提出新的融合模型。在已知光谱响应函数的条件下，本书提出利用最小二乘确定融合过程中的参数算法。这种类似色度融合的方法给一些改进的色度融合方法提供了物理意义的支持。新的模型可以获得更好地融合结果，计算也更加方便。

6.2.5　基于成像模型的多分辨率融合

利用金字塔或多分辨率的思想进行遥感图像融合是十分重要的。看似毫不相关的多分辨率方法和色度融合的方法可以获得相同的融合结果。不管是色度融合，还是多分辨融合，从某个特殊的角度来看，它们都符合成像过程的物理意义。当然并不是完全的符合，因为很多算法的提出并不是从研究成像模型开始的。当前的主要矛盾是，提高分辨率与保持光谱特性之间的对立，GLP-CBD 方法可以获得优于其他方法的效果。GLP-CBD 方法的优势在于考虑传感器的调制传递函数。我们将沿着这个思路走下去。

即使是多分辨率或基于金字塔的图像融合也是有很多种类的。当然，多分辨率融合还是有共同特点的。可以看到，色度融合实际上是抽象出不同传感器成像过程中光电效应的模型。借鉴 GLP-CBD 方法[26]，光谱密度应该经过大气、光学系统到达传感器，如图 6.10 所示。到达传感器的时候光信号还是连续的，而经过传感器后就成为离散的了。从连续到离散的过程会发生很多事情。首先，不同传感器的光敏像元大小是不同的。有一个问题似乎很多文献都没有注意，那就是在处理数字图像的时候我们认为像元是无穷小的点，而在成像过程中这个点是有面积的。其次，每个像素的值实际上是对特定面积大小的光信号进行光电转换得到的(图 6.11)。这本身就代表一种平均或求和，因此光信号到达传感器后应该有三个阶段。如果表示成数学模型就是模糊-降采样-再模糊这样一个过程。成像过程中各方面的差别如图 6.12 所示。

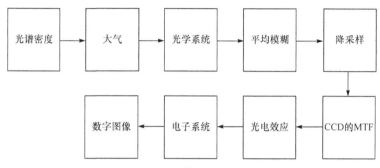

图 6.10　从光谱密度到数字图像

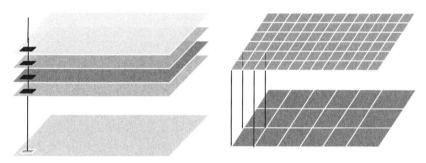

图 6.11　全色与多光谱

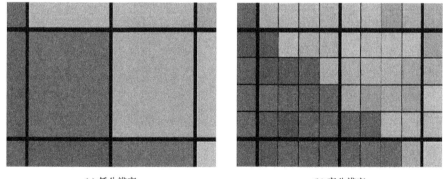

(a) 低分辨率　　　　　　　　　　　　　(b) 高分辨率

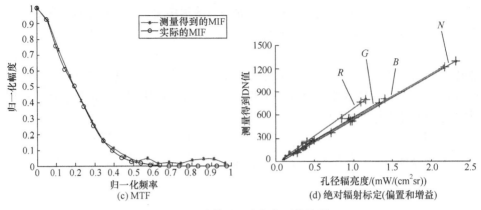

(c) MTF　　　　　　　　　　　(d) 绝对辐射标定(偏置和增益)

图 6.12　成像过程中各方面的差别

这个过程与文献[35]，[36]对高分辨率全色图像的降晰过程十分相似。显然，绝大部分多分辨率的方法都跟上面提到的三个阶段类似，而且拉普拉斯金字塔方法中的模糊、降采样、插值(图 6.13)更接近实际的图像降晰过程(不包含光电转换部分)。当然，如果不考虑光学系统、光电效应、传感器的偏置增益等，与图像降晰过程最接近的多分辨率方法就应该得到最理想的效果。例如，6.3.2 节的多分辨率方法实际是采用与图像降晰过程完全相同的手段获得与控制条件下色度融合相同的效果。这是仿照图像降晰的过程提取细节，提取的是所有波段细节的组合。如何注入细节仍然是个大问题。例如，设

$$P_h = P_l + \Delta P \tag{6.35}$$

$$R_h = R_l + \Delta R \tag{6.36}$$

$$G_h = G_l + \Delta G \tag{6.37}$$

$$B_h = B_l + \Delta B \tag{6.38}$$

$$N_h = N_l + \Delta N \tag{6.39}$$

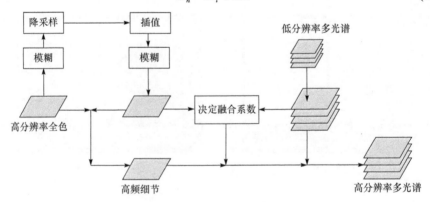

图 6.13　拉普拉斯金字塔融合

如果卷积核函数 H 能正确地表示高分辨率图像降晰成低分辨率图像的过程，那么就可以得到相应的低分辨率图像缺少的高频细节，即

$$\Delta P = P - P * H \tag{6.40}$$

$$\Delta P = c_R \Delta R_h + c_G \Delta G_h + c_B \Delta B_h + c_N \Delta N_h \tag{6.41}$$

按照前面的分析，ΔP 应该是所有波段高频细节部分的线性组合。这里的重点不在于知道线性组合的系数，而是知道某个波段的细节 ΔR 与全色图像的细节 ΔP 之间的关系，即

$$\frac{\Delta R}{\Delta P} = \frac{R_h - R_h * H}{P - P * H} \tag{6.42}$$

用 $F(R_h)$ 表示对 R_h 的傅里叶变换，则有

$$\frac{F(R_h)}{F(P)} = \frac{F(R_h)F(H)}{F(P)F(H)} = \frac{F(R_h) - F(R_h)F(H)}{F(P) - F(P)F(H)} \tag{6.43}$$

因为频域的点乘是时域的卷积，所以有

$$\frac{F(R_h) - F(R_h)F(H)}{F(P) - F(P)F(H)} = \frac{F(R_h) - F(R_h * H)}{F(P) - F(P * H)} = \frac{F(R_h - R_h * H)}{F(P - P * H)} = \frac{F(\Delta R_h)}{F(\Delta P)} \tag{6.44}$$

这样就可以得到 $F(\Delta R_h)$ 和 $F(\Delta P)$ 之间的关系，即

$$\frac{F(R_h)F(H)}{F(P)F(H)} = \frac{F(\Delta R_h)}{F(\Delta P)} \tag{6.45}$$

$$\frac{F(R_h * H)}{F(P * H)} = \frac{F(\Delta R_h)}{F(\Delta P)} \tag{6.46}$$

$$\frac{F(R_l)}{F(P)} = \frac{F(\Delta R_h)}{F(\Delta P)} \tag{6.47}$$

这样可以得到关于 $F(\Delta R_h)$ 的表达式，即

$$F(\Delta P)\frac{F(R_l)}{F(P_l)} = F(\Delta R_h) \tag{6.48}$$

其中，ΔP、R_l 和 P_l 都是已知的，经过傅里叶反变换可得

$$F^{-1}\left(F(\Delta P)\frac{F(R_l)}{F(P_l)} \right) = \Delta R_h \tag{6.49}$$

由此可得细节注入的表达式，即

$$R_h = R_l + F^{-1}\left(F(\Delta P)\frac{F(R_l)}{F(P_l)} \right) \tag{6.50}$$

从上面的推导看，只要有了 ΔP 似乎就可以得到细节 ΔR_h，实际情况却不是

这样。在 $\dfrac{F(R_h)F(H)}{F(P)F(H)} = \dfrac{F(\Delta R_h)}{F(\Delta P)}$ 的时候，$F(H)$ 在高频部分有很多震荡和零点，或者本身就接近零，导致比值不稳定而产生部分没有意义的解。这种不稳定会一直影响 $F^{-1}\left(F(\Delta P)\dfrac{F(R_l)}{F(P)} \right) = \Delta R_h$。因此，我们只能认为在求解 ΔR_h 的时候只有一部分是正确的，即相对低频部分。

上面的推导从理论上解释了细节的注入是不可能无限接近理想状态的，因为融合本身也没有提供那么多的先验信息。从 ΔP 包含的各波段的细节，我们只能得到一部分正确的东西，剩下的只能估计或预测。一般是沿着文献[35]，[36]的思路，考虑图 6.12 的各个方面因素，提取细节和注入细节。融合框架如图 6.14 所示。图中，HMS1(high multi-spectral band) 为高分辨率多光谱波段，LMS(low multi-spectral band)为低分辨率多光谱波段。

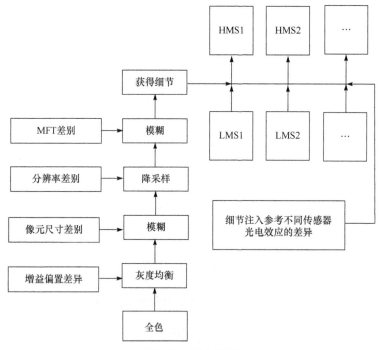

图 6.14　融合框架

实验采用高分辨率卫星 IKONOS 的数据。图像大小为 256×256。IKONOS 的高分辨率全色图像和低分辨率多光谱图像分别是 1m 和 4m 的分辨率。相应融合后的高分辨率多光谱图像的分辨率应该和全色图像的分辨率接近。为了评估融合的质量，理论上应该与 IKONOS 的高分辨率多光谱图像比较，但是实际上这样的图像是不存在的。因此，我们利用降低分辨率的图像进行实验。在融合前将 IKONOS 的图像分辨率降低到 4m 和 16m。每种融合方法的评估利用融合结果与 IKONOS 的低分辨率多光谱图像比较获得。这种比较同时考虑光谱特征和空间分辨率特征。融合前应该把 P 降晰到和多光谱图像相同的分辨率，得到的低分辨率全色图像记为 P_l。各种方法的比较如表 6.7 所示。

表 6.7　各种方法的比较

指标		对比度金字塔	拉普拉斯金字塔	形态学金字塔	比率金字塔	梯度金字塔	小波金字塔	Harr 小波金字塔	FSD 金字塔	成像模型拉普拉斯
CC	R	0.9295	0.9089	0.8884	0.8913	0.8990	0.8991	0.9068	0.9028	0.9279
	G	0.9229	0.9198	0.8994	0.9070	0.9011	0.9108	0.9167	0.9060	0.9218
	B	0.8729	0.8594	0.8606	0.8823	0.8394	0.8518	0.8618	0.8478	0.9135
	N	0.8783	0.8880	0.8465	0.8197	0.8767	0.8839	0.8839	0.8809	0.8990
BIAS	R	−1.1646	−0.4343	66.8094	77.2393	−8.8838	2.6512	−0.6315	−7.2075	−0.1241
	G	−1.5779	−0.2777	67.3557	83.0279	−9.9215	2.1055	−0.3995	−8.4668	−0.2112
	B	−2.1519	−1.9200	76.8749	76.0186	−10.0930	3.5146	−0.0547	−8.3791	−1.2452
	N	10.0054	8.6360	71.5438	104.987	−3.0122	−0.9814	4.1553	0.6516	3.537
ERGAS		3.8169	3.9544	5.7024	5.9642	4.5635	4.1196	3.9617	4.5169	2.782
SAM		6.3870	6.5691	6.7645	6.8826	7.1929	6.5712	6.4413	7.2850	4.395

如图 6.15 所示，考虑传感器物理特性和成像模型，拉普拉斯金字塔方法的稳定性要明显好于其他方法。目前图像融合算法众多，但总体上都没有严格从图像

(a) 原始图像　　　　　　　　　　　　(b) 本书方法

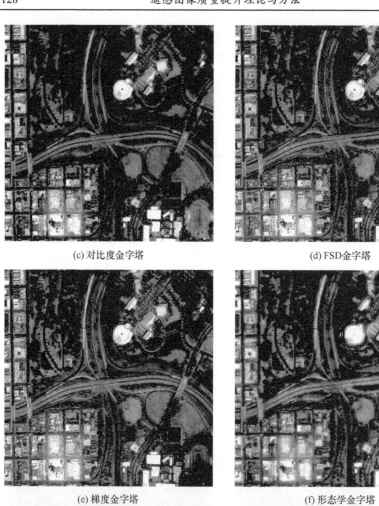

(c) 对比度金字塔   (d) FSD金字塔

(e) 梯度金字塔   (f) 形态学金字塔

(g) Harr小波金字塔   (h) 小波金字塔

(i) 拉普拉斯金字塔　　　　　　　　　　　　　　　　　(j) 比率金字塔

图 6.15　各种多分辨率方法

的形成过程出发，也没有从成像模型角度考虑不同传感器的差异。融合算法的物理意义不明确，理论基础不牢固使很多融合技术的效果都有很大的局限性。图像融合技术发展的必然趋势是融合应该考虑图像形成的过程和物理意义。光能量要经过大气、光学系统到达 CCD，CCD 通过光电转换将光信号转化成电信号。电子系统再将电信号变成离散的数字图像。在这一复杂的过程中，不同的传感器在成像的各个环节都有其独特的性质，因此建立正确的成像模型，分析不同成像过程物理意义的差异，并利用这些差异之间的互补性才能发展出更先进的图像融合技术。

相对于最早提出的高通滤波方法，多分辨率图像融合有一定的优势。众多研究者都热衷于把图像处理领域或计算机视觉领域的工具用到遥感图像融合领域，尽管这样做有一定的好处，但是对于融合问题的本质却关注不够。除了拉普拉斯金字塔、小波分析等经典方法，像卡尔曼滤波，新一代的多分辨率工具脊波、曲波，甚至基于微分几何的各向异性滤波都以多分辨率的形式引入遥感图像融合研究。这样显然存在问题，不能因为对某些图像用小波的效果优于拉普拉斯金字塔就断定小波分解是更好的图像融合技术。

我们认为，基于成像模型研究图像融合问题会成为这个领域的趋势。2006 年，很多算法参加了 Pansharpening 算法竞赛。竞赛主要包括分辨率视觉效果和图像光谱质量两个方面。在竞赛中，GLP-CBD 和 AWLP 获得了明显好于其他方法的效果。两种方法都采用多分辨率变换来实现分辨率的增强。前者的多分辨率依靠正则化拉普拉斯金字塔，后者依靠 à trous 小波变换实现。如果设计滤波器的时候让它们和需要增强的不同波段图像传感器的调制传递函数匹配，那么补偿的高通滤波器可以恰当地注入原光学系统没有的高频率分量。理想的细节注入应该是依赖数据自身特征的和自适应的。GLP-CBD 方法通过比较多光谱和降低分辨率的全色图像的局部相关系数决定局部像素应该注入的高频细节。AWLP 方法通过让注入的高频细节等比于采样的多光谱向量减少融合后的光谱扭曲。显然，在分量代换这类方法中采用多分辨率会获得较好的效果。究其原因，多分辨率框架比较贴近成像过程的降采样环节和模糊环节。更重要的是，这两种方法都采用相似的理念，都考虑传感器的物理模型。

本书方法采用类似的理念，因此各种参数的稳定性比较好，视觉效果方面也可以取得更好的结果。

6.3 时空遥感图像融合

无论要实现高精度的地表信息遥感检测，还是地表变化检测，都需要具有较高时间分辨率和空间分辨率的遥感图像。近年来，随着对地观测技术手段的不断发展与丰富，越来越多不同类型的遥感卫星被用来检测地球表面的情况。基于人造卫星的遥感技术可以在全球范围内提供非常有价值的地理空间数据。例如，1972年开始陆续发射的以陆地观测为主的 Landsat 系列卫星，1986 年发射的高性能地球观测卫星(systeme probatoire d'observation de la terre，SPOT)，1999 年和 2002年发射的 Terra 和 Aqua 卫星等。然而，由于种种限制，现有的传感器往往需要在时间分辨率和空间分辨率上做出妥协，因此很难利用单一的传感器获得具有较高时间分辨率和空间分辨率的遥感数据。例如，Landsat 系列卫星、SPOT 能够采集的 6～30m 空间分辨率的遥感数据常用来监测土地的使用/覆盖情况和陆地变化检测[37]，以及生物地球化学参数模拟[38]。然而，比较长的回访周期、云遮盖污染和其他大气情况会大大限制它们在快速监测地表信息方面的作用。同时，Terra、Aqua平台的中分辨率成像光谱仪(moderate resolution imaging spectroradiometer，MODIS)、SPOT-VGT(SPOT-vegetation) 传感器和甚高分辨率辐射计(advanced very high resolution radiometer，AVHRR)虽然可以提供时间频率达到每天的遥感数据，但是250～1000m 的空间分辨率会大大限制其在异质景观中量化生物物理过程的能力。图 6.16 所示为 Landsat 和 MODIS 图像的数据特性。

因此，将来源不同的遥感数据通过融合的方式增强其在地表信息遥感检测方面的作用是可行和较为便利的。多源遥感图像的时空融合技术是一种通过融合较高时间分辨率、较低空间分辨率遥感图像数据和低时间分辨率、较高空间分辨率遥感图像数据，生成同时具有较高时间分辨率和空间分辨率遥感图像数据的技术。从理论研究角度来看，时空遥感图像融合在空间与时间的维度上探索空间与时间双重离散条件下的最优化连续性数据重建方面的理论模型与技术实现方法。

从应用前景角度来说，时空遥感图像融合方法的研究可以提高现有遥感数据的可利用性，使我们能够获得关于地表情况更加丰富的信息，在环境监测、土地覆盖、灾害预报和自然资源的保护与利用等方面发挥更重要的作用。

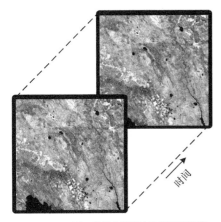
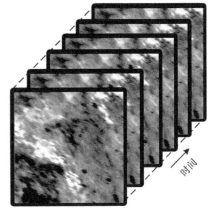

(a) Landsat(30m空间分辨率,16d的回访周期)　　　　(b) MODIS(250~1000m空间分辨率,一天1~2次回访)

图 6.16　Landsat 和 MODIS 图像的数据特性[39]

6.3.1　Landsat 数据

Landsat 系列卫星自 1972 年 Landsat 1 号发射以来一直扮演着提供连续地球观测数据的角色，其数据有多种多样的用途。例如，可以用来进行地表检测和地表变化检测[40,41]、植被覆盖情况检测和模拟、森林火险检测，以及全球碳循环研究。特别是，Landsat 系列数据自 2009 年开源之后，更是发挥了它在陆地观测方面的价值，其下载量和使用量都有了很大的增加[42]。Landsat 1~3 号卫星搭载的 MSS 可以提供 60m 空间分辨率的陆地观测数据(传感器采集的数据空间分辨率为 68m×83m，重采样之后为 30m)。Landsat 4、5 号卫星搭载的 MSS 和 TM 进一步将分辨率提高到 30m。1999 年发射的 Landsat7 号卫星携带的增强型专题绘图仪 (enhanced thematic mapper plus，ETM+)进一步提高了数据的辐射校正和几何校正的准确度。2013 年发射的 Landsat 8 号卫星携带的光学陆地成像仪(operational land imager, OLI)可以提供 30m 分辨率的短波观测数据。Landsat TM/ETM+/OLI 采集的原始数据和转换处理后的表面反射率数据都经过了大气校正。Landsat 5、7、8 号卫星采集数据的时间区间和 MODIS 采集数据的区间部分重合，因此可以使用 Landsat 5、7、8 号卫星采集的数据和 MODIS 数据进行融合。

6.3.2　MODIS 数据

Terra 和 Aqua 使 MODIS 只需要一天就能完整扫描地球一到两次。其较短的回访周期使 MODIS 数据可以快速检测陆地表面比较短暂的变化,如火灾和水灾等,但较低的空间分辨率会限制其观测细小变化的能力。MODIS 采集数据的空间分辨率从 250~1000m 不等。MODIS 传感器可以采集从可见光波段到热红外波段的 36 种数据。其中有 7 个波段是专门用于陆地观测的,与 Landsat 平台采集的数据有相近的带宽。表 6.8 所示为 TM、ETM+、OLI 和 MODIS 各波段的信息。可以看出,TM 和 ETM+的带宽比 MODIS 数据对应波段的带宽稍宽一些。在近红外波段,Landsat 8 卫星的 OLI 传感器采集数据的波段则和 MODIS 对应波段的带宽相似。

表 6.8　TM、ETM+、OLI 和 MODIS 各波段的信息

Landsat 5 TM 带宽 /μm	Landsat 7 ETM+ 带宽 /μm	Landsat 8 OLI 带宽 /μm	MODIS 带宽 /μm	MODIS 分辨率 /μm
B1:0.45~0.52	B1:0.441~0.514	B2:0.452~0.512	B3:0.459~0.479	500
B2:0.53~0.61	B2: 0.519~0.601	B3: 0.533~0.590	B4: 0.545~0.565	500
B3:0.63~0.69	B3: 0.631~0.692	B4: 0.636~0.673	B1: 0.620~0.670	550
B4: 0.78~0.90	B4: 0.772~0.898	B5: 0.851~0.879	B2: 0.841~0.876	550
B5: 1.55~1.75	B5: 1.547~1.749	B6: 1.566~1.651	B6: 1.628~1.652	500
B6: 10.4~12.5(120m)	B6: 10.31~12.36(60m)	B10: 10.60~11.19	B31: 10.78~11.28	1000
		B11: 11.50~12.51	B32: 11.77~12.27	1000
B7: 2.08~2.35	B7: 2.064~2.345	B7: 2.107~2.294	B7: 2.105~2.155	500

6.3.3　数据预处理

虽然 MODIS 采集的数据和 TM/ETM+/OLI 采集的数据在波段方面具有对应关系,但传感器的参数不同,数据之间还是存在差异。MODIS 采集数据的精度虽然小于其空间分辨率(500m),但从 30m 分辨率的数据角度看就非常大。此外,MODIS 和 TM/ETM+/OLI 的视角不同,叠加其他参数的差异,也会增加数据融合的难度。为了使来自不同传感器采集的数据在空间和时间上可以匹配,在融合之前,不同传感器采集的观测数据首先要被转换为地球表面反射率。Landsat 数据和 MODIS 数据在融合之前都需要被配准和重采样,以便具有相同的大小、空间分辨率和坐标系统。

算法进行数据融合时需要输入至少一对已知时刻的图片和一幅需要预测时刻的 MODIS 图片。在实际操作过程中,一般使用两对图片和一幅 MODIS 图片。

Landsat 表面反射率数据是已经经过大气校正的，同时包含质量信息，被云遮盖和其他数据质量较低的区域不会参与计算，因此需要生成一个掩膜。掩膜可以通过包含质量信息的文件生成。MODIS 数据根据用途不同有很多分类，都可以通过网站下载。算法使用的主要是与陆地表面反射率有关的数据。可以使用的 MODIS 数据包含每日表面反射率产品(MOD09GA，分辨率 500m)，以及将 16d 的观测数据利用双向反射分布函数(bidirectional reflectance distribution function, BRDF)合成表面反射率产品(MCD43A1，分辨率 500m)和年度陆地反射率产品(MCD12Q1，分辨率 500m)。算法的准确度在一定程度上依赖输入数据的有效性，因此输入算法的 Landsat 数据和 MODIS 数据需要事先经过筛选。云量较多的或者质量较差的遥感数据应首先被排除。由于 MODIS 采集数据的投影方式和 TM/ETM+/OLI 采集数据的投影方式不同，因此需要转换投影方式，而且其分辨率也不相同，还需要重采样。转换投影和重采样的过程可以通过重投影和重采样的工具 MRT(MODIS reprojection tool)完成算法。预测过程中每一个像素对应一块区域，Landsat 像素和 MODIS 像素对应的位置必须相互匹配，因此需要对数据进行配准。区域配准完成后，Landsat 数据和 MODIS 数据之间的相似性最大，可以用均方根误差(root mean square error，RMSE)衡量两个向量之间的相似性。TM/ETM+/OLI 数据和 MODIS 数据在经过挑选、重投影、重采样、配准之后，就可以输入算法进行预测。

6.3.4　像元混合算法

对于给定的区域，假设来自不同卫星传感器相同采集时间的遥感数据在辐射定标、大气校正、几何校正方面采用相同的处理方法。由于传感器系统之间本身的差别，数据之间仍然存在误差。因为 Landsat 的空间分辨率较高，所以可以近似认为 Landsat 数据中每个像素代表的一片区域属于相同的土地类型，即使它在更小的分辨率下仍可能属于不同的土地类型。一个 MODIS 像素是一系列 Landsat 像素的组合，如果这些 Landsat 像素是相似的(光谱相似或者对应区域的土地类型相同)，我们称该 MODIS 像素是纯净的或者是同质像素。改进算法的主要目的是通过充分利用多源遥感数据之间的关系进行数据融合。此外，虽然改进算法是针对 TM/ETM+/OLI 数据和 MODIS 数据解释的，但是同样适用于其他具有相似性质的数据。

算法的前提假设是，一段时间内陆地表面反射率的变化在不同分辨率数据中的表现是一样的。时刻 t 获取的较低空间分辨率图片的某一像素代表的一片区域的表面反射率(C_t)可以通过对应区域较高空间分辨率图片的一系列像素代表的表面反射率得出，即

$$C_t = \sum (F_t^i A_t^i) \tag{6.51}$$

其中，i 为像素的编号；F_t^i 为时刻 t 采集的较高空间分辨率图片编号为 i 的像素的值；A_t^i 是编号为 i 的像素在 C_t 对应区域所占的面积百分比。

在这种情况下，即使在 A_t^i 不变，并且可以根据历史数据推算出来的情况下，要求解式(6.51)也有很大的难度。如果可以根据邻域像素的信息获得 F_t^i 的值，那么解的精度将大大提升。因此，求解式(6.51)近似解的关键就是通过分析当前像素与邻域像素之间的近似性确定当前像素值。

1. 组合加权函数

假设 MODIS 数据经过重采样拥有和 Landsat 数据相同的空间分辨率，而且拥有和 Landsat 数据相同的图片大小、空间分辨率和坐标系统。为方便描述，所有的公式都基于以上的假设。对于 MODIS 数据的同质像素而言，t_k 时刻获取的坐标为 (x_i, y_i) 的像素 L_i 的值 $L(x_i, y_i, t_k)$ 可以表示为

$$L(x_i, y_i, t_k) = M(x_i, y_i, t_k) + \varepsilon_k \tag{6.52}$$

其中，$M(x_i, y_i, t_k)$ 为时刻 t_k 获取的 MODIS 数据位置 (x_i, y_i) 像素 M_i 的值(对应区域的表面反射率)，此时的 MODIS 数据已经经过重采样；ε_k 为 t_k 时刻 L_i 和 M_i 的差值(系统不确定性引起)。

假设已获取 n 对 t_k 时刻的 Landsat 数据和 MODIS 数据，所以有 n 对 $L(x_i, y_i, t_k)$ 和 $M(x_i, y_i, t_k)$，其中 $k \in [1, n]$。当然，也有预测日期 t_p 的 MODIS 数据 $M(x_i, y_i, t_p)$，因此有

$$L(x_i, y_i, t_p) = M(x_i, y_i, t_p) + \varepsilon_p \tag{6.53}$$

在 t_k 到 t_p 期间，假设短时间内系统误差不变，即 $\varepsilon_k = \varepsilon_p$，则有

$$L(x_i, y_i, t_p) = M(x_i, y_i, t_p) + L(x_i, y_i, t_k) - M(x_i, y_i, t_k) \tag{6.54}$$

这是理想情况，现实情况下大多 MODIS 像素都是异质像素，单独的点不能提供充足的有用信息。考虑算法引入邻域像素的信息，可以通过邻域和当前像素点光谱相似的点来计算当前点的值。为了简化，下面把邻域称为搜索窗口，落在搜索窗口中的像素称为候选点，最终选择出来的光谱相似点称为加权点。为了从搜索窗口中引入额外的信息，假设搜索窗口和搜索窗口中心点在光谱上相似的候选点能提供有用的信息。与预测日期采集的 MODIS 数据相比，差异小的数据能够提供更多的有用信息。若同质像素能够提供和对应系列高分辨率像素相同的变化信息，则保证能够从搜索窗口中获取正确且有用的信息。

找到加权点之后，可以通过加权的方法计算中心点的值，即

$$L(x_{w/2}, y_{w/2}, t_p) = \sum_{i=1}^{N} \sum_{k=1}^{n} W_{ik}(M(x_i, y_i, t_p) + L(x_i, y_i, t_k) - M(x_i, y_i, t_k)) \tag{6.55}$$

其中，w 为搜索窗口的大小；$(x_{w/2}, y_{w/2})$ 为搜索窗口的中心点；N 为搜索窗口中和中心点光谱相似的像素点(加权点)的总数；权值 W_{ik} 决定临近像素对中心像素的贡献大小，权值的设定非常重要，并且由以下 3 点决定。

① t_k 时刻给定位置的 TM/ETM+/OLI 图片中的像素 L_i 和 MODIS 图片对应位置像素 M_i 之间的光谱差，即

$$S_{ik} = \left| L(x_i, y_i, t_k) - M(x_i, y_i, t_k) \right| \tag{6.56}$$

这是差值的一个近似估计，真实估计因为数据的投影误差、地理位置误差，以及 MODIS 数据的重采样误差等因素很难计算。一个较小的 S_{ik} 表示 t_k 时刻像素 L_i 和 M_i 之间的差别较小，相似性较高。在系统误差不变的情况下，t_p 时刻的像素 L_i 和 M_i 之间的光谱差别也应该较小。在理想情况 (S_{ik}=0) 下，对于同质像素，可以认为 $L(x_i, y_i, t_p) = M(x_i, y_i, t_p)$，因为经过重采样后，$M(x_i, y_i, t_k)$ 代表邻近区域像素的平均值。在同质像素中，$L(x_i, y_i, t_k)=M(x_i, y_i, t_k)$ 的情况下，可以认为 $L(x_i, y_i, t_p) = M(x_i, y_i, t_p)$ 成立。在异质像素中，由于土地类型不同，不同的像素点随时间变化的程度也不相同，因此不能简单地认为 $L(x_i, y_i, t_p)=M(x_i, y_i, t_p)$。在这种情况下，应该对每种土地类型分开计算，一种较为简单的方法是计算不同时刻 MODIS 数据之间的差异，较小差异表示更好的预测。

② MODIS 数据之间的差别为

$$T_{ik} = \left| M(x_i, y_i, t_k) - M(x_i, y_i, t_p) \right| \tag{6.57}$$

其中，T_{ik} 为已知 t_k 时刻像素 M_i 和预测时刻 t_p 像素 M_i 之间的差。

T_{ik} 越小，意味着 MODIS 数据 M_i 在从 t_k 到 t_p 时间段的变化越小，所以该像素应该有较大的权值。在 $T_{ik} = 0$ 的情况下，即 M_i 在 t_k 到 t_p 时间段没有变化，所以 TM/ETM+/OLI 图片中对应位置的像素 L_i 也应该没有变化。

③ 考虑陆地表面类型具有一定的连续性，因此距离因素也应该被考虑。对于 TM/ETM+/OLI 图片，搜索窗口中的像素 L_i 和窗口中心的像素 $L_{w/2}$ 之间的物理距离，即

$$d_{ik} = \sqrt{(x_{w/2} - x_i)^2 + (y_{w/2} - y_i)^2} \tag{6.58}$$

其中，d_{ik} 为邻近像素和中心点 $(x_{w/2}, y_{w/2})$ 的距离，较小的 d_{ik} 说明像素 L_i 和 $L_{w/2}$ 有更大的可能属于同一种土地类型，应该给予较大的权值。

2. 寻找候选点

求解式(6.58)的关键是寻找与中心像素 $(x_{w/2}, y_{w/2})$ 相似的像素。这是一个分类的问题，可以按照传统的分类方法将 t_k 时刻的 Landsat 数据分类，通过对比选择和 $(x_{w/2}, y_{w/2})$ 相似的像素进行计算。不同的分类方法对算法的预测精度有不同的影

响，算法在数据融合的过程中还应该保留陆地表面的特征信息，单纯的分类方法没有考虑这个因素。

近年来，非局部平均[43]的方法在图像处理领域受到广泛的关注。非局部平均的方法主要利用图像自身的冗余信息和邻域信息的相似性。非局部平均方法认为当前像素的估计值可以通过图像中和它具有相似邻域结构的像素加权得到。通过寻找邻域具有相似结构的像素可以减少噪声的影响，因此算法中引入非局部平均的思想，分类的依据不再是像素的差，而是邻域结构的相似性。

RMSE 衡量两个向量之间的相似性。我们可以利用 RMSE 在搜索窗口内的候选点寻找和搜索窗口中心像素在光谱上相似的点，将中心像素周围的像素(3×3 的像素块)组合在一起形成向量 a ，候选点周围的像素组合在一起形成向量 b ，然后计算 a 和 b 之间的 RMSE。RMSE 的计算方式为

$$\text{RMSE} = \sqrt{\frac{\sum_{k=1}^{w \times w}(a_k - b_k)^2}{n}} \tag{6.59}$$

其中，a_k 为向量 a 中的一个元素；b_k 为向量 b 中的一个元素；w 为搜索窗口的大小。

这样，大小为 w 的搜索窗口有 $w \times w$ 个候选点，即 $w \times w$ 个 RMSE 的值。RMSE 的值越小，说明该候选点和搜索窗口中心点的像素越相似。因此，可以在搜索窗口按 RMSE 从小到大选取一定数量的候选点作为加权点。虽然上述分类方法和传统的非监督分类方法相似，但传统的非监督分类算法是在一整幅图中对所有的像素使用同一个规则来分类，最终形成一个针对所有像素的分类图，改进的分类方法对每一个中心像素都会形成一个自主的搜索窗口。在搜索窗口中进行分类，每一个像素的分类参数都不相同，都会生成一个分类图。

图 6.17 所示为在搜索窗口中寻找加权点的过程。每一个小方块代表一个像素，不同方块的不同灰度值代表不同的像素值。中心像素 p 所在的列为两种土地类型的交界，左边白色方块和右边灰色方块中夹杂的方块表示传感器采集数据的不确定性。候选点 q 周围像素块和中心像素 p 周围像素块之间的 RMSE 值小于候选点 r 周围像素块和中心像素 p 周围像素块之间的 RMSE，因此候选点 q 比候选点 r 和中心像素 p 更相似。对于像素 s，如果按像元混合算法，仅按照像素之间的差值来分类，则与 p 归为一类，但改进算法不会与 p 归为一类，因此可以在一定程度上减少噪声的干扰。

搜索窗口的大小会影响候选点的数目，进而影响加权点的选择。较大的搜索窗口有利于寻找和中心像素更相似的加权点，但会增加计算量。由于实验数据对应很多波段，考虑传感器采集数据的不确定性，还可以在计算 RMSE 的时候加入波段信息。在只考虑一个波段的情况下，参与计算 RMSE 的是两个大小为 3×3 的

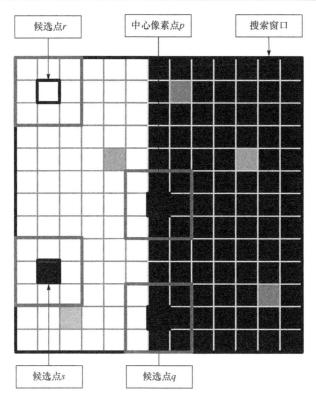

图 6.17 在搜索窗口中寻找加权点

像素块，可以在较好地保留图像特征信息的同时减少传感器采集数据不确定性对融合结果的影响。其对不同的波段具有不同的分类结果，在某一波段属于同一类土地类型的两个像素在其他波段可能分别属于不同的土地类型。考虑多(n 个)波段情况下的分类，参与计算 RMSE 的是两个大小为 $n×3×3$ 的像素块，这样可以以更强的约束条件分类。如果两个像素在某个波段属于同一类土地类型，则在其他波段也属于相同的土地类型。与只考虑单个波段的分类相比，多个波段的分类可能会减少最终筛选出来的加权点的个数，即某一候选点在只考虑一个波段分类时与中心点属于同一类，但在多个波段分类时，与中心点属于不同的土地类型。考虑多个波段可以进一步减少传感器采集数据不确定性对融合结果的影响，但也会增加算法运行的时间，减少筛选出来的加权点的个数。分类在较容易找到加权点的区域可以很好地减少传感器采集数据的不确定性，但在较难找到加权点的区域，筛选条件更加严格导致加权点数目较少，容易使算法由获取信息不足导致融合结果出现错误。

3. 确定加权系数

在式(6.55)中，我们通过加权系数决定搜索窗口中加权点对当前点的贡献，之后分析影响权值大小的三个要素。首先，把距离因素 d_{ik} 做一个变换，使其变成相对距离，即

$$D_{ik} = 1.0 + d_{ik}/A \tag{6.60}$$

其中，A 为距离因素对于光谱因素和时间因素的相对重要程度；$D_{ik} \in [1, 1 + (1/\sqrt{2})(w/A)]$。

加权系数可以表示为

$$C_{ik} = S_{ik}T_{ik}D_{ik} \tag{6.61}$$

将系数归一化，可得

$$W_{ik} = \frac{(1/C_{ik})}{\sum_{i=1}^{N}\sum_{k=1}^{n}(1/C_{ik})} \tag{6.62}$$

如果 MODIS 像素 M_i 在 t_k 到 t_p 这一时间段内没有发生变化，即 $M(x_i, y_i, t_k) = M(x_i, y_i, t_p)$，则 $T_{ik} = 0$、$C_{ik} = 0$，W_{ik} 取最大值，可得

$$L(x_{w/2}, y_{w/2}, t_p) = L(x_i, y_i, t_k) \tag{6.63}$$

如果 t_k 时刻的 L_i 和 M_i 相同，即 $L(x_i, y_i, t_k) = M(x_i, y_i, t_k)$，则 $S_{ik} = 0$、$C_{ik} = 0$，W_{ik} 取最大值，可得

$$L(x_{w/2}, y_{w/2}, t_p) = M(x_i, y_i, t_p) \tag{6.64}$$

4. 筛选加权点

通过在搜索窗口中计算 RMSE 可以确定加权点，还需要进一步选择能提供更有用信息的候选点。首先，在获取数据的时候，质量较差的 Landsat 数据和 MODIS 数据不会被采用。其次，在搜索窗口中选择加权后，还需要对加权点做进一步筛选，筛选出的加权点可以提供的信息至少应该比中心点提供的信息更多，应该满足下式，即

$$S_{ik} < \max(|L(x_{w/2}, y_{w/2}, t_k) - M(x_{w/2}, y_{w/2}, t_k)|) \tag{6.65}$$

和

$$T_{ik} < \max(|M(x_{w/2}, y_{w/2}, t_k) - M(x_{w/2}, y_{w/2}, t_p)|) \tag{6.66}$$

考虑 Landsat 和 MODIS 数据处理过程中的误差和不确定性，标准差可以反映组内个体间的离散程度，通过统计 Landsat 数据和 MODIS 数据，可以得到标准差 σ_l 和 σ_m。因为 Landsat 和 MODIS 数据是相互独立的，所以它们之间的标准差为

$$\sigma_{lm} = \sqrt{\sigma_l^2 + \sigma_m^2} \tag{6.67}$$

MODIS 数据之间的标准差为

$$\sigma_{mm} = \sqrt{\sigma_m{}^2 + \sigma_m{}^2} = \sqrt{2}\sigma_m \tag{6.68}$$

因此，式(6.65)和式(6.66)可以表示为

$$S_{ik} < \max(|L(x_{w/2}, y_{w/2}, t_k) - M(x_{w/2}, y_{w/2}, t_k)|) + \sigma_{lm} \tag{6.69}$$

和

$$S_{ik} < \max(|M(x_{w/2}, y_{w/2}, t_k) - M(x_{w/2}, y_{w/2}, t_p)|) + \sigma_{mm} \tag{6.70}$$

满足式(6.69)和式(6.70)的候选点 L_i 和 M_i 才能真正代入式(6.61)计算。

当前的中心像素点计算完毕，搜索窗口再移动到下一个像素，并以此像素为中心形成新的搜索窗口，在新的窗口中寻找合格的加权点，如此循环下去直到所有的像素都预测完毕。

如图 6.18 所示，(1)对应于通过计算 RMSE 初步确定加权点的过程，(2)根据式(6.69)和式(6.70)筛选加权点，(3)根据式(6.56)~式(6.58)计算加权系数，(4)通过将加权系数代入加权函数获得中心点的值。图中的实例使用一对图片(已知时刻 Landsat 图片和 MODIS 图片)进行预测，在实际预测中往往使用两对图片。较低空间分辨率的图片首先被重投影和重采样，以便拥有和较高空间分辨率图片相同的投影方式、像素大小和坐标系统。(1)~(3)可用在较高空间分辨率图片的加权点筛选。然后，同时使用较高空间分辨率图片和较低空间分辨率图片确定加权系数，并计算预测值。最终的预测值更接近左上角部分像素，因为左上角的加权点是按照 RMSE 从小到大选择的，左上角加权点纳入加权与否取决于算法选择加权点的数目。设定较小的加权点数目可以使选择的加权点和中心像素的相似度更高一些，

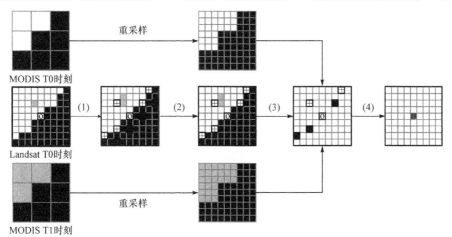

图 6.18　算法简略图

但也有可能造成采集信息不足，导致预测误差。设定较大的加权点数目也可能导致选择加权点不准确而引入误差。虽然为了便于描述只使用一对图片进行图像融合，但算法在输入两对图片的情况下效果更好。

6.4　多光谱与高光谱融合

随着制作工艺的提升，卫星光学传感器的光谱分辨率近年来稳步提高，采集的光谱波段数也越来越多，遥感图像逐渐从多光谱图像发展为高光谱图像。与多光谱图像相比，具有更多波段数的高光谱图像可以提供更加丰富的细节特征，满足对数据具有更高要求的应用需要。传感器往往需要同时考虑信噪比，因此难以同时具有较高的空间分辨率和光谱分辨率。在大多数情况下，高光谱图像的空间分辨率低于多光谱图像的空间分辨率。解决高光谱图像低空间分辨率问题的一种方法就是图像融合，通过融合多光谱图像和高光谱图像可以提高高光谱图像的空间分辨率。

融合多光谱图像和高光谱图像的目的是估计目前不能实际观测到的图像。这其实是一个逆问题。目前已经有很多针对多光谱图像和高光谱图像融合的算法，大致有基于传统的全色波段融合方法并加以改进的、基于贝叶斯模型的和基于矩阵分解的。不同于在图像域利用最大后验估计进行融合的方法[44]，文献[45]提出一种在小波域利用最大后验估计进行融合的方法。文献[46]提出一种基于稀疏表征的图像融合方法。此外，还有基于矩阵非负因子分解的图像融合方法[47,48]、基于低秩矩阵分解的融合方法[49]。

下面讨论的所有算法都有一个隐形的前提：多光谱图像和高光谱图像是在相同的条件下获得的，即大气状况和地理坐标校准状况是相同的。

6.4.1　基于小波的方法

文献[45]利用多光谱图像中的信息来丰富高光谱图像中的信息，用 X 表示具有 Q 个光谱波段的多光谱图像，用 Y 表示具有 P 个光谱波段的高光谱图像，用 Z 表示融合后的具有 P 个光谱波段的图像，其中 $Q<P$。与高光谱图像相比，多光谱图像具有较高的空间分辨率、较低的光谱分辨率，而融合后的结果图像同时具有多光谱图像的空间分辨率和高光谱图像的光谱分辨率。为了在空间尺度上进行统一，在讨论模型之前需要对图像进行重采样，重采样之后多光谱图像（X）和高光谱图像（Y）具有相同的空间分辨率，都由 N 个像素组成，重采样过程只需要在空间尺度上进行。以图像 Z 为例，将 Z 中空间位置相同的每一个像素表示为 $Z(x,y)=Z_n$，$n=1,2,\cdots,N$，这样有 $Z_n=[Z_n^1 Z_n^2 \cdots Z_n^P]^T$，$Z=[Z_1^T Z_2^T \cdots Z_N^T]^T$。同样，

图像 X 和 Y 也有类似的表示形式。

文献[45]假设多光谱图像和高光谱图像满足联合正态分布,利用对多光谱图像和高光谱图像分辨率差异的先验知识来估计参数,对高光谱图像进行插值作为先验来避免逆问题的求解,将在图像域进行的估计改进为在小波域进行估计,从而进行多尺度多层次的融合。

在文献[44]的图像域,图像 Y 和 Z 的关系为

$$Y = WZ + N \tag{6.71}$$

其中,W 为与波长有关的 PSF,主要作用是给图像 Z 加上模糊;N 是均值为 0,协方差矩阵为 C_N 的加性高斯噪声。

假设 X 和 Z 相互独立且满足联合正态分布,在贝叶斯框架下,图像 Z 的估计可以表示为

$$\hat{Z} = \arg\max_{Z} P(Z \mid X, Y) = \arg\max_{Z} P(Y \mid Z) P(Z \mid X) \tag{6.72}$$

由于小波变换是一个线性的变换,因此在小波域,上述模型依然成立。图像 Y 进行非抽取小波分解之后,四个方向上的小波系数矩阵可以看作是图像 Y 在不同尺度下的表示,因此可以满足不同小波分解层次和方向,即

$$z = \arg\max_{Z} p(z \mid x, y) = \arg\max_{Z} p(y \mid z) p(z \mid x) \tag{6.73}$$

$$y = wz + u \tag{6.74}$$

其中,w 为从图像域中的 W 得来的,$w = UWU^{\mathrm{T}}$,U 是小波变换中使用的酉矩阵,对于非抽取的小波变换,有 $w = W$。

由于采用的是正交小波变换,因此噪声在所有的小波域图像中的都具有和图像域中图像相同的协方差矩阵。由于小波变换分离了空间上相关的像素,因此有

$$p(y \mid z) = \frac{1}{\sqrt[2]{(2\pi)^{NP} \mid C_n \mid}} \exp\left[-\frac{1}{2}(y - wz)^{\mathrm{T}} C_n^{-1}(y - wz)\right] \tag{6.75}$$

$$p(z \mid x) = \frac{1}{\sqrt[2]{(2\pi)^{NP} \mid C_{z\mid x} \mid}} \exp\left[-\frac{1}{2}(y - \mu_{z\mid x})^{\mathrm{T}} C_{z\mid x}^{-1}(y - \mu_{z\mid x})\right] \tag{6.76}$$

其中,$\mu_{z\mid x}$ 和 $C_{z\mid x}$ 为在 x 情况下 z 的条件期望和条件均值,即

$$\mu_{z\mid x} = E(z) + C_{z,x} C_{x,x}^{-1}(x - E(x)) \tag{6.77}$$

$$C_{z\mid x} = C_{z,z} - C_{z,x} C_{x,x}^{-1} C_{z,x}^{\mathrm{T}} \tag{6.78}$$

其中,$E(\cdot)$ 为期望;$C_{u,v}$ 为协方差矩阵,即

$$C_{u,v} = E(v - E(v))(v - E(v)^{\mathrm{T}}), \quad u = z, x; \ v = z, x \tag{6.79}$$

将式(6.76)和式(6.77)代入式(6.73)可以得到下式，即

$$\hat{z} = \mu_{z|x} + C_{z|x} w^{\mathrm{T}} (w C_{z|x} w^{\mathrm{T}} + C_n)^{-1} (y - w\mu_{z|x}) \tag{6.80}$$

在不考虑噪声的情况下，上述模型退化为一个纯粹的图像融合问题，即

$$\hat{z} = \arg\max_z p(z\,|\,x) \tag{6.81}$$

在不考虑空间分辨率差异的情况下，模型退化为一个纯粹的除噪声问题，即

$$\hat{z} = \mu_{z|x} + C_{z|x} (C_{z|x} + C_n)^{-1} (y - \mu_{z|x}) \tag{6.82}$$

由于小波变换分解了空间上像素之间的关联，因此模型可以逐个像素进行求解，式(6.76)可以重写为

$$p(z\,|\,x) = \prod_{n=1}^{N} \frac{1}{\sqrt{(2\pi)^p\,|\,C_{z_n|x_n}\,|}} \exp\left(-\sum_{n=1}^{N} \frac{1}{2} (z_n - \mu_{z_n|x_n})^{\mathrm{T}} C_{z_n|x_n}^{-1} (z_n - \mu_{z_n|x_n}) \right) \tag{6.83}$$

其中，$\mu_{z_n|x_n}$ 和 $C_{z_n|x_n}$ 为 x_n 情况下的 z_n 的条件期望和条件均值，且有

$$\mu_{z_n|x_n} = E(z_n) + C_{z_n,x_n} C_{x_n,x_n}^{-1} (x_n - E(x_n)) \tag{6.84}$$

$$C_{z_n|x_n} = C_{z_n,z_n} - C_{z_n,x_n} C_{x_n,x_n}^{-1} C_{z_n,x_n}^{\mathrm{T}} \tag{6.85}$$

在实现的过程中，考虑计算效率问题，可以全局计算 E 和 $C_{u,v}$，实际上有 $E(z_n)$ 和 $E(x_n)$ 都为 0，$C_{u_n,v_n} = E(u_m v_m^{\mathrm{T}}) = 1/N \sum_{m=1}^{N} u_m v_m^{\mathrm{T}}$。

求解式(6.80)中的 w，也就是 W 的值。这实际是一个逆问题，通过将 y 进行平滑操作代替 z，可以避免对 z 进行的模糊操作，最终得到下式，即

$$\hat{z} = \mu_{z_n|x_n} + C_{y_n|\tilde{x}_n} (C_{y_n|\tilde{x}_n} + C_n)^{-1} (y_n - \tilde{\mu}_{z_n|x_n}) \tag{6.86}$$

其中

$$\tilde{\mu}_{z_n|x_n} = C_{y_n,\tilde{x}_n} C_{\tilde{x}_n,\tilde{x}_n}^{-1} \tilde{x}_n \tag{6.87}$$

$$C_{y_n|\tilde{x}_n} = C_{y_n,y_n} - C_{y_n,\tilde{x}_n} C_{\tilde{x}_n,\tilde{x}_n}^{-1} C_{y_n,\tilde{x}_n}^{\mathrm{T}} \tag{6.88}$$

其中，$\tilde{x}$ 为图像 X 进行光滑操作后进行小波变换的图像。

6.4.2　基于稀疏表征的方法

文献[46]基于稀疏表征的多光谱图像和高光谱图像融合的方法，利用已有图像构建字典。与上面讨论的算法模型的假设相同，用 X 表示一幅具有 Q_λ 个光谱波段，Q 个像素的多光谱图像；用 Y 表示一幅具有 P_λ 个光谱波段，P 个像素的高光谱图像；用 Z 表示一幅融合后的具有 P_λ 个光谱波段，Q 个像素的图像，其中 $Q_\lambda < P_\lambda, P < Q$。未知图像 $Z = [z_1 z_2 \cdots z_p]$，由于图像波段之间在光谱上是相关的，

因此可以决定 z_i 子空间的维度实际上远小于 P_λ，用 u_i 表示 z_i 在此子空间中的投影，有 $z_i = Hu_i$，这里的 H 是一个正交矩阵，可以得到下式，即

$$Y = HUBS + N_H \tag{6.89}$$

$$X = RHU + N_M \tag{6.90}$$

其中，N_H 和 N_M 为高光谱图像和多光谱图像的高斯加性噪声；H 可以通过主成分分析变换得到；S 为下采样矩阵；R 为遥感传感器的光谱响应；B 为应用在波段上的循环卷积算子，是一个 Toeplitz 矩阵；U 可以通过下面的约束方程得到，即

$$\min_U \frac{1}{2}\left\|\Lambda_H^{-\frac{1}{2}}(Y - HUBS)\right\|_F^2 + \frac{1}{2}\left\|\Lambda_M^{-\frac{1}{2}}(X - RHU)\right\|_F^2 + \lambda\phi(U) \tag{6.91}$$

其中，$\lambda\phi(U)$ 为正比于 $\ln p(U)$ 的正则项；$\phi(U)$ 为

$$\phi(U) = \frac{1}{2}\sum_{i=1}^{\tilde{P}}\left\|U_i - P(\bar{D}_i\bar{A}_i)\right\|_F^2 \tag{6.92}$$

其中，U_i 为 U 的第 i 行；$P(\bar{D}_i\bar{A}_i)$ 是一个线性算子，对各个波段图像重叠部分做平均；$\bar{D}_i$ 为过完备字典；$\bar{A}_i$ 为相应波段的编码。

文献[46]中学习字典的方法利用文献[44]中的思想，即

$$\{\bar{D}_i, \bar{A}_i\} = \arg\min_{D_i, A_i} \frac{1}{2}\left(\left\|P^*(\tilde{U}_i) - D_iA_i\right\|_F^2 + \mu\left\|A_i\right\|_1\right) \tag{6.93}$$

$$\bar{A}_i = \arg\min_{A_i} \frac{1}{2}\left\|P^*(\tilde{U}_i) - \bar{D}_iA_i\right\|_F^2 \tag{6.94}$$
$$\text{s.t. } \left\|A_i\right\|_0 \leqslant K$$

最终的目标函数为

$$\min_{U,A} L(U, A) \overset{\text{def}}{=} \frac{1}{2}\left\|\Lambda_H^{-\frac{1}{2}}(Y - HUBS)\right\|_F^2$$
$$+ \frac{1}{2}\left\|\Lambda_M^{-\frac{1}{2}}(X - RHU)\right\|_F^2 + \frac{\lambda}{2}\left\|U - \bar{U}\right\|_F^2 \tag{6.95}$$
$$\text{s.t. } \{A_i, \backslash\bar{\Omega}_i = 0\}_{i=1}^{\tilde{P}}$$

求解上述目标函数可得 U，代入式(6.89)和式(6.90)即可得融合结果。

6.4.3　基于非负矩阵因子化的方法

文献[47]通过非负矩阵因子分解，将多光谱和高光谱数据分解为两个非负的矩阵，然后从分解得到的多个矩阵利用线性光谱混合模型演绎出新的矩阵，最后合成目标图像。

与前面的假设一样，多光谱图像 X 可以看作目标图像 Z 光谱域上的退化，高光谱图像 Y 可以看作目标图像 Z 空间域上的退化。因此，有

$$X = RZ + E_r \tag{6.96}$$

$$Y = ZS + E_s \tag{6.97}$$

其中，R 为传感器的光谱响应，作用是使 Z 的光谱分辨率降低；S 起到空间变换的作用，使 Z 的空间分辨率降低；E_r 和 E_s 为余项。

实际上，R 和 S 往往是已知的。对目标图像 Z 进行非负矩阵分解，可以得到下式，即

$$Z = WH + N \tag{6.98}$$

其中，W 和 H 为分解得到的矩阵；N 为余项。

将式(6.98)代入式(6.96)和式(6.97)可以得到下式，即

$$X \approx W_m H \tag{6.99}$$

$$Y \approx WH_h \tag{6.100}$$

其中

$$H_n \approx HS \tag{6.101}$$

$$W_m \approx RW \tag{6.102}$$

通过分解 X 和 Y 得到 W 和 H 后就可以合成目标图像 Z。

在分解和融合阶段，对于高光谱图像 Y，利用顶点成分分析[50]得到 W，H_h 初始化为端元数的倒数，这样的 H_h 满足每一列元素的和都为 1，然后在 W 固定的情况下利用下式更新，即

$$H_h \leftarrow H_h .* (W^\mathrm{T} Y)./(W^\mathrm{T} WH_h) \tag{6.103}$$

其中，$.*$ 和 $./$ 为矩阵元素之间的乘法和除法。

得到 H_h 后，利用下式更新，即

$$W = W .* (YH_h^\mathrm{T})./(WH_h H_h^\mathrm{T}) \tag{6.104}$$

在子循环中轮流使用式(6.103)和式(6.104)更新 H_h 和 W，直到满足设定的停止条件，这样就得到 W。由式(6.102)可以得到 W_m，即

$$H \leftarrow H .* (W_m^\mathrm{T} X)./(W_m^\mathrm{T} W_m H) \tag{6.105}$$

其中，H 的初始化和 H_h 相同。

得到 H 后，通过下式更新，即

$$W_m = W_m .* (XH^\mathrm{T})./(WHH^\mathrm{T}) \tag{6.106}$$

轮流使用式(6.105)和式(6.106)来迭代更新 W_m 和 H，直到达到停止条件。在得

到 H 后，根据式(6.101)可以得到下一轮大循环的初始 H_h，直到算法的停止条件。最后得到 W 和 H，根据式(6.98)合成出目标图像 Z。

文献[48]提出一种基于贝叶斯算法的双矩阵因子分解算法。与前面的假设一样，多光谱图像和高光谱图像分别是目标图像的一种表示，在空间或者光谱上有信息的损失，即

$$Y = ZG + N_Y, \quad X = FZ + N_X \tag{6.107}$$

其中，F 为光谱响应矩阵，经过 F 变换之后，Z 的光谱分辨率降低；G 为点分布函数，经过 G 变换，Z 的空间分辨率降低，G 起到模糊和下采样的作用；N_Y 和 N_X 为加性扰动。

多光谱和高光谱图像的融合实际是求解点分布函数，光谱响应矩阵一般可以通过传感器得知。

在贝叶斯框架下，X、Y 和 Z 被看作随机变量，定义 $L(\hat{Z}, Z)$ 为损失函数，则图像融合的目标就是损失函数最小化，使估计出的结果 $\hat{Z}$ 和目标图像 Z 之间差距最小，即

$$\arg\max_{\hat{Z}} \int_Z \left\| \hat{Z} - Z \right\|_F^2, \quad \hat{Z} = E(Z \mid X, Y) \tag{6.108}$$

其中，E 为期望，可以发现求解目标图像需要知道函数 $f(Z, X, Y)$ 的值。

为了求解函数的值，可以利用矩阵因子分解[48]，将 Z 分解为 D 和 T，且有

$$Z = DT + N \tag{6.109}$$

由于 D 和 T 依然是维度很高的矩阵，因此继续分解 D 为 HU，令 $T = W+V$，则有

$$Z = HUT + R = HU(W + V) + R \tag{6.110}$$

其中，H 可以通过 SVD[51]或者顶点成分分析[50]分解得到。

文献[48]通过对高光谱图像进行上采样避免对 G 求解，用 $\tilde{Y}$ 表示上采样之后的 Y，因此有

$$\tilde{Y} = HUW + \tilde{N}_Y, \quad X = FHUT + \tilde{N}_X \tag{6.111}$$

其中，$\tilde{N}_Y = N_Y + FR$。

由于余项 $\tilde{N}_X$ 和 $\tilde{N}_Y$ 可以在分解过程中避免，因此忽略余项，则有

$$\tilde{Y} \mid U, W \sim \prod_{j=1}^{MN} N(\tilde{Y}_{.j} \mid HUW_{.j}, \alpha_y^{-1} I_L) \tag{6.112}$$

$$\tilde{X} \mid U, T \sim \prod_{j=1}^{MN} N(X_{.j} \mid FHUW_{.j}, \alpha_x^{-1} I_l) \tag{6.113}$$

求解式(6.108)等价于求解 $f(\Omega, \psi \mid X, \tilde{Y})$，且有

$$f(\Omega,\psi \mid X,\tilde{Y})= \frac{f(X,\tilde{Y},\Omega,\psi)}{\displaystyle\int_{\Omega,\psi} f(X,\tilde{Y},\Omega,\psi)\mathrm{d}\Omega\mathrm{d}\psi} \tag{6.114}$$

为了充分利用已知信息，可以通过引入一些超参数来丰富模型[48]，最终函数 $f(X,\tilde{Y},\Omega,\psi)$ 可以表示为

$$\begin{aligned}
f(X,\tilde{Y},\Omega,\psi) &= f(X \mid U,T)f(\tilde{Y} \mid U,W) \\
&\times \prod_{\Theta\in\Omega} f(\Theta \mid \psi)\prod_{\alpha\in\psi} f(\alpha)
\end{aligned} \tag{6.115}$$

其中，$\Omega = \{U,V,W\}$；$\psi = \{\alpha_x,\alpha_y,\alpha_u,\alpha_v,\alpha_w\}$，$\alpha_x,\alpha_y,\alpha_u,\alpha_v,\alpha_w$ 为超参数。

在实际过程中，上述模型效果并不好，可以通过期望最大法估计，即

$$\hat{f}(\Omega,\psi \mid X,\tilde{Y}) = \prod_{\Theta\in\Omega} q(\Theta)\prod_{\psi\in\Psi} q(\psi) \tag{6.116}$$

且有

$$\ln q(\phi) = E(\ln f(X,\tilde{Y},\Omega,\Psi \mid \phi,X,\tilde{Y})) + \mathrm{const} \tag{6.117}$$

因此，有

$$\begin{aligned}
\ln q(U) \propto &-\frac{1}{2}E(\alpha_x\left\|X - FHUT\right\|_F^2 \\
&+ \alpha_y\left\|\tilde{Y} - HUW\right\|_F^2 + \alpha_u\left\|U\right\|_F^2 \mid X,\tilde{Y},U,\Psi)
\end{aligned} \tag{6.118}$$

其中，U 和 W 用于迭代求解。

按照迭代规则[48]，求出 U、V 和 W 的值，可以得到目标图像。

6.4.4　基于低秩矩阵的方法

文献[52]提出一种基于低秩矩阵分解的方法，其目标函数为低秩矩阵分解[49]的一个变种，即

$$\begin{aligned}
&\min_{Z,S}\left\|Z\right\|_* + \alpha\left\|S\right\|_{1,2} \\
&\text{s.t. } \tilde{Y} = Z + S
\end{aligned} \tag{6.119}$$

其中，$\tilde{Y}$ 为 Y 经过上采样之后的图像。

根据流形学习方法[53]，文献[52]假设高光谱图像和目标图像具有相同的空间位置信息，因此有组光谱嵌入的正则项，即

$$\left\|Z - ZW\right\|_2^2 \tag{6.120}$$

其中，W 可以通过高光谱图像计算获得。

由于多光谱图像可以看作目标图像在光谱域退化的表示，因此有

$$X = ZD + N \tag{6.121}$$

其中，D 为光谱响应转换矩阵；N 为高斯加性噪声。

结合式(6.119)~式(6.122)，可以得到最终的目标方程，即

$$\min_{Z,S} \|Z\|_* + \alpha \|S\|_{1,2} + \beta \|ZR\|_2^2 + \lambda \|X - ZD\|_2^2 \tag{6.122}$$

$$\text{s.t. } \tilde{Y} = Z + S, \ R = I - W$$

其中，I 为单位矩阵；β 起到均衡光谱嵌入项和 R 的作用；λ 为权重。

通过求解最终的目标方程可以得到目标图像。此外，文献[52]还给出了后续的优化过程，使目标方程更加容易求解。

6.5 融合结果的比较以及评价标准

融合结果的比较主要包括分辨率视觉效果和图像光谱质量两个方面。本书的实验也采用相同的指标。融合前把多光谱图像和高分辨率的全色图像都降低相同级别的分辨率，融合后与没有降低分辨率的多光谱图像比较，这也是一般比较通用的方法。这是一种检验仿真性质的方法[54,55]，任何仿真图像应该尽可能地与高分辨率的观测图像近似。如果这种高分辨率图像确实存在，另一种需要检验的特性称为一致性特性。

一致性是一种必要条件，满足它并不代表正确的融合结果。很多被检验的方法都在注入高频细节的时候采用多尺度的算法。采用多尺度方法的融合一般也检验上面提到的一致性特征[56,57]。一般来说，仍然认为仿真特性的检验更加显著。图像融合的质量评估一直是个充满争议的问题[58,59]。当高分辨率的多光谱参考图像存在的时候，一般仍然要计算各种不同的评估量，如 CC、平均偏差、平方根误差等。本书采用几个常用的标准评价融合的结果，即光谱角度映像(spectral angle mapping,SAM)、Q4、ERGAS，即

$$\text{SAM} = \sum_{i=1,j=1}^{i=m,j=n} \frac{\langle M^{i,j}, F^{i,j} \rangle}{\|M^{i,j}\|_2 \cdot \|F^{i,j}\|_2 \cdot m \cdot n} \tag{6.123}$$

$$\text{CC} = \frac{\sum_{i=1,j=1}^{i=m,j=n}(M_k^{i,j} - \bar{M}_k)(F_k^{i,j} - \bar{F}_k)}{\sqrt{\sum_{i=1,j=1}^{i=m,j=n}(M_k^{i,j} - \bar{M}_k)^2 \sum_{i=1,j=1}^{i=m,j=n}(F_k^{i,j} - \bar{F}_k)^2}} \tag{6.124}$$

$$\text{RMSE} = \sqrt{\frac{1}{N}\sum_{k=1}^{N}(M_k - F_k)^2} \tag{6.125}$$

$$\text{ERGAS} = 100\frac{h}{l}\sqrt{\frac{1}{N}\sum_{k=1}^{N}\frac{\text{RMSE}(M_k)^2}{\bar{M}_k}} \tag{6.126}$$

$$Q4 = \frac{4|\sigma_{FM}|\cdot|\bar{M}|\cdot|\bar{K}|}{(\sigma_F^2 + \sigma_M^2)(|\bar{M}|^2 + |\bar{K}|^2)} \tag{6.127}$$

其中，$M_k^{i,j}$ 为在特定点 (i,j) 原始高分辨率图像第 k 个波段的像素值；$\bar{M}_k$ 为原始高分辨率图像第 k 个波段的所有像素的平均值；$F_k^{i,j}$ 为特定点 (i,j) 融合的高分辨率图像第 k 个波段的像素值；$\bar{F}_k$ 为融合的高分辨率图像第 k 个波段的所有像素的平均值；h 为全色图像的分辨率；l 为多光谱图像的分辨率；N 为波段数；σ_{FM} 为向量图像 F 和 M 的协方差；σ_F 为图像 F 的协方差；σ_M 为图像 M 的协方差。

参 考 文 献

[1] Burt P J, Kolczynski R J. Enhanced image capture through fusion// International Conference on Computer Vision, 1993: 173-182.

[2] Toet A, Ljspeen J K, Walraven J, et al. Fusion of vision and thermal imagery improves situation// Proceedings of SPIE, 1997: 177-188.

[3] Allen M W, David A F, Alan N G, et al. Color night vision: fusion of intensified visible and thermal IR imagery// Proceedings of SPIE, 1995: 58-68.

[4] Fay D A, Waxman A M, Verly J G, et al. Fusion of visible, infrared and 3D LADAR imagery// International Conference on Information Fusion, 2001: 272-289.

[5] Philip P. Part task investigation of multispectral image fusion using gray scale and synthetic color night-vision sensor imagery for helicopter pilotage// Proceedings of SPIE, 1997: 88-100.

[6] Aguilar M, Fay D A, Waxman A M. Real-time fusion of low-light CCD and uncooled IR imagery for color night vision// Proceedings of SPIE, 1998: 124-135.

[7] Aiazzi B, Alparone L, Barducci A, et al. Multispectral fusion of multisensor image data by the generalized Laplacian pyramid// Geoscience and Remote Sensing Symposium, 1999: 1183-1185.

[8] Toet A, Valeton J M, van Ruyven L J. Merging thermal and visual images by a contrast pyramid. Optical Engineering, 1989, 28(7): 789-792.

[9] Matsopoulos G K, Marshall S, Brunt J N H. Multiresolution morphological fusion of MR and CT images of the human brain. Vision, Image and Signal Processing, 1994, 141(3): 137-142.

[10] Matsopoulos G K, Marshall S. Application of morphological pyramids: fusion of MR and CT phantoms. Journal of Visual Communication & Image Representation, 1995, 6(2): 196-207.

[11] Li H, Manjunath B S, Mitra S K. Multi-sensor image fusion using the wavelet transform// IEEE International Conference on Image Processing, 2002: 235-245.

[12] Koren I, Laine A, Taylor F. Image fusion using steerable dyadic wavelet transform// International Conference on Image Processing, 1995: 232-235.

[13] Chipman L J, Orr T M, Graham L N. Wavelets and image fusion// International Conference on Image Processing, 1995: 3248.

[14] Zhang Z, Blum R S. A categorization of multiscale-decomposition-based image fusion schemes with a performance study for a digital camera application. Proceedings of the IEEE, 1999, 87(8): 1315-1326.

[15] Nikolov S G, Bull D R, Canagarajah C N, et al. 2-D image fusion by multiscale edge graph combination// International Conference on Information Fusion, 2000: 1.

[16] Li S T, Wang Y N. Multisensor image fusion using discrete multi-wavelet transform// Proceedingds of the 3rd International Conference on Visual Computing, 2000: 269-278.

[17] 李树涛，王耀南. 基于树状小波分解的多传感器图像融合. 红外与毫米波学报, 2001, 20(3): 219-223.

[18] 晃锐，张科，李俊. 一种基于小波变换的图像融合算法. 电子学报, 2004, 32(5): 750-753.

[19] Otazu X, Gonzalez A M, Fors O, et al. Introduction of sensor spectral response into image fusion methods. IEEE Transactions on Geoscience & Remote Sensing, 2005, 43(10): 2376-2385.

[20] Nunez J, Otazu X, Fors O, et al. Multiresolution-based image fusion with additive wavelet decomposition. IEEE Transactions on Geoscience and Remote Sensing, 1999, 37(3): 1204-1211.

[21] Gonzalez-Audicana M, Otazu X, Fors O, et al. A low computational-cost method to fuse IKONOS images using the spectral response function of its sensors. IEEE Transactions on Geoscience & Remote Sensing, 2006, 44(6): 1683-1691.

[22] Tu T M, Huang P S, Hung C L, et al. A fast intensity-hue-saturation fusion technique with spectral adjustment for IKONOS imagery. IEEE Geoscience & Remote Sensing Letters, 2004, 1(4): 309-312.

[23] Garzelli A, Nencini F. PAN-sharpening of very high resolution multispectral images using genetic algorithms. International Journal of Remote Sensing, 2006, 27(15): 3273-3292.

[24] Choi M. A new intensity-hue-saturation fusion approach to image fusion with a tradeoff parameter. IEEE Transactions on Geoscience & Remote Sensing, 2006, 44(6): 1672-1682.

[25] Aiazzi B, Alparone L, Baronti S, et al. Context-driven fusion of high spatial and spectral resolution images based on oversampled multiresolution analysis. IEEE Transactions on Geoscience & Remote Sensing, 2002, 40(10): 2300-2312.

[26] Alparone L, Aiazzi B. MTF-tailored multiscale fusion of high-resolution MS and Pan imagery. Photogrammetric Engineering & Remote Sensing, 2006, 72(5): 591-596.

[27] Zhang Y. A new automatic approach for effectively fusing Landsat 7 as well as IKONOS images// Geoscience and Remote Sensing Symposium, 2002: 2429-2431.

[28] Gonzalez A M, Saleta J L, Catalan R G, et al. Fusion of multispectral and panchromatic images using improved IHS and PCA mergers based on wavelet decomposition. IEEE Transactions on Geoscience & Remote Sensing, 2004, 42(6): 1291-1299.

[29] Tu T M, Huang P S, Hung C L, et al. A fast intensity-hue-saturation fusion technique with spectral adjustment for IKONOS imagery. IEEE Geoscience & Remote Sensing Letters, 2004, 1(4): 309-312.

[30] Otazu X, González-Audícana M, Fors O, et al. Introduction of sensor spectral response into image fusion methods. Application to wavelet-based methods. IEEE Transactions on Geoscience and Remote Sensing, 2005, 43(10): 2376-2385.

[31] Choi M. A new intensity-hue-saturation fusion approach to image fusion with a tradeoff parameter. IEEE Transactions on Geoscience & Remote Sensing, 2006, 44(6): 1672-1682.

[32] Choi M J, Kim H C, Cho N I, et al. An improved intensity-hue-saturation method for IKONOS image fusion. International Journal of Remote Sensing, 2002, 13(5): 67-82.

[33] Aiazzi B, Baronti S, Selva M. Improving component substitution pansharpening through multivariate regression of MS +Pan data. IEEE Transactions on Geoscience & Remote Sensing, 2007, 45(10): 3230-3239.

[34] Tu T M, Su S C, Shyu H C, et al. A new look at IHS-like image fusion methods. Information Fusion, 2001, 2(3): 177-186.

[35] Aiazzi B, Alparone L, Baronti S, et al. Context-driven fusion of high spatial and spectral resolution images based on oversampled multiresolution analysis. IEEE Transactions on Geoscience & Remote Sensing, 2002, 40(10): 2300-2312.

[36] Alparone L, Aiazzi B. MTF-tailored multiscale fusion of high-resolution MS and pan imagery. Photogrammetric Engineering & Remote Sensing, 2006, 72(5): 591-596.

[37] Woodcock C E, Ozdogan M. Trends in Land Cover Mapping and Monitoring. Dordrecht: Springer, 2004.

[38] Cohen W B, Goward S N. Landsat's role in ecological applications of remote sensing. Bioscience, 2004, 54(6): 535-545.

[39] Gao F, Hilker T, Zhu X L, et al. Fusing Landsat and MODIS data for vegetation monitoring. IEEE Geoscience & Remote Sensing Magazine, 2015, 3(3): 47-60.

[40] Townshend J, Justice C, Li W, et al. Global land cover classification by remote sensing: present capabilities and future possibilities. Remote Sensing of Environment, 1991, 35(2-3): 243-255.

[41] Vogelman J E, Howard S M, Yang L M, et al. Completion of the 1990s national land cover data set for the conterminous united states from Landsat thematic mapper data and ancillary data sources. Photogrammetric Engineering and Remote Sensing, 2001, 67(6): 650-662.

[42] Wulder M A, Masek J G, Cohen W B. Opening the archive: how free data has enabled the science and monitoring promise of Landsat. Remote Sensing of Environment, 2012, 122: 2-10.

[43] Buades A, Coll B, Morel J M. A non-local algorithm for image denoising// IEEE Computer Society Conference on Computer Vision & Pattern Recognition, 2005: 60-65.

[44] Hardie R C, Eismann M T, Wilson G L. MAP estimation for hyperspectral image resolution enhancement using an auxiliary sensor. IEEE Transactions on Image Processing A Publication of the IEEE Signal Processing Society, 2004, 13(9): 1174-1184.

[45] Zhang Y, Backer S D, Scheunders P. Noise-resistant wavelet-based Bayesian fusion of multispectral and hyperspectral images. IEEE Transactions on Geoscience & Remote Sensing, 2009, 47(11): 3834-3843.

[46] Wei Q, Bioucas-Dias J, Dobigeon N, et al. Hyperspectral and multispectral image fusion based on a sparse representation. IEEE Transactions on Geoscience & Remote Sensing, 2015, 53(7): 3658-3668.

[47] Yokoya N, Yairi T, Iwasaki A. Coupled nonnegative matrix factorization unmixing for hyperspectral and multispectral data fusion. IEEE Transactions on Geoscience & Remote Sensing, 2012, 50(2):

528-537.

[48] Lin B, Tao X, Xu M, et al. Bayesian hyperspectral and multispectral image fusions via double matrix factorization. IEEE Transactions on Geoscience & Remote Sensing, 2017, (99): 1-13.

[49] Wright J, Ganesh A, Rao S, et al. Robust principal component analysis: exact recovery of corrupted low-rank matrices// Proceedings of the 2000 IEEE Signal Processing Society Workshop, 2009: 289-298.

[50] Nascimento J M P, Dias J M B. Vertex component analysis: a fast algorithm to unmix hyperspectral data. IEEE Transactions on Geoscience & Remote Sensing, 2005, 43(4): 898-910.

[51] Stewart G W. On the early history of the singular value decomposition. Maryland: University of Maryland at College Park, 1992.

[52] Zhang K, Wang M, Yang S. Multispectral and hyperspectral image fusion based on group spectral embedding and low-rank factorization. IEEE Transactions on Geoscience & Remote Sensing, 2016, (99): 1-9.

[53] Roweis S T, Saul L K. Nonlinear dimensionality reduction by locally linear embedding. Science, 2000, 290(5500): 2323-2326.

[54] Thomas C, Wald L. Comparing distances for quality assessment of fused images// EARSeL Symposium, 2006: 101-111.

[55] Wald L, Ranchin T, Mangolini M. Fusion of satellite images of different spatial resolutions: assessing the quality of resulting images. Photogrammetric Engineering & Remote Sensing, 2009, 63(6): 691-699.

[56] Thierry R, Lucien W. Fusion of high spatial and spectral resolution images: the ARSIS concept and its implementation. Photogrammetric Engineering and Remote Sensing, 2000, 66(2): 49-61.

[57] Ranchin T, Aiazzi B, Alparone L, et al. Image fusion-the ARSIS concept and some successful implementation schemes. Journal of Photogrammetry & Remote Sensing, 2003, 58(1-2):4-18.

[58] Li J. Spatial quality evaluation of fusion of different resolution images. International Archives of Photogrammetry and Remote Sensing, 2000, 33: 321-337.

[59] Thomas C, Wald L. Assessment of the quality of fused products//EARSeL Symposium, 2004: 317-325.

第 7 章　超分辨率图像重建

在大多数电子成像应用中，高分辨率意味着图像中的像素密度高，因此高分辨率图像可以提供更多的细节。例如，使用高分辨率卫星图像可以很容易地区分一个对象与相似对象。如果提供高分辨率图像，可以改善计算机视觉中的模式识别的性能。自 20 世纪 70 年代以来，电荷耦合元件和互补金属氧化物半导体 (complementary metal oxide semiconductor, CMOS)等，图像传感器已被广泛用于获得数字图像。虽然这些传感器适用于大多数应用，但是目前的分辨率水平和消费价格不能满足未来的需求。因此，找到一种提高当前分辨率的方法是必要的。

一种提高空间分辨率最直接的解决方案是通过传感器制造技术来减小像素大小(增加每单位面积的像素数量)。随着像素大小的减小，可用光能量的数量也减少了。它会产生散粒噪声，严重影响图像质量，因此减小像素大小且不受到散粒噪声的影响，存在像素大小的限制。针对 0.35μm 的 CMOS 工艺，最佳的有限像素大小估计约为 40μm^2。

另一种提高空间分辨率的方法是增加芯片尺寸，但是会导致电容增加[1]。由于大电容使电荷转移速率难以提高，因此该方法不是有效的。高精度光学和图像传感器的高成本也是高分辨率成像中的一个重要问题。因此，需要一种提高空间分辨率的新方法克服传感器和光学制造技术的局限性。

一种有效的方法是使用信号处理技术从观察到的多个低分辨率图像获得高分辨率图像(或序列)。最近，这种分辨率增强的方法一直是最活跃的研究领域之一，称为超分辨率(或高分辨率)图像重建或简单的分辨率增强。我们使用超分辨率图像重建来指一种分辨率增强的信号处理方法，因为超分辨率中的"超"表示克服低分辨率成像系统固有分辨率限制的技术特征。信号处理方法的主要优点是成本较低，现有的低分辨率成像系统仍然可以使用。在许多实际情况下，可以获得多帧相同的场景时，超分辨率图像重建被证明是有用的，包括医学成像、卫星成像和视频应用。一种应用是从廉价的低分辨率摄像机获得的低分辨率图像重建更高质量的数字图像，用于打印或帧定格的目的。通常使用摄像机时，也可以连续显示放大的图像。感兴趣区域(region of interest, ROI)的合成是在监视、法医、医学和卫星成像领域的另一个重要应用。在遥感和 Landsat 等卫星成像应用中，通常会提供同一区域的几幅图像，因此可以考虑采用超分辨率技术来提高目标的分辨率。

超分辨率技术的基本前提是可以从同一场景中获取多个低分辨率图像。在超分辨率中，低分辨率图像在同一场景中代表不同的"模样"，也就是说，低分辨率图像被二次采样(混叠)，以及子像素精度移位。如果低分辨率图像偏移了整数单位，则每个图像包含相同的信息，因此不存在可用于重建高分辨率图像的新信息。如果低分辨率图像彼此具有不同的子像素偏移，并且如果存在混叠，则每个图像都不能从其他图像直接获得。在这种情况下，可以利用包含在每个低分辨率图像中的信息获得高分辨率图像。为了在同一场景中获得不同的视觉效果，必须通过多个场景或视频序列。帧到帧之间存在一定的相对场景运动，因此多个场景可以从一个摄像机获得多个捕捉或不同位置的多个摄像机捕捉。这些场景运动可能是由成像系统中的受控运动引起的，如从轨道卫星获取的图像。无控制的运动也是如此，如局部物体的运动或振动成像系统。如果这些场景运动是已知的或可以在子像素精度内估计，并且如果我们结合这些低分辨率图像，则超分辨率图像重建是可能的(图 7.1)。

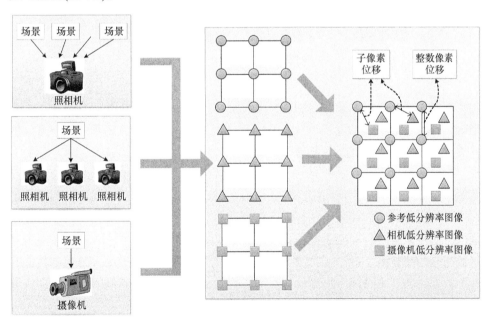

图 7.1　超分辨率的基本前提

在记录数字图像的过程中，常见的图像采集系统(图 7.2)记录的图像通常受到模糊、噪声和混叠效应的影响。虽然超分辨率算法的主要关注点是从欠采样的低分辨率图像重建高分辨率图像，但它涵盖了从噪声模糊的图像产生高质量图像的图像复原技术。因此，超分辨率技术的目标是使用几个退化和混叠的低分辨率图像复原高分辨率图像。

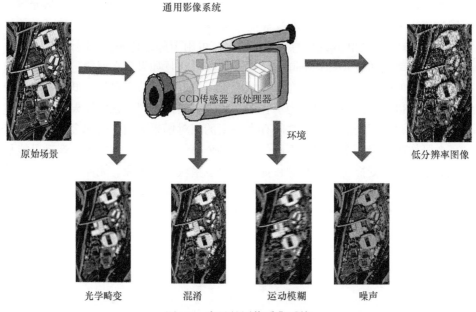

图 7.2　常见的图像采集系统

　　超分辨率技术的一个相关问题是图像复原，目标是恢复退化的(如模糊的、嘈杂的)图像，但不改变图像的大小。事实上，恢复和重建的理论密切相关，超分辨率重建可以看作第二代图像复原问题。

　　与超分辨率重建相关的另一个问题是图像插值，用来增加单个图像的大小。虽然这个领域已经被广泛研究，但是从混叠的低分辨率图像获得的放大图像质量本质上是受限的，即使采用理想的正弦基函数。也就是说，单次图像插值不能恢复低分辨率采样过程中丢失或退化的高频分量。因此，图像插值方法不被视为真正的超分辨率技术。对于多个数据集，可以使用来自同一场景的多个观测数据的附加数据约束。来自同一场景的各种观测信息的融合，使我们能够对场景进行超分辨率重建。

　　在介绍现有超分辨率算法之前，我们先对低分辨率图像采集过程进行建模。

7.1　观　测　模　型

　　综合分析超分辨率图像重建问题的第一步是建立一个将原始高分辨率图像与观察到的低分辨率图像相关联的观测模型。相关文献提出几种观测模型，大致可以分为静止图像模型和视频序列模型。为了提出超分辨率重建技术的基本概念，我们采用静止图像的观测模型，因为将静止图像模型扩展到视频序列模型是相当简单的。

考虑大小为 $N_1 \times N_2$ 的高分辨率图像，记为向量 $x=[x_1,x_2,\cdots,x_N]^T$，其中 $N=N_1 \times N_2$，也就是说，x 是理想的未退化图像，假定为带限的连续场景以奈奎斯特速率或更高速率采样。设参数 L_1 和 L_2 分别表示在水平和垂直方向的观测模型中的下采样因子，每个观察到的低分辨率图像的大小为 $N_1 \times N_2$。令第 k 个低分辨率图像为 $y_k=[y_{k,1},y_{k,2},\cdots,y_{k,M}]^T$，其中 $k=1,2,\cdots,p$，以及 $M=N_1 \times N_2$。假设在获取多个低分辨率图像时 x 恒定不变，模型允许的任何运动和退化除外，则观察到的低分辨率图像是由在高分辨率图像 x 上的扭曲、模糊和子采样算子产生的。假设每个低分辨率图像被加性噪声破坏，我们可以将观测模型(图 7.3)表示为[2]

$$y_k = DB_k M_k x + n_k, \quad 1 \leqslant k \leqslant p \tag{7.1}$$

其中，M_k 为 $L_1 N_1 L_2 N_2 \times L_1 N_1 L_2 N_2$ 的扭曲矩阵；B_k 为 $L_1 N_1 L_2 N_2 \times L_1 N_1 L_2 N_2$ 的模糊矩阵；D 为 $(N_1 N_2)^2 \times L_1 N_1 L_2 N_2$ 的子采样矩阵；n_k 为噪声矢量。

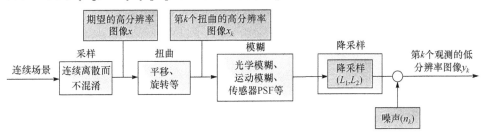

图 7.3 低分辨率图像与高分辨率图像的观测模型

考虑式(7.1)涉及的系统矩阵。在图像采集过程中，发生的运动由扭曲矩阵 M_k 表示，包含全局或局部平移、旋转等。由于这个信息一般是未知的，因此需要参考一个特定的帧来估计每个帧的场景运动。对高分辨率图像 x 进行的扭曲过程实际上是根据低分辨率像素间距定义的，因此当运动的局部单位不等于高分辨率传感器网格时，该步骤需要插值。我们用一个圆圈(○)代表原始(参考)高分辨率图像 x，三角形(△)和菱形(◇)代表 x 的全局位移版本。如果下采样因子是 2，则菱形(◇)在水平和垂直方向上具有(0.5, 0.5)子像素位移，而三角形(△)具有小于(0.5, 0.5)的位移。如图 7.4 所示，菱形(◇)不需要插值，但是三角形(△)不在高分辨率网格上，因此应该对 x 进行插值。尽管理论上可以使用理想的插值，但是在实践中多采用零阶保持或双线性插值等方法。

模糊可以由光学系统(如离焦、衍射极限、像差等)、成像系统与原始场景之间的相对运动，以及低分辨率传感器的 PSF 引起。它可以被建模为线性空间不变或线性空间变异,其对高分辨率图像的影响由 B_k 表示。在单一的图像复原应用中,通常被认为是光学或运动模糊。然而,在超分辨率图像重建中,低分辨率传感器的物理尺寸的有限性是模糊的重要因素。低分辨率传感器 PSF(图 7.5)通常被建模为一个空间平均算子,在使用超分辨率重建方法时,假定模糊的特征是已知的。如果难以获取这些信息,则应将模糊识别纳入重建过程。

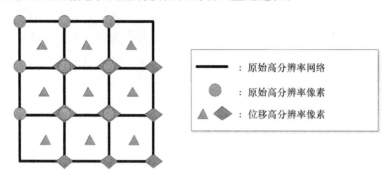

图 7.4　高分辨率传感器网格插值的必要性

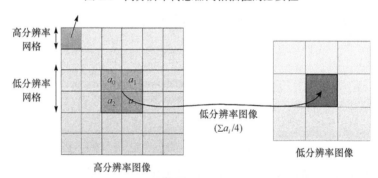

图 7.5　低分辨率传感器 PSF

　　子采样矩阵是从扭曲和模糊的高分辨率图像生成混叠的低分辨率图像。虽然低分辨率图像的大小是相同的,但是在更一般的情况下,我们可以通过使用不同的子采样矩阵(如 D_k)解决低分辨率图像大小不同的问题。虽然模糊或多或少起到抗混叠滤波器的作用,但在超分辨率图像重建中,假设低分辨率图像中总是存在混叠现象。

　　一个稍微不同的低分辨率图像采集模型可以通过离散一个连续扭曲、模糊的场景来推导。在这种情况下,观测模型必须在模糊支撑的边界处包含分数像素。虽然这个模型与式(7.1)中的模型有一些不同的考虑,但是这些模型可以统一在一个简单的矩阵向量形式中。低分辨率像素可定义为具有加性噪声的相关高分辨率像素的加权和。因此,我们可以在不失一般性的情况下表达这些模型,即

$$y_k = W_k x + n_k, \quad k = 1, 2, \cdots, p \tag{7.2}$$

其中，W_k 的大小为 $(N_1 N_2)^2 \times L_1 N_1 L_2 N_2$，表示通过模糊、运动和二次采样，$x$ 中的高分辨率像素对 y_k 中的低分辨率像素的贡献。

基于式(7.2)的观测模型，超分辨率图像重建的目的是从低分辨率图像 $y_k (k = 1, 2, \cdots, p)$ 估计高分辨率图像 x。

大部分文献提出的超分辨率图像重建方法包括配准、插值、复原(即逆过程)阶段。这些步骤可以根据采用的重建方法单独或同时实施。运动信息的估计称为配准，在图像处理的各个领域中被广泛研究。在配准阶段，与参考低分辨率图像相比，低分辨率图像之间的相对偏移可用小数像素精度估计。显然，精确的子像素运动估计是超分辨率图像重建算法成功的重要因素。由于低分辨率图像之间的偏移是任意的，因此配准的高分辨率图像不会总是匹配均匀间隔的高分辨率网格。非均匀插值对于从非均匀间隔的低分辨率图像合成获得均匀间隔的高分辨率图像是必要的。最后将图像复原应用于上采样图像的去模糊和噪声。

相关工作之间的差异取决于采用何种类型的重建方法，假定哪种观测模型、哪个特定的域(空间或频率)的算法被应用，使用什么样的方法来获得低分辨率图像等。Borman 等[2]对 1998 年前后的超分辨率图像重建算法进行了全面和完整的综述。文献[3]，[4]对超分辨率技术进行了简要综述。

7.2 超分辨率图像重建算法

7.2.1 非均匀插值方法

这种方法是超分辨率图像重建最直观的方法。超分辨率方案如图 7.6 所示。

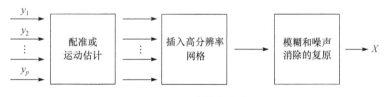

图 7.6 超分辨率方案

如图 7.7 所示，利用相对运动信息估计，可以获得非均匀间隔采样点上的高分辨率图像。然后，直接或迭代重建过程产生均匀间隔的采样点。通过非均匀插值获得高分辨率图像，我们可以解决复原问题中模糊和噪声的消除。复原可以通过应用考虑噪声存在的任何反卷积方法进行。

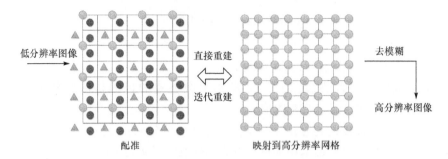

图 7.7　基于配准插值的重建

非均匀插值超分辨率重建结果如图 7.8 所示。在该模拟中，从 256×256 的高分辨率图像的水平方向和垂直方向上抽取因子产生 4 个低分辨率图像。这里只考虑传感器模糊，并将 20dB 高斯噪声添加到低分辨率图像中。

(a) 最近邻插值法　　　　　　　　　　(b) 双线性插值法

(c) 使用4个低分辨率图像的非均匀插值　　　　(d) 对(c)的去模糊

图 7.8　非均匀插值超分辨率重建结果

Gross 等[5]利用 Papoulis 和 Brown 的广义多信道采样定理，对空间位移低分辨率图像进行非均匀插值。插值之后去模糊处理，并假定相对位移是精确已知的。Komatsu 等[1]提出通过多个摄像机同时拍摄的多幅图像使用 Landweber 算法获取改进的分辨率图像应用。他们采用块匹配技术测量相对位移，但是如果摄像机具有相同的孔径，则在其布置和场景的构造方面都会受到严重限制，使用多个不同孔径的相机可以克服这个困难[6]。Hardie 等[7]开发了一种用于实时红外图像配准和超分辨率重建的技术。他们利用基于梯度的配准算法估计获取的帧之间的偏移量，并提出加权最邻近插值法。最后，应用维纳滤波减少由系统引起的模糊和噪声的影响。Shah 等[8]提出一种使用 Landweber 算法的超分辨率彩色视频增强算法，考虑配准算法的不准确性，通过找到一组候选的运动估计代替每个像素的单个运动矢量。他们使用亮度和色度信息来估计运动场。Nguyen 等[9]提出一种高效的基于小波的超分辨率重建算法，利用超分辨率中采样网格的交错结构，推导对交错二维数据进行计算的小波插值。

　　非均匀插值方法的优点在于计算量相对较低，使实时应用成为可能。然而，在这种方法中，退化模型是有限的(仅适用于所有低分辨率图像的模糊和噪声特性相同的情况下)。此外，由于复原步骤忽略了插值阶段出现的错误，因此整个重构算法的最优性不能保证。

7.2.2　频域方法

　　频域方法使用每个低分辨率图像中存在的混叠来重建高分辨率图像。Tsai 等[10]通过低分辨率图像之间的相对运动推导描述低分辨率图像与期望高分辨率图像之间关系的系统方程。频域方法基于以下三个原则。

　　① 傅里叶变换的位移性质。

　　② 原始高分辨率图像的连续傅里叶变换与观测的低分辨率图像的离散傅里叶变换之间的混叠关系。

　　③ 假设原始高分辨率图像是有限带宽的。

　　利用这些性质有可能制定将观测的低分辨率图像的混叠离散傅里叶变换系数与未知图像连续傅里叶变换的样本相关联的系统方程。例如，假设在奈奎斯特采样率以下有两个一维低分辨率信号采样。根据以上原则，可以将混叠的低分辨率信号分解为未混叠的高分辨率信号(图 7.9)。

　　令 $x(t_1,t_2)$ 表示连续的高分辨率图像，$X(w_1,w_2)$ 表示其连续傅里叶变换。在频域方法中考虑唯一运动，即全局平移产生的第 k 个位移图像 $x_k(t_1,t_2)=x(t_1+\delta_{k1},t_2+\delta_{k2})$，其中 δ_{k1} 和 δ_{k2} 是任意的已知值，$k=1,2,\cdots,p$。通过位移性质，位移图像的连续傅里叶变换 $X_k(w_1,w_2)$ 可以表示为

$$X_k(w_1,w_2)=\exp(j2\pi(\delta_{k1}w_1+\delta_{k2}w_2))X(w_1,w_2) \tag{7.3}$$

位移图像 $x_k(t_1,t_2)$ 按采样周期 T_1 和 T_2 进行采样，产生观测到的低分辨率图像 $y_k[n_1,n_2]$。从混叠关系和带限假设 $X(w_1,w_2)\left(\left|X(w_1,w_2)\right|=0,\left|w_1\right|\geqslant\left(\dfrac{L_1\pi}{T_1}\right),\right.$

$\left|w_2\right| \geqslant \left(\dfrac{L_2 \pi}{T_2}\right)\right)$ 出发，高分辨率图像的连续傅里叶变换与第 k 个观测到的低分辨率图像的离散傅里叶变换之间的关系可以写为

$$Y_k\left[\Omega_1, \Omega_2\right] = \frac{1}{T_1 T_2} \sum_{n_1=0}^{L_1-1} \sum_{n_2=0}^{L_2-1} X_k \times \left(\frac{2\pi}{T_1}\left(\frac{\Omega_1}{N_1} + n_1\right), \frac{2\pi}{T_2}\left(\frac{\Omega_2}{N_2} + n_2\right)\right) \tag{7.4}$$

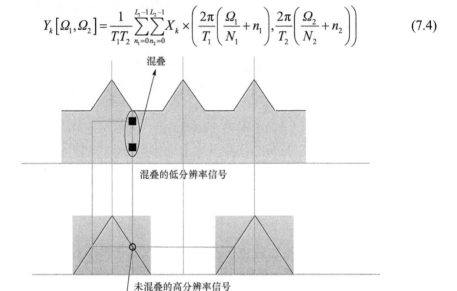

图 7.9　低分辨率图像和高分辨率图像之间的混叠关系

通过使用右侧的索引 n_1、n_2 和左侧的索引 k 进行字典排序，获得的矩阵向量为

$$Y = \Phi X \tag{7.5}$$

其中，Y 为 $p \times 1$ 列向量，具有离散傅里叶变换系数 $y_k[n_1, n_2]$ 的第 k 个元素；X 为 $L_1 L_2 \times 1$ 列向量，具有未知的连续傅里叶变换 $x(t_1, t_2)$ 的采样；Φ 为 $p \times L_1 L_2$ 矩阵，可将观测到的低分辨率图像与连续的高分辨率图像的采样关联。

因此，重建所需的高分辨率图像需要确定 Φ 并求解这个逆问题。

Kim 等[11]通过这种方法对模糊和噪声图像扩展，得到加权最小二乘公式。在他们的方法中，假定所有低分辨率图像具有相同的模糊和相同的噪声特性。Kim 等[12]对这种方法进行了进一步的细化，以考虑每个低分辨率图像的不同模糊。这里采用规整化方法克服由模糊算子引起的不适定问题。Bose 等[13]提出超分辨率重构的递归全局最小二乘法来减少配准误差的影响(Φ 误差)。Rhee 等[14]提出基于离散余弦变换的方法，通过使用离散余弦变换来减少存储器需求和计算成本。他们还运用多信道自适应规整化参数来克服诸如欠定情况或动信息不足情况下的不适定性。

理论简单性是频域方法的一个主要优点，也就是说，低分辨率图像和高分辨率图像之间的关系可以在频域中被清楚地表明。频率方法也便于并行实现，能够降低硬件复杂度。然而，观测模型仅限于全局平移运动和线性空间不变模糊。由于频域缺乏数据相关性，将空域先验知识应用于规整化也很困难。

7.2.3　规整化的超分辨率重建方法

一般来说，由于低分辨率图像数量和病态模糊算子的不足，超分辨率图像重建方法是一个不适定问题。为稳定不适定问题而采取的手段称为正则化。下面介绍超分辨率图像重建的确定性和随机的规整化方法。同时，介绍约束最小二乘法和最大后验概率的超分辨率图像重建方法。

1. 确定性方法

通过估计配准参数，可以完全确定式(7.2)中的观测模型。确定性正则超分辨率方法利用求解问题的先验信息解决式(7.2)中的逆问题。例如，约束最小二乘法可以通过选择 x 最小化拉格朗日公式[15]，即

$$\sum_{k=1}^{p} \left\| y_k - W_k x \right\|^2 + \alpha \left\| Cx \right\|^2 \tag{7.6}$$

其中，C 为高通滤波器；$\|\cdot\|$ 为 l_2 范数。

在式(7.6)中，有关期望解的先验知识用平滑约束表示，表明大多数图像都是自然平滑且高频活动受限的，因此可以适当地最小化复原图像中的高频量。式(7.6)中，α 代表拉格朗日乘数，通常称为规整化参数，用来控制数据保真度 $\left(\sum_{k=1}^{p} \left\| y_k - W_k x \right\|^2 \right.$ 表示 $\left. \right)$ 和解的平滑度(Cx^2 表示)之间的平衡。α 越大解越平滑。当只有少量的低分辨率图像可用时(这个问题是欠定的)，或者由于配准误差和噪声导致观测数据的保真度低。如果有大量的低分辨率图像可用，而且噪声量很小，那么小的 α 会得到好的解。式(7.6)中的代价函数是凸二次规整化项，并且是可微的。因此，我们可以找到唯一的估计图像 $\hat{x}$，使代价函数对式(7.6)最小。一个最基本的确定性迭代技术是考虑求解下式，即

$$\left(\sum_{k=1}^{p} W_k^{\mathrm{T}} W_k + \alpha C^{\mathrm{T}} C \right) \hat{x} = \sum_{k=1}^{p} W_k^{\mathrm{T}} y_k \tag{7.7}$$

这会导致 $\hat{x}$ 的以下迭代，即

$$\hat{x}^{n+1} = \hat{x}^n + \beta \left(\sum_{k=1}^{p} W_k^{\mathrm{T}} (y_k - W_k \hat{x}^n) - \alpha C^{\mathrm{T}} C \hat{x}^n \right) \tag{7.8}$$

其中，β 为收敛参数；W_k^{T} 包含上采样算子和一种模糊、扭曲操作。

Katsaggelos 等[15,16]提出一种多信道规整化超分辨率方法，其中规整化函数用于在每个迭代步骤中没有任何先验知识的情况下计算规整化参数。Kang[17]提出包括多信道规整化超分辨率方法的广义多信道去卷积方法。Hardie 等[18]提出通过最小化规整化代价函数获得的超分辨率重建方法。他们定义了一个包含光学系统和探测器阵列知识的观测模型，使用迭代梯度为基础的配准算法，并考虑梯度下降和共轭梯度优化程序，以最大限度地降低成本。Bose 等[19]指出规整化参数的重要作用，并提出使用 L 曲线方法生成规整化参数最优值的约束最小二乘法超分辨率重建方法。

2. 统计方法

基于统计超分辨率图像重建(通常是贝叶斯方法)可以提供一种灵活方便的方法建模有关解决方案的先验知识。

在建立原始图像的后验概率密度函数时可以使用贝叶斯估计方法。x 的 MAP 估计针对 x 最大化后验概率密度函数 $P(x\,|\,y_k)$，即

$$x = \arg\max P(x\,|\,y_1, y_2, \cdots, y_p) \tag{7.9}$$

采用对数函数并将贝叶斯定理应用到条件概率中，可以将 MAP 优化问题表示为

$$x = \arg\max\{\ln P(y_1, y_2, \cdots, y_p|x) + \ln P(x)\} \tag{7.10}$$

先验图像模型 $P(x)$ 和条件密度 $P(y_1, y_2, \cdots, y_p|x)$ 可由关于高分辨率图像 x 和噪声的统计系统的先验知识来定义。由于式(7.10)中的 MAP 优化本质上包含先验约束(以 $P(x)$ 表示的先验知识)，因此可以有效地提供规整化(稳定)的超分辨率估计。贝叶斯估计通过利用先验图像模型来区分可能的解决方案，并且马尔可夫随机场先验提供用于图像先验建模的强大方法。$P(x)$ 可以用 Gibbs 先验描述，其概率密度定义为

$$P(X = x) = \frac{1}{Z}\exp(-U(x)) = \frac{1}{Z}\exp\left(-\sum_{c\in S}\varphi_c(x)\right) \tag{7.11}$$

其中，Z 称为归一化常数；$U(x)$ 称为能量函数；$\varphi_c(x)$ 为势函数，仅取决于位于团 c 内的像素值；S 为团的集合。

通过将 $\varphi_c(x)$ 定义为图像导数的函数，$U(x)$ 计算由解的不规则性引起的代价。通常情况下，图像被认为是光滑的，高斯先验可将其结合到估计问题中。

贝叶斯框架的一个主要优点是使用一个保留边缘的图像先验模型。在高斯先验的情况下，势函数取二次形式 $\varphi_c(x) = (D^{(n)}x)^2$，其中 $D^{(n)}$ 是第 n 阶分差。二次势

函数虽然使算法呈线性，但却严重影响高频分量。这使解变得过度平滑。然而，如果我们对一个潜在函数进行建模，就可以得到一个保持边缘的高分辨率图像。

如果帧之间的误差是独立的，并且假设噪声是独立同分布(i.i.d)的零均值高斯分布，那么可以将优化问题更紧凑地表示为

$$\hat{x} = \operatorname{argmin}\left[\sum_{k=1}^{p} \left\| y - W_k \hat{x} \right\|^2 + \alpha \sum_{c \in S} \varphi_c(x)\right] \tag{7.12}$$

其中，α 为规整化参数。

ML 估计也被用于超分辨率重建。ML 估计是没有先验项 MAP 估计的一个特例。由于超分辨率逆问题的不适定性，MAP 估计通常优先于 ML 估计。

规整化超分辨率重建结果如图 7.10 所示。在这些模拟中，原始的 256×256 的图像以子像素 $\{(0,0),(0,0.5),(0.5,0),(0.5,0.5)\}$ 中的一个位移，并且在水平和垂直方向上被抽取两倍。这里只考虑传感器模糊，并且向这些低分辨率图像添加 20dB 的高斯噪声。图 7.10(a)是来自一幅低分辨率图像的最邻近插值图像。图 7.10(b)和图 7.10(c)分布显示使用小规整化参数和大规整化参数的约束最小二乘法超分辨率结果。事实上，这些估计可以认为是用高斯先验 MAP 重建的估计。图 7.10(d)显示具有边缘保留的 Huber-Markov 先验的超分辨率结果。目前，最差的重建是最邻近插值图像。这种差的表现很容易归因于对低分辨率观测的独立处理，并且在

(a) 最邻近插值法　　　(b) 小规整化参数的
　　　　　　　　　　　约束最小二乘法

(c) 大规整化参数的　　(d) 先验边缘保留的MAP
　约束最小二乘法

图 7.10　规整化超分辨率重建结果

图 7.10(a)中显而易见。与这种方法相比，约束最小二乘法超分辨率通过保留详细的信息在图 7.10(b)和图 7.10(c)中显示出显著的改进。我们观察到，图 7.10(d)可以进一步获得这些改进。

Tom 等[20]提出 ML 超分辨率图像估计问题来同时估计子像素位移、每幅图像的噪声方差和高分辨率图像，通过期望最大化算法解决。Schultz 等[21]提出使用 MAP 技术从低分辨率视频序列中重建超分辨率。他们使用 Huber-Markov Gibbs 先验模型提出保留 MAP 重构方法的不连续性，解决具有唯一最小值的约束优化问题。他们使用改进的分层块匹配算法估计子像素位移向量。此外，他们还考虑独立的对象运动和由高斯噪声建模的不精确运动估计。Hardie 等[22]提出一个用于联合估计图像配准参数和高分辨率图像的 MAP 框架。这种情况下的配准参数、水平和垂直偏移，在循环优化过程中与高分辨率图像一起迭代更新。Cheeseman 等[23]将高斯先验模型的贝叶斯估计用于整合 Viking 轨道器观测到的多个卫星图像的问题。

噪声特性建模的鲁棒性和灵活性，以及关于解的先验知识是随机超分辨率方法的主要优点。假设噪声过程是高斯白噪声，那么在初始阶段具有凸能量函数的 MAP 估计可以确保解的唯一性。因此，可以使用有效的梯度下降方法估计高分辨率图像，也可以同时估计运动信息和高分辨率图像。

7.2.4　凸集投影方法

凸集投影(projection on to convexset, POCS)方法是将解的先验知识纳入重建过程中的另一种迭代方法。该算法通过估计配准参数，同时解决复原和插值问题来估计超分辨率图像。

Stark 等[24]提出超分辨率重建的 POCS 公式。他们的方法被 Tekalp 等[25]扩展到观测噪声。根据 POCS 方法，将先验知识结合到解中可以解释为将解限制为闭凸集 C_i 的成员。C_i 定义为满足特定属性的一组向量。如果约束集有一个非空的交集，那么属于交集 $C_s = \bigcap_{i=1}^{m} C_i$ 的解也是一个凸集，可以通过交替投影到这些凸集上找到。事实上，交集中的任何解都与先验约束一致，因此是一个可行解。POCS 的方法可以用来找到递归所属交叉点的向量，即

$$x^{n+1} = P_m P_{m-1} \cdots P_2 P_1 x^n \tag{7.13}$$

其中，x^0 为任意的起点；P_i 为任意信号 x 投影到 $C_i (i = 1, 2, \cdots, m)$ 的投影算子。

尽管这不是一项简单的任务，但是通常比找到 P_s 更容易[24]。假设运动信息是精确的，则基于观测模型设置的数据一致性约束，低分辨率图像 $y_k[m_1, m_2]$ 内的每个像素可以表示为[25,26]

$$C_D^k[m_1, m_2] = \{x[n_1, n_2] : |r^{(x)}[m_1, m_2]| \leqslant \delta_k[m_1, m_2]\} \tag{7.14}$$

其中

$$r^{(x)}\left[m_1,m_2\right]=y_k\left[m_1,m_2\right]-\sum_{n_1,n_2}x\left[n_1,n_2\right]W_k\left[m_1,m_2;n_1,n_2\right]\qquad(7.15)$$

其中，$\delta_k\left[m_1,m_2\right]$ 为反映统计置信度的边界，实际的图像是集合 $C_D^k\left[m_1,m_2\right]$ 的成员[26]。

由于边界 $\delta_k\left[m_1,m_2\right]$ 是从噪声过程的统计中确定的，理想解是统计置信度内的一个成员。此外，POCS 的解将能够模拟空间和时间变化的白噪声过程。任意 $x\left[n_1,n_2\right]$ 到 $C_D^k\left[m_1,m_2\right]$ 上的投影可以定义为[25,27]

$$
\begin{aligned}
&x^{(n+1)}\left[n_1,n_2\right]\\
&=x^{(n)}\left[n_1,n_2\right]\\
&=\begin{cases}
\dfrac{(r^{(x)}\left[m_1,m_2\right]-\delta_k\left[m_1,m_2\right])W_k\left[m_1,m_2;n_1,n_2\right]}{\sum_{p,q}W_k^{\,2}\left[m_1,m_2,p,q\right]}, & r^{(x)}\left[m_1,m_2\right]>\delta_k\left[m_1,m_2\right]\\[3mm]
0, & r^{(x)}\left[m_1,m_2\right]\leqslant\delta_k\left[m_1,m_2\right]\\[3mm]
\dfrac{(r^{(x)}\left[m_1,m_2\right]+\delta_k\left[m_1,m_2\right])W_k\left[m_1,m_2;n_1,n_2\right]}{\sum_{p,q}W_k^{\,2}\left[m_1,m_2,p,q\right]}, & r^{(x)}\left[m_1,m_2\right]<-\delta_k\left[m_1,m_2\right]
\end{cases}
\end{aligned}\qquad(7.16)
$$

式(7.16)中的附加约束(如幅度约束)可以用来改善结果[24]。

POCS 使用数据约束和幅度约束的重建结果如图 7.11 所示。在该模拟中，从 256×256 的高分辨率图像在水平和垂直方向以两个抽取因子生成四个低分辨率

(a) 双线性插值　　　　　　(b) 投影到凸集10次迭代

(c) 投影到凸集30次迭代　　　　　　(d) 投影到凸集50次迭代

图 7.11　POCS 使用数据约束和幅度约束的重建结果

图像,并且将 20dB 高斯噪声添加到这些低分辨率图像中。可以观察到,POCS
超分辨率重建结果的改善是明显的。

Patti 等[26]考虑空间变化模糊、非零孔径时间、每个单独的传感器元件的非零
物理尺寸,开发了 POCS 超分辨率技术。Tekalp 等[27]通过引入有效性图和分割图
的概念,将该技术扩展到场景中的多个移动对象的情况。有效性图允许对存在配
准错误的情况进行鲁棒重建,并且分割图使基于对象的超分辨率重建成为可能。
在文献[28]中,一种基于 POCS 的超分辨率重建方法由 Patti 和 Altunbasak 提出,
其中连续图像形成模型允许更高阶的插值方法。在这项工作中,假设高分辨率传
感器区域内的连续场景不是恒定的,他们还修改约束集来减少边缘附近的振铃现
象。Tom 等[29]研究了一套与 POCS 配方相似的理论规整化方法。

POCS 的优势在于它简单,并且利用强大的空间域观测模型。它还允许方便地
包含先验信息,而这些方法具有求解非唯一性、收敛速度慢、计算量大的缺点。

7.2.5　最大似然-凸集投影重建方法

ML-POCS 混合重构方法通过最小化 ML(或 MAP)代价函数发现超分辨率估
计,同时将解限制在某些集合内。Schultz 等[21]早期对这种公式进行了研究,MAP
的优化被执行,同时也使用基于投影的约束。约束集可以确保高分辨率下采样版
本与低分辨率序列的参考帧匹配。Elad 等[30]提出一种结合随机方法和 POCS 方法
优点的通用混合超分辨率图像重建算法。通过定义一个新的凸优化问题,同时利
用 ML(或 MAP)的简单性和 POCS 中使用的非椭球约束为

$$\min \varepsilon^2 = \left\{ \left[y_k - W_k x \right]^2 R_n^{-1} \left[y_k - W_k x \right] + \alpha \left[Sx \right]^T V \left[Sx \right] \right\} \tag{7.17}$$

$$x \in C_k, \quad 1 \leqslant k \leqslant M \tag{7.18}$$

其中,R_n 为噪声的自相关矩阵;S 为拉普拉斯算子;V 为控制每个像素平滑强度
的加权矩阵;C_k 为额外限制。

混合方法的优点是所有的先验知识都被有效地结合起来,并且与 POCS 方法
相比,可以保证最佳解。

7.2.6　其他超分辨率重建方法

1. 迭代反投影方法

Irani 等[31]提出迭代反投影(iterative back projection, IBP)超分辨率重建方法,
利用反投影模拟低分辨率图像之间的误差,通过成像模糊和观察到的低分辨率图
像来估计高分辨率图像。这个过程迭代重复最小化错误的能量。估计高分辨率图
像的 IBP 方案可以表示为

$$\hat{x}^{n+1}\left[n_1,n_2\right] = \hat{x}^n\left[n_1,n_2\right] + \sum_{m_1,m_2 \in Y_k^{m_1,n_1}} \left(y_k\left[m_1,m_2\right] - \hat{y}_k^n\left[m_1,m_2\right]\right)$$
$$\times h^{\mathrm{BP}}\left[m_1,m_2;n_1,n_2\right]$$

(7.19)

其中，$\hat{y}_k^n(=W_k\hat{x}^n)$ 为 n 次迭代后从 x 的近似值模拟的低分辨率图像；$Y_k^{m_1,n_1}$ 表示集合 $\{m_1,m_2 \in y_k \mid m_1,m_2$ 被 n_1,n_2 影响，$n_1,n_2 \in x\}$；$h^{\mathrm{BP}}\left[m_1,m_2;n_1,n_2\right]$ 为反投影内核，决定 $y_k\left[m_1,m_2\right] - \hat{y}_k^n\left[m_1,m_2\right]$ 对 $\hat{x}^n\left[n_1,n_2\right]$ 的贡献。

IBP 方法的图例如图 7.12 所示。与成像模糊不同，h^{BP} 可以任意选择。当有可行解时，h^{BP} 的选择会影响解的特性[31]，因此可以将 h^{BP} 用作表示解的期望特性的附加约束。Mann 等[32]通过在图像采集过程中应用透视运动模型扩展了这种方法。后来，Irani 等[33]通过修改 IBP 来考虑一个更具一般性的运动模型。

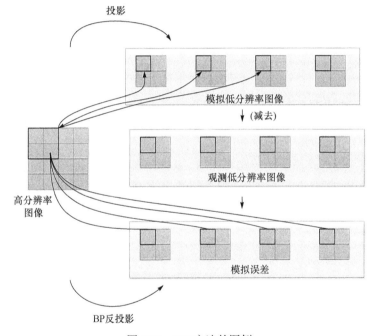

图 7.12　IBP 方法的图例

IBP 的优点是直观易懂。然而，由于反问题的不适定性，这种方法没有唯一解，在选择 h^{BP} 时有一定的难度。与 POCS 和正则化方法相比，很难应用先验约束。

2. 自适应滤波方法

Elad 等[34]提出一种基于时间轴上自适应滤波理论的超分辨率图像重建算法。

他们修改了观测模型中的符号来适应其对时间的依赖，并建议基于伪 RLS 或 R-LMS 算法的 LS 估计器。采用最速下降法(steepest descent method,SDD)和归一化 SDD 迭代估计高分辨率图像，由 SDD 导出 LMS 算法。每次计算的高分辨率图像没有直接矩阵求逆的计算复杂度。这种方法能够处理任何输出分辨率、线性时间、空间变化模糊，以及运动流程[34]，这使得可以对高分辨率图像序列进行逐步估计。在这项研究之后，他们将 R-SD 和 R-LMS 算法重新推广为卡尔曼滤波器的近似[35]。

3. 静止的超分辨率重建方法

目前提出的超分辨率重建算法需要观察图像之间的相对子像素运动。这表明，超分辨率重建也可以用于不同的没有相对运动的模糊图像[36,37]。Elad 等[30]证明，如果满足以下必要条件，就可以实现没有规整化项的静止超分辨率图像重构，即

$$L^2 \leqslant \min\{(2m+1)^2 - 2, p\} \tag{7.20}$$

其中，$(2m+1) \times (2m+1)$ 为模糊内核的大小。

因此，虽然更多的场景模糊观测不能提供任何附加信息，但只要满足式(7.20)，就可以用这些模糊样本实现超分辨率。如果将规整化用于重建过程，则可以用更少的低分辨率图像来恢复高分辨率图像。Rajan 等[37,38]提出一种使用马尔可夫随机场模型的类似静止超分辨率技术的强度和深度图，还有其他超分辨率成像[39,40]。Rajan 等[39]提出使用光度提示的超分辨率方法。Joshi 等[40]提出使用缩放作为线索的超分辨率技术。

7.3 超分辨率中的其他难题

7.3.1 考虑配准错误的超分辨率

配准是超分辨率图像重建成功非常重要的一步，因此需要准确的配准方法，基于鲁棒运动模型，包括多物体运动、遮挡、透明度等[3]。当我们不能确保配准算法在某些环境中的性能时，在重建过程中应该考虑配准不准确导致的错误。尽管大多数超分辨率算法隐含地将配准误差建模为加性高斯噪声，但是需要更复杂的模型解决这个误差。

Bose 等[41,42]考虑系统矩阵 W_k 中不准确配准产生的误差，并提出最小二乘法最小化误差。当记录过程和测量矩阵中存在误差时，该方法被证明有助于提高解

的精度。Ng 等[43]分析了用于求解基于变换的预处理系统的迭代收敛速度上的位移误差，从已知的子像素位移彼此偏移的多个摄像机获取低分辨率图像。在这种环境下，由于制造的不完善，总是产生感测元件理想子像素位置周围的小扰动，因此沿着模糊支撑的边界会产生配准误差。从这个不稳定的模糊矩阵中，他们证明了共轭梯度法的线性收敛性。

　　另一种将配准错误的影响最小化的方法是基于信道自适应规整化[44-46]。信道自适应规整化的基本概念是低分辨率图像具有大量的配准误差，对于可靠的低分辨率图像估计高分辨率图像的贡献应该较小。Park 等[44]假设每个信道(低分辨率图像)的配准误差程度不同，并应用规整化函数自适应地控制每个信道的配准误差的影响。Lim 等[45]表明高分辨率图像中高频分量的趋势与配准误差密切相关，并使用方向平滑约束。这里配准误差被建模为根据配准轴具有不同方差的高斯噪声，并利用定向平滑约束来执行信道自适应规整化。Lee 等[46]以集合论的方法扩展了这些工作。他们提出在数据一致性术语上执行规整化函数。结果使最小化功能被定义为 $\sum_{k=1}^{p} \lambda_k(x) y_k - W_k x^2 + C x^2$。他们提出规整化函数 $\lambda_k(x)$ 的理想属性，可以减少重塑过程中错误的影响。

　　①　$\lambda_k(x)$ 与 $y_k - W_k x^2$ 成反比。

　　②　$\lambda_k(x)$ 与 $C x^2$ 成正比。

　　③　$\lambda_k(x)$ 大于零。

　　④　$\lambda_k(x)$ 考虑跨信道的影响。

　　在这个信道自适应规整化的情况下，超分辨率重建的改进如图 7.13 所示。在该模拟中，每个 128×128 的观测结果由子像素位移 $\{(0,0),(0,0.5),(0.5,0)(0.5,0.5)\}$ 构成。假设子像素运动的估计是不正确的，如 $\{(0,0),(0,0.3),(0.4,0.1)(0.8,0.6)\}$。图 7.13

(a) 传统算法　　　　　　　　　　　　(b) 信道自适应规整化

图 7.13　超分辨率重建的改进

是不考虑配准误差(即使用恒定规整化参数)的常规超分辨率算法的结果的局部放大图像。由此可见,考虑配准误差的方法能产生比传统方法更好的性能。

由于配准和重建过程是密切相关的,因此同时配准和重建方法[20,22]也有望减少配准错误在超分辨率估计中的影响。

7.3.2　盲超分辨率图像重建

大多数超分辨率重建算法假定模糊过程是已知的。然而,在许多实际情况中,模糊过程一般是未知的,或者仅在一组参数内是已知的,因此有必要将模糊识别纳入重建过程。Wirawan 等[47]提出一个多通道有限脉冲响应滤波器的盲多信道超分辨率算法。由于每个观测图像是高分辨率图像多相分量的线性组合,超分辨率问题可以表示为由带限信号的多相分量驱动的盲二维多输入多输出系统。其算法由两个阶段组成,即使用有限脉冲响应滤波器的盲二维多输入输出反卷积和混合多相分量的分离。他们提出一种相互引用的均衡器算法解决盲多信道反卷积问题。由于基于二阶统计量的盲多输入输出反卷积包含一些固有的不确定性,因此多相分量需要在去卷积之后分离。他们还提出一种源分离算法,将多相分量的瞬时混合导致的带外频谱能量最小化。

Nguyen 等[48]提出一种基于广义交叉验证和高斯正交理论的参数模糊识别和规整化技术,解决了这些未知参数的多元非线性最小化问题。为了有效且准确地估计广义交叉验证目标函数的分子和分母,高斯型积分的技术边界使用二次形式。

7.3.3　计算效率高的超分辨率算法

超分辨率重构中的逆过程显然需要非常大的计算量。为了将超分辨率算法应用于实际情况,开发一种降低计算成本的高效算法是非常重要的。

Nguyen 等[49]提出循环块预处理器加速共轭梯度法来求解规整化的超分辨率问题。这种预处理技术将原始系统转换成另一个系统。该系统可以快速收敛而不会改变解。一般来说,由于共轭梯度的收敛速度取决于系统矩阵 W_k 的特征值的分布,为了快速收敛,可以导出一个带有特征值聚类的预处理系统。这些预处理器可以容易地实现,并通过使用二维快速傅里叶变换来有效地完成这些预处理器的操作。

Elad 等[50]提出一种分离融合和去模糊的超分辨率算法。为了减少计算量,他们假设模糊是空间不变的,并且对所有观测图像都是相同的,测量图像之间的几何变形仅被建模为单纯的平移,并且是白色的加性噪声。虽然这些假设是有限的,但是提出的融合方法是通过非常简单的迭代算法实现的,同时在 ML 意义上保持其最优性。

7.4 基于样例的超分辨率重建

Freedman 等提出一种新的高质量和高效率的单图像放大技术，可以扩展现有的基于样例的超分辨率框架。这种方法不依赖外部样例数据库或整个输入图像作为样例块的源代码；相反，遵循自然图像的局部自相似性假设，并从输入图像中局部化的区域提取斑块。这使算法能够在不影响大多数图像质量的情况下，大大缩短最近修补的搜索时间。下面使用非二进制的滤波器组实现这些小比例缩放，根据对升尺度过程进行建模的原则推导。

首先，讨论和测量自然图像中精细的尺度相似性。我们利用图像之间的相似性及其多个尺度的相似性，可以观察到自然图像中各种奇异特征在小比例因子下与它们本身相似。这个属性称为局部自相似性。然后，介绍一个新的专用非二进制的滤波器组。新的滤波器不像以前的方法那样求解反投影方程，而是通过显式计算与输入图像保持一致。图 7.14 所示为新的升尺度方法。

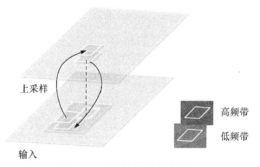

图 7.14 新的升尺度方法

7.4.1 局部自相似性

Freeman 等[51]使用从任意自然图像中取得小块的通用示例数据库。Barnsley 等[52]依靠图像内的自相似性。自然图像中的小斑块倾向于在图像内和其尺度上重复自身。这允许使用输入图像本身代替外部数据库，以较小尺度作为样例块的源代码。虽然这样可以提供有限数量的样例修补程序，但与任意大小的外部数据库相比，从输入图像中找到修补程序更适合将其升尺度。因此，在许多情况下，可以使用较少的样例并获得相同，甚至更好的结果，同时降低最近邻搜索中涉及的时间成本。这被认为是基于非参数样例的图像模型的主要瓶颈。Freedman 改进了自然图像中的自相似性观测，显示出在自然图像中通常出现，需要分辨率增强的各种奇异性(如边缘)对于缩放变换是不变的。我们称这个属性为局部自相似性，这意味着相关样例块可以在非常有限的块中找到；对于图像中的每个小块，在相同相对坐标周围局部区域的缩小(或平滑)版本中可以找到相似块。对于包含强度不连续(即图像中的边缘)的一阶导数(小面表面的阴影)的点，这些孤立的奇点可以出现在不同的几何形状上，如线条、拐角、T 形连接、弧形等。我们可以利用这种局部相似性减少最近斑块搜索中涉及的工作。

7.4.2 非二进制的滤波器

前面所述的主要结论是，只要比例因子很小，小的局部区域搜索就是有效的。因此，我们执行小因子的多倍放大以达到所需的放大率。升尺度方法使用解析线性插值算子 U 和平滑算子 D 计算初始上采样和用于生成样例块的平滑输入图像。这些算子的选择是我们应用的结果。下面介绍滤波器应遵循的几个条件。

对于二进制图像的升尺度，图像尺度加倍，包括通过在每两个像素之间添加零来插入图像，接着进行滤波。二进制降尺度首先包括对图像进行滤波，然后每隔一个像素进行一次二次采样。降尺度操作与正向小波变换中较粗糙近似系数的计算相同，并且升尺度对应于逆向小波变换，不添加任何细节(小波)分量。

这里推导小波变换的二进制尺度扩展到 $N+1:N$ 的形式。网格关系和过滤器如图 7.15 所示。粗 G_l 和精 G_{l+1} 网格点的相对位置具有 N 的周期性。除了二元情况，$N=1$，我们无法保证滤波器是严格平移不变的，它们在每个时期有所不同。如果要求滤波器将一个网格上采样的线性斜坡函数映射到在较粗糙(或更精细)网格上采样的函数相同，则滤波器权重将不得不适应网格之间的不同相对偏移，因此其在 N 个滤波器的每个周期内是不同的。在没有进一步空间依赖性的情况下，$N+1:N$ 变换由对 $N=1$ 个网格点的周期是平移不变的滤波组成，因此需要 N 个不同的滤波器处理不规则网格关系。实际上，这意味着可以使用在 G_{l+1} 中执行的 N 个标准平移不变滤波操作来计算降尺度操作。随后对每 $N+1$ 个像素和滤波图像进行二次采样，产生 G_l 中的 N 个值的总和，即

$$D(I)(n) = (I * \bar{d}_p)\big((N+1)q + p\big) \tag{7.21}$$

其中，$p = n \bmod N$；$q = (n - p / N)$；滤波器 $d_1, d_2, \cdots, d_N$ 是 N 个不同的平滑滤波器；$*$ 表示离散卷积。

二元情况的模拟扩展适用于上采样步骤。N 周期内的每个采样用不同的上采样滤波器 $u_1, u_2, \cdots, u_N$，这些过滤的图像可以总结为

$$U(I)(n) = \sum_{k=1}^{N} (\uparrow I * \bar{u}_k)(n) \tag{7.22}$$

其中，零上采样运算符由 $(\uparrow I)[(N+1)n] = I(n)$ 定义，否则为零。

构成映射及其逆的滤波器称为双正交滤波器[53]。如果先上采样然后下采样，

那么这个关系可能就是必需的，即

$$D(U(I)) = I \tag{7.23}$$

由于 G_l 和 G_{l+1} 具有不同的时间维度，因此不能期望以相反的顺序应用运算符来导致恒等映射。形式上，式(7.23)可以用过滤器表示，即

$$\langle u_i[n], d_j[n-(N+1)k] \rangle = \delta_k \delta_{i-j} \tag{7.24}$$

对每个整数 k 和 $1 \leqslant i, j \leqslant N$ ，$\langle \cdot, \cdot \rangle$ 是点积，以及 $\delta_0 = 1$ ，否则为零。

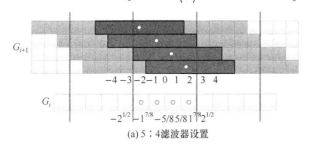

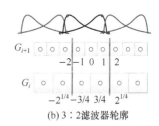

(a) 5：4滤波器设置　　　　　　　　　　　　　(b) 3：2滤波器轮廓

图 7.15　网格关系和过滤器

在高频预测步骤中，生成低频和高频样例块时，缺乏平移不变性或 $N+1$ 个网格点期间的平移不变性。N 个不同的滤波器可以对相同的输入信号做出不同的响应。因此，在比较和粘贴块时，它们的输出不能在高通预测步骤中混合使用。为了避免这种情况，搜索 $N+1$ 像素偏移量的例子，使相同的滤波器响应始终对齐在一起。然后，通过创建多个样例图像 $L_0 = U(D(I_0))$ 来补偿样例块数量的减少。沿每个轴偏移以 $1, 2, \cdots, N$ 像素输入图像 I_0 ，因此总样例块的数量保持不变，就像我们搜索单个像素的偏移，滤波值不混合一样。

7.4.3　滤波器设计

下面设计上采样和下采样滤波器，对图像升尺度过程进行建模。我们引入以下几个条件，以便正确建模并有效的计算。

① 统一尺度。当对图像进行放大和缩小时，我们希望得到的图像因相似性变换而不同，即空间均匀的缩放变换。这种变换通过固定因子(图像网格之间的缩放因子)改变两个点之间的距离。这个属性可以通过线性函数强加给上采样和下采样算子。

② 低频带。相机有一个有限的 PSF 和模糊的抗混叠滤波器，用于根据传感器采样率限制信号(场景)的带宽。这对 D 和 U 都有影响，因此降尺度操作 D 应当对 G_{l+1} 处采样信号之前所需的模糊量的差异进行建模，并且对于较低采样率的 G_l 需要较强的模糊。这就是将 D 设计为传输低频带的低通滤波器的常见做法[54]。频带的长度大致与 $N / (N+1)$ 成比例。

③ 奇点保存。缺失高频带的预测和奇点的正确重构依赖将初始上采样图像中的块与输入平滑版本中的块正确匹配。为了获得精确匹配，平滑图像 $L_0 = U(I_0)$ 和初始上采样图像 $L_1 = U(I_0)$ 中的奇点必须具有相似的形状。这实际上是对下采样算子 D，而不是上采样算子 U 的一个条件，因为 L_0 和 L_1 都是由 U 构成的。这意味着，两者之间的任何差别都不能归因于 U。在实践中，如果下采样算子 D 保留 I_0 中出现的边缘奇点的形状，则产生 I_{-1}。

④ 一致性和最佳复制。一些现有的方法[55-58]要求最终的上采样图像应该与输入一致，即如果减少到输入分辨率，则必须与输入图像相同。这在早期阶段也应该如此，初始上采样图像 L_1 必须与输入一致，即 $D(L_1) = I_0$。由于 $L_1 = U(I_0)$，这个条件可以归结为服从双正交条件(式(7.24))。

实现这一性质意味着预测步骤不需要消除，否则会发生数据丢失(或减弱)。前面提到的现有方法通过求解 $D(I_1) = I_0$，使用线性求解器或者非线性迭代方案隐式地在输出图像 I_1 上强制执行这种关系。通过设计的滤波器组使它们几乎是双正交的，我们通过一个明确且有效的计算近似 L_1 上的这个条件。高频预测步骤的影响会在 I_1 和 I_0 之间的一致性中插入大约 1%的误差。另外，这里提到的不精确的双正交性会增加约 1%的附加误差。实验表明，$D(I_1)$ 与 I_0 的总偏差在像素强度值上约为 2%，这在视觉上是不明显的。

我们试图通过提供现有的超分辨率算法和当前正在研究的高级问题来综述超分辨率技术的概念。超分辨率技术用于提高其性能的其他问题，目前集中在彩色超分辨率算法和压缩系统的应用上。因此，有必要将现有的超分辨率算法扩展到真实的彩色成像系统。考虑彩色超分辨率应用[8,31,59-62]，需要更加小心地使用彩色特性的重建方法。彩色超分辨率中的重要问题是分析彩色滤光片阵列和彩色插值程序的特点，并考虑重建过程中颜色分量之间的相互关系。超分辨率算法在压缩系统中的应用也是需要考虑的[4,63-68]，因为图像在传输和存储之前经常被压缩。

超分辨率图像重建是最受关注的研究领域之一，它可以克服成像系统固有的分辨率限制，提高大多数数字图像处理应用的性能。

参 考 文 献

[1] Komatsu T, Aizawa K, Igarashi T, et al. Signal-processing based method for acquiring very high resolution images with multiple cameras and its theoretical analysis. Communications Speech & Vision Iee Proceedings I, 1993, 140(1): 19-24.

[2] Borman S, Robert S. Spatial resolution enhancement of low-resolution image sequences-a comprehensive review with directions for future research. South Bend: University of Notre Dame, 1998.

[3] Borman S, Stevenson R L. Super-resolution from image sequences-a review// Super-Resolution

from Image Sequences-A Review, 1999: 374-378.

[4] Chaudhuri S. Super-Resolution Imaging. New York: Springer, 2001.

[5] Ur H, Gross D. Improved Resolution from Subpixel Shifted Pictures. New York: Academic, 1992.

[6] Komatsu T, Igarashi T, Aizawa K, et al. Very high resolution imaging scheme with multiple different-aperture cameras. Signal Processing Image Communication, 1993, 5(5-6): 511-526.

[7] Alam M S, Bognar J G, Hardie R C, et al. Infrared image registration and high-resolution reconstruction using multiple translationally shifted aliased video frames. IEEE Transactions on Instrumentation & Measurement, 2002, 49(5): 915-923.

[8] Shah N R, Zakhor A. Resolution enhancement of color video sequences. IEEE Transactions on Image Processing, 1999, 8(6): 879-885.

[9] Nguyen N, Milanfar P. An efficient wavelet-based algorithm for image superresolution//International Conference on Image Processing, 2002: 351-354.

[10] Tsai R Y, Huang T S. Multiple frame image restoration and registration. Advances in Computer Vision & Image Processing, 1984, 1: 101-106.

[11] Kim S P, Bose N K, Valenzuela H M. Recursive reconstruction of high resolution image from noisy undersampled multiframes. IEEE Transactions on Acoustics Speech & Signal Processing, 1990, 38(6): 1013-1027.

[12] Kim S P, Su W Y. Recursive high-resolution reconstruction of blurred multiframe images. IEEE Transactions on Image Processing, 1993, 2(4): 534-539.

[13] Bose N K, Kim H C, Valenzuela H M. Recursive implementation of total least squares algorithm for image reconstruction from noisy, undersampled multiframes// IEEE International Conference on Acoustics, Speech, and Signal Processing, 1993: 269-272.

[14] Rhee S, Kang M G. Discrete cosine transform based regularized high-resolution image reconstruction algorithm. Optical Engineering, 1999, 38(8): 1348-1356.

[15] Hong M C, Kang M G, Katsaggelos A K. Regularized multichannel restoration approach for globally optimal high-resolution video sequence. Proceedings of SPIE, 1997, 3024: 1306-1316.

[16] Hong M C, Kang M G, Katsaggelos A K. An iterative weighted regularized algorithm for improving the resolution of video sequences// International Conference on Image Processing, 1997: 474-477.

[17] Kang M G. Generalized multichannel image deconvolution approach and its applications. Optical Engineering, 1998, 37(11): 2953-2964.

[18] Hardie R C, Barnard K J, Bognar J G, et al. High-resolution image reconstruction from a sequence of rotated and translated frames and its application to an infrared imaging system. Optical Engineering, 1998, 37(1): 247-260.

[19] Bose N K, Lertrattanapanich S, Koo J. Advances in superresolution using L-curve// IEEE International Symposium on Circuits and Systems, 2001, 2: 433-436.

[20] Tom B C, Katsaggelos A K. Reconstruction of a high-resolution image by simultaneous registration, restoration, and interpolation of low-resolution images// International Conference on Image Processing, 2002: 539-542.

[21] Schultz R R, Stevenson R L. Extraction of high-resolution frames from video sequences. IEEE

Transactions on Image Processing, 1996, 5(6): 996-1011.

[22] Hardie R C, Barnard K J, Armstrong E E. Joint MAP registration and high-resolution image estimation using a sequence of undersampled images. IEEE Transactions on Image Processing: A Publication of the IEEE Signal Processing Society, 1997, 6(12): 1621-1633.

[23] Cheeseman B, Kanefsky B, Hanson R, et al. Super-sesolved surface reconstruction from multiple images. Fundamental Theories of Physics, 1996,62: 293-308.

[24] Stark H, Oskoui P. High-resolution image recovery from image-plane arrays, using convex projections. Journal of the Optical, 1989, 6(11): 1715.

[25] Tekalp A M, Ozkan M K, Sezan M I. High-resolution image reconstruction from lower-resolution image sequences and space-varying image restoration// IEEE International Conference on Acoustics, Speech, and Signal Processing, 1992, 2: 169-172.

[26] Patti A J, Sezan M I, Murat T A. Superresolution video reconstruction with arbitrary sampling lattices and nonzero aperture time. IEEE Transactions on Image Processing, 1997, 6(8): 1064-1076.

[27] Eren P E, Sezan M I, Tekalp A M. Robust, object-based high-resolution image reconstruction from low-resolution video// International Conference on Image Processing, 1997: 709-712.

[28] Patti A J, Altunbasak Y. Artifact reduction for set theoretic super resolution image reconstruction with edge adaptive constraints and higher-order interpolants. IEEE Transactions on Image Processing A Publication of the IEEE Signal Processing Society, 2001, 10(1): 179.

[29] Tom B C, Katsaggelos A K. Iterative algorithm for improving the resolution of video sequences// Visual Communications and Image Processing, 1996: 1430-1439.

[30] Elad M, Feuer A. Restoration of a single superresolution image from several blurred, noisy, and undersampled measured images. IEEE Transactions on Image Processing A Publication of the IEEE Signal Processing Society, 1997, 6(12): 1646-1658.

[31] Irani M, Peleg S. Improving resolution by image registration. Graphical Models and Image Processing, 1991, 53(3): 231-239.

[32] Mann S, Picard R W. Virtual bellows: constructing high quality stills from video// International Conference on Image Processing, 2002: 363-367.

[33] Irani M, Peleg S. Motion analysis for image enhancement: resolution, occlusion, and transparency. Journal of Visual Communication & Image Representation, 1993, 4(4): 324-335.

[34] Elad M, Feuer A. Superresolution restoration of an image sequence: adaptive filtering approach. IEEE Transactions on Image Processing, 1999, 8(3): 387-395.

[35] Elad M, Feuer A. Super-resolution reconstruction of image sequences. IEEE Transactions on Pattern Analysis and Machine Intelligence, 1999, 21(9): 817-834.

[36] Chiang M C, Boult T E. Efficient super-resolution via image warping. Image and Vision Computing, 2000, 18(10): 761-771.

[37] Rajan D, Chaudhuri S. Generation of super-resolution images from blurred observations using an MRF model. J. Math. Imaging Vision, 2002, 16: 5-15.

[38] Rajan D, Chaudhuri S. Simultaneous estimation of super-resolved intensity and depth maps from low resolution defocused observations of a scene// International Conference on Computer

Vision, 2001: 113-118.

[39] Rajan D, Chaudhuri S. Generalized interpolation and its application in super-resolution imaging. Image & Vision Computing, 2001, 19(13): 957-969.

[40] Joshi M V, Chaudhuri S, Panuganti R. Super-resolution imaging: use of zoom as a cue. Image & Vision Computing, 2004, 22(14): 1185-1196.

[41] Bose N K, Kim H C, Zhou B. Performance analysis of the TLS algorithm for image reconstruction from a sequence of undersampled noisy and blurred frames// International Conference on Image, 1994: 571-574.

[42] Ng M K, Jaehoon K, Bose N K. Constrained total least-squares computations for high-resolution image reconstruction with multisensors. International Journal of Imaging Systems and Technology, 2002, 12(1): 35-42.

[43] Ng M K, Bose N K. Analysis of displacement errors in high-resolution image reconstruction with multisensors. IEEE Transactions on Circuits & Systems I Fundamental Theory & Applications, 2002, 49(6): 806-813.

[44] Park M K, Lee E S, Park J Y, et al. Discrete cosine transform based high-resolution image reconstruction considering the inaccurate subpixel motion information. Optical Engineering, 2002, 2(41): 370-380.

[45] Lim W B, Min K P, Kang M G. Spatially adaptive regularized iterative high-resolution image reconstruction algorithm// Visual Communications and Image Processing, 2000: 10-20.

[46] Lee E S, Kang M G. Regularized adaptive high-resolution image reconstruction considering inaccurate subpixel registration. IEEE Transactions on Image Processing: A Publication of the IEEE Signal Processing Society, 2003, 12(7): 826-837.

[47] Wirawan P D, Maitre H. Multi-channel high resolution blind image restoration// International Conference on Acoustics, Speech, and Signal Processing, 1999: 3229-3232.

[48] Nguyen N, Milanfar P, Golub G. Efficient Generalized Cross-validation with Applications to Parametric Image Restoration and Resolution Enhancement.New York: IEEE, 2001.

[49] Nguyen N, Milanfar P, Golub G. A computationally efficient superresolution image reconstruction algorithm. IEEE Transactions on Image Processing, 2001, 10(4): 573-583.

[50] Elad M, Hel-Or Y. A fast super-resolution reconstruction algorithm for pure translational motion and common space-invariant blur. IEEE Transactions on Image Processing, 2001, 10(8): 1187.

[51] Freeman W T, Jones T R, Pasztor E C. Example-Based Super-Resolution. New York: IEEE, 2002.

[52] Barnsley M F. Fractal modelling of real world images// The Science of Fractal Images, 1988: 219-242.

[53] Mallat S. A Wavelet Tour of Signal Processing. New York: Academic, 1998.

[54] Pratt W K. Digital Image Processing: PIKS Inside. 3rd Ed. New York: Wiley, 2002.

[55] Tappen M F, Russell B C, Freeman W T. Efficient graphical models for processing images, 2004, 2: II-673-680.

[56] Shan Q, Li Z, Jia J, et al. Fast image/video upsampling// ACM SIGGRAPH Asia, 2008, 27(5): 153.

[57] Glasner D, Bagon S, Irani M. Super-resolution from a single image// International Conference on Computer Vision, 2009: 349-356.

[58] Fattal R. Image upsampling via imposed edge statistics. ACM Transactions on Graphics, 2007, 26(3): 95.

[59] Messing D S, Sezan M I. Improved multi-image resolution enhancement for colour images captured by single-CCD cameras// International Conference on Image Processing, 2000: 484-487.

[60] Ng M K. An Efficient Parallel Algorithm for High Resolution Color Image Reconstruction. New York: IEEE, 2000.

[61] Tom B C, Katsaggelos A K. Resolution enhancement of monochrome and color video using motion compensation. IEEE Transactions on Image Processing, 2001, 10(2): 278-287.

[62] Ng M K, Kwan W C. High-resolution color image reconstruction with neumann boundary conditions. Annals of Operations Research, 2001, 103(1-4): 99-113.

[63] Chen D, Schultz R R. Extraction of high-resolution video stills from MPEG image sequences// International Conference on Image Processing, 2002: 465-469.

[64] Altunbasak Y, Patti A J. A maximum a posteriori estimator for high resolution video reconstruction from MPEG video// International Conference on Image Processing, 2002: 649-652.

[65] Martins B, Forchhammer S. A unified approach to restoration, deinterlacing and resolution enhancement in decoding MPEG-2 video. IEEE Transactions on Circuits & Systems for Video Technology, 2002, 1(9): 803-811.

[66] Segall C A, Molina R, Katsaggelos A K, et al. Reconstruction of high-resolution image frames from a sequence of low-resolution and compressed observations// IEEE International Conference on Acoustics, Speech, and Signal Processing, 2002: 1701-1704.

[67] Park S C, Kang M G, Segall C A, et al. Spatially adaptive high-resolution image reconstruction of DCT-based compressed images. IEEE Transactions on Image Processing, 2004, 13(4): 573.

[68] Gunturk B K, Altunbasak Y, Mersereau R M. Multiframe resolution-enhancement methods for compressed video. IEEE Signal Processing Letters, 2002, 9(6): 170-174.

第 8 章　遥感图像阴影检测与去除

阴影是遥感图像的基本特征之一。阴影会影响图像信息、目标识别和图像融合等，给遥感图像处理带来极大的困难。因此，阴影检测与去除在城市遥感中具有重要的意义。

8.1　阴影的简介

当光线遇到不透明的物体时，会产生黑暗的区域，通常称为阴影。阴影分为本影和投影[1]。如图 8.1 所示，本影是物体本身的阴影，是直线光线被物体另一面遮挡在自身区域形成的阴影部分。投影是直线光线被物体遮挡在其他区域形成的阴影。投影又被分为全影区域和半影区域。全影是光源完全被遮挡而形成的暗区域。半影区域，简单地说就是全影和非阴影区域的一个缓慢过渡，包含部分环境光。该区域的亮度由阴影区域到非阴影区域逐渐增强，是一个光照由暗变亮的过渡区域。这里的半影也称软阴影[2]。半影比全影图像处理起来更困难，因为光

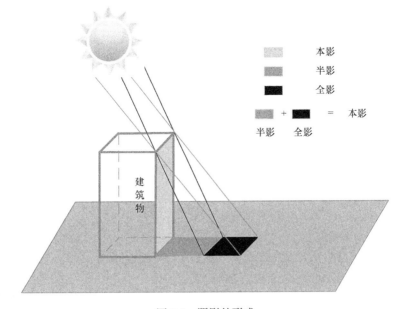

图 8.1　阴影的形成

线的面积非常复杂，所以不易检测。阴影区域和非阴影区域之间有很多联系和区别，是阴影检测的重要理论依据。与非阴影区域相比，阴影区域具有一些基本的属性。

8.1.1　阴影的属性

1. 阴影区与非阴影区相比亮度低

阴影区域较非阴影区具有亮度低的特点。光源主要来自直射光和散射光两个方面，直射光投影物体到地面上形成全影区域。其亮度值基本为 0。来自散射光的照射强度决定阴影区的亮度。

2. 阴影区具有低频的特征

遥感图像经空间域转换到频域后，阴影区域的表现主要是低频。这是由于阴影区域的直射光线被遮挡，阴影区域的亮度只来源于散射光线的光照，亮度被大大压缩，阴影区域的梯度变化也相对较小。

3. 阴影区域某些颜色空间具有不变性的特点

数字图像在彩色空间转换之后，某些颜色特征在阴影区域内不会随着成像条件的变化而变化，如色度、饱和度等颜色特征。例如，归一化的 RGB 空间、C1C2C3、L1L2L3、YCbCr 等彩色空间，阴影区域的某些颜色特征就不会发生变化。

8.1.2　阴影的利弊

阴影有其不利的一面，也有有利的一面。不利的一面在于阴影模糊图像信息，难以提取图像特征。有利的一面，阴影是光线被障碍物遮挡投射到其他物体表面形成的，所以阴影的形状可以反映遮挡物轮廓的形状。我们通过阴影可以确定遮挡物体的几何空间信息，如形状高度、位置等，利用阴影的亮度、位置等信息可以估计、确定成像光源的强度、位置、形状、大小等性质。

8.2　阴影检测的方法

在不同的日常生活应用中，处理图像阴影的目的和要求是不一样的。检测城市遥感影像中建筑物阴影的方法包括基于物理模型的方法、基于颜色空间模型的方法、基于阈值的分割方法、基于种子区域生长的方法和基于几何模型的方法。

基于物理模型的方法分为基于黑体辐射的方法和基于三色衰减模型的方法。基于几何模型的方法分为基于水平集的几何轮廓模型法和基于数学形态学的方法。下面从建筑物的细节考虑投影的去除，不考虑自身阴影的去除。

8.2.1　基于物理模型的方法

基于物理模型的方法需要对照明条件和照相机响应等成像元素进行建模，从物理角度检测阴影，并通过对照相机成像的不同阶段作合理的假设设计不同的检测算法。

下面介绍基于黑体辐射模型的阴影探测物理模型。黑体是一种理想化的物体，可以吸收所有不相关的电磁辐射，无须任何反射或透射。世界上所有的物体都能不断地辐射、吸收和传播电磁波。物体本身的性质和温度称为热辐射。为了研究不依赖物理性质的热辐射规律，科学家提出理想的物体模型——黑体。黑体是热辐射研究的标准对象。黑体辐射是指发射电磁辐射的黑体。2002 年，Finlayson 等[3]假设光源是普朗克光源，成像面是朗伯型，相机响应函数是脉冲响应，通过对光色温信息的先验知识获得所需的参数，然后基于获得的信息对像素进行分类。典型的多光谱传感器的阴影检测已经比其他阴影检测方法有显著的改进。2009 年，Yuan[4]提出一种类似实用的宽带辐射温度计方法。他用统一的辐射温度计模型评估黑体散热器的单位面积辐射率，并引入等效波长的概念，以及相应的计算方法来简化数学模型。2011 年，Makarau 等[5]提出基于黑体散热器物理特性的阴影检测方法，没有使用静态方法，而是自适应地计算特定场景的参数，并允许它们在不同的光照条件下获取许多不同的传感器和图像。

光源的色度为

$$e_r(T) = \frac{M(\lambda_R, T)}{M(\lambda_B, T)} \tag{8.1}$$

其中，$M(\lambda_R, T)$ 为黑体辐射的红光光谱功率；λ_R 和 $e_r(T)$ 为红光的波长和色度；T 为开尔文温度。

黑体光源温度为

$$\frac{i_{r,\text{shadow}}}{e_{r,\text{shadow}}} - \frac{i_{r,\text{light}}}{e_{r,\text{light}}} = 0 \tag{8.2}$$

其中，$i_{r,\text{shaodw}}$ 和 $i_{r,\text{light}}$ 为阴影和光亮区域中红光的色度；$e_{r,\text{shadow}}$ 和 $e_{r,\text{light}}$ 为阴影和光亮区域中红光的光谱辐射。

同理，可以计算出绿色灰度。由于直射光和散射光的颜色不同，因此可以检测阴影区域，即

$$\left(\frac{i_r}{e_{r,\text{shadow}}} - \frac{i_r}{e_{r,\text{light}}}\right) < \text{thresh}_r \tag{8.3}$$

其中，thresh_r 为阴影分割的阈值参数。

　　Tian 等[6]提出三色衰减模型(tricolor attenuation model,TAM)，描述阴影与其阴影背景之间的衰减关系。TAM 通过使用由普朗克黑体辐射定律估计的日光和天窗的光谱功率分布固定参数。此后，Tian 等[7]进一步提出基于 TAM 图像和强度图像组合的阴影检测方法。在以前的研究中，阴影检测依赖 TAM 信息，需要粗分割预处理步骤。TAM 信息和强度信息分开使用。强度信息仅用于提高检测到的阴影的边界精度和细节。它们能有效结合，也可以自由分割。此外，新方法只需要一个阈值来检测阴影，并且能同时处理细节。这些优点使提出的方法在应用中更加稳健且更易于使用。

　　基于黑体辐射模型的方法可以自适应地实现阴影检测，根据光照变化、采集时间、纬度经度坐标、太阳高度、大气条件等因素获取不同遥感图像的高分值。其适应性是计算特定输入图像的参数设定值，允许从单个图像提取所有类型的阴影。基于三原色衰减模型，检测精度高，不需要预先知识，但对于检测边界模糊的阴影，其效果一般。

8.2.2　基于颜色空间模型的方法

　　在阴影检测或图像分割中，有一种基于颜色空间模型的方法使用频率很高。在我们研究的区域，最直接观测的是阴影区域。阴影不能由特定的颜色外观来定义，但是可以通过考虑其对投影区域颜色外观的影响来表征。根据颜色的基本理论，任何颜色都可以由一定比例的三原色组成。阴影区域具有相同的像素值，并且阴影区域的亮度值通常小于非阴影区域的亮度值。阴影的红色、绿色分量一般较小，蓝色分量较大，因此也有学者提出在颜色空间的蓝色通道中提取阴影区域。

　　1985 年，Shafer[8]提出一种分析标准彩色图像的方法，以确定每个像素的界面和体积反射率。该算法利用该模型导出所需的数量，并利用三色积分的特点推导新的像素颜色分布模型来扩展模型，处理散射照明和反射分析的组件。基于 RGB 颜色空间模型的方法有很大的缺点。首先，因为 RGB 颜色空间不是基于人类视觉的颜色空间，所以直接从空间提取色彩特征是非常困难的。其次，颜色空间的一致性差，即颜色空间中任意两点的感知色差与两点之间的空间距离不一致。最后，颜色空间的三个要素强相关，会影响图像压缩。解决办法是颜色空间模型，通常是通过将原始图像转换成对光照不敏感的空间获得的，并且对图像成像条件

(如视角、物体表面方向、照明条件)的变化稍微敏感。由于 RGB 颜色空间的转换非常耗时，Yang 等[9]提出归一化的 RGB 颜色空间，可以有效地将阴影区域与图像分开。在文献[10]，[11]中，作者定义了新的颜色空间 C1C2C3。在白光条件下，粗糙和暗黑的表面对法线、光源方向、光强度不敏感。因此，阴影区域 C1、C2、C3 在颜色空间是不变的特征，阴影区域可以在空间中被检测到。颜色不变特征更有利于阴影区域的检测。Chai 等[12]提出一个具有较强鲁棒性的 YcbCr 颜色空间。Sural 等[13]分析了 HSV 色彩空间的性质，强调对图像像素的色调、饱和度、亮度的视觉感知。基于像素的饱和度值选择色调或强度作为提取像素特征的主要属性。特征提取方法已经应用于图像分割和直方图生成，使用这种方法的分割可以更好地识别图像中的对象。Shi 等[14]提出使用 HSI 颜色空间进行图像分割，更适合色彩视觉，可以有效地解决 RGB 空间的色彩相似性问题。Murali 等[15]提出一种简单的方法检测 RGB 图像中的阴影，基于图像 A、B 平面中 RGB 图像的平均值选择阴影检测方法，增加图像中阴影区域的亮度，然后校正部分表面的颜色来匹配表面的明亮部分。Khekade 等[16]改进了 RGB 和 YIQ 色彩空间方法，并将这两种空间方法结合起来，可以得到更好的效果。

定义两种颜色特征不变量 L1L2L3 和 C1C2C3。它们与归一化的 RGB 颜色空间相似。其变换公式如下。

归一化颜色空间，即

$$L_1 = \frac{(R-G)^2}{(R-G)^2 + (R-B)^2 + (G-B)^2}$$

$$L_2 = \frac{(R-B)^2}{(R-G)^2 + (R-B)^2 + (G-B)^2}$$

$$L_3 = \frac{(G-B)^2}{(R-G)^2 + (R-B)^2 + (G-B)^2} \tag{8.4}$$

归一化 C1C2C3 颜色空间，即

$$C_1 = \arctan\left(\frac{R}{\max(R,B)}\right)$$

$$C_2 = \arctan\left(\frac{G}{\max(R,B)}\right)$$

$$C_3 = \arctan\left(\frac{B}{\max(R,B)}\right) \tag{8.5}$$

基于颜色空间模型的方法是转换 RGB 颜色空间模型常用的方法。它弱化了三种颜色分量之间的相关性，使其更符合阴影检测研究。当所有的成像条件都受到控制时，RGB 适合用于多色物体识别。C1C2C3 色彩空间模型和归一化 RGB 色彩模型是最适合的，如果没有高光和白色的光照约束，基于颜色空间变化的阴影检测方法对于区分不同颜色的对象是非常有效的，因为阴影与亮度阴影无关，但是具有在低强度下对噪声敏感的缺点。非线性变换空间适用于图像处理，但是由于非线性变换，大量的计算色彩空间存在奇异性问题。

8.2.3 基于阈值分割的方法

基于阈值分割的方法对图像分割是有效的，也适用于阴影检测。其最大的特点是计算简单，并得到广泛的应用。该方法使用一个或多个阈值将图像的灰度划分为多个部分，将属于同一部分的像素视为同一对象。基于阈值分割的方法可以分为全局阈值法和局部阈值法。全局阈值方法使用全局信息寻找整个图像的最佳分割阈值。局部阈值法将原始图像分成几个小的子图像，然后用全局阈值法找出每个子图像的最佳阈值。常用的全局阈值法有双峰法[17]、大津法[18]。阈值分割的结果在很大程度上取决于阈值的选择，因此该方法的关键在于如何选择合适的阈值。全局阈值法和双峰法的基本原理是对目标与背景的灰度级有明显差别的图像，其灰度直方图的分布呈双峰状。两个波峰分别与图像中的目标和背景对应，波谷与图像边缘对应。当分割阈值位于谷底时，图像分割可取得最好的效果，但是对于灰度直方图中波峰不明显或波谷宽阔平坦的图像，不能使用该方法。Tseng 等[19]提出一种圆形直方图阈值化彩色图像分割方法，基于 HSI 色彩空间构造圆形色调直方图。然而，直方图通过尺度空间滤波器自动平滑，转换为传统的直方图形式，并按最大方差原则递归地进行阈值处理。Tobias 等[20]提出一种基于灰度相似度阈值直方图的方法来克服影响大多数传统方法的局部最小值，通过模糊度来评估它们的相似性。通过将提出的方法与最小化阈值相关准则函数的结果进行比较，该方法对改进的多模态直方图进行验证，提出的方法不尝试检测全局最小值，可以避免局部最小拥挤。Bonnet 等[21]将隶属关系与每个像素关联来实现图像空间中的概率松弛，通过放宽模糊隶属度获得分割图像。Chung 等[22]提出基于连续阈值比(successive thresholding scheme,STS)的算法检测彩色航空影像的阴影，根据提出的校准尺度，采用全局阈值法构造粗糙阴影图。在粗糙的阴影图中，首先将所有像素分类为真实阴影和候选阴影。另外，阴影检测过程被用来区分真实的阴影和候选阴影。基于区域的全局阈值分割方法也有边缘算子法和四叉树法。Li 等[23]提出一种结合 Zernike 矩和高斯算子的边缘检测方法。该测试包括两个步骤。

① 使用高斯平滑图像。

② 使用 Zernike 算子定位边缘。

在第二步中，只使用一个模板来计算边缘。这样，新方法的计算复杂度比使用 Zernike 矩算子的计算复杂度低三分之一。

在大津法中，阈值 t 将图像的像素分成 C_0 和 C_1 (目标和背景)，σ_W^2、σ_B^2 和 σ_T^2 分别表示类内方差、类间方差和总方差。阈值 t 的分割质量可以通过以下三个标准函数来测量，即

$$\lambda = \frac{\sigma_W^2}{\sigma_W^2}, \quad \kappa = \frac{\sigma_T^2}{\sigma_W^2}, \quad \eta = \frac{\sigma_B^2}{\sigma_W^2} \tag{8.6}$$

其中

$$\sigma_W^2 = \omega_0 \sigma_0^2 + \omega_1 \sigma_1^2 \tag{8.7}$$

$$\sigma_B^2 = \omega_0 \omega_1 (\mu_0 - \mu_1)^2$$

$$\sigma_T^2 = \sigma_W^2 + \sigma_B^2, \quad \omega_0 = \sum_{i=0}^{t} P_i, \quad \omega_1 = 1 - \omega_0 \tag{8.8}$$

$$\mu_T = \sum_{i=0}^{L-1} iP_i, \quad \mu_i = \sum_{i=0}^{t} iP_i, \quad \mu_0 = \frac{\mu_t}{\omega_0}, \quad \mu_1 = \frac{\mu_T - \mu_t}{1 - \omega_0} \tag{8.9}$$

最佳阈值 t^* 可以通过找出类之间的最大方差获得，即

$$t^* = \arg \max_{t \in G} \sigma_B^2 \tag{8.10}$$

阈值分割是一种常用的区域分割技术，对与背景具有强烈对比度的对象分割尤其有用。直方图技术用于确定阈值。大津法非常简单，可以自动一致地选择最佳阈值，涵盖无监督决策过程。

8.2.4　基于种子区域增长的方法

基于种子区域生长方法，算法首先通过改进的各向同性边缘检测器和快速熵阈值分割技术自动获得图像中的彩色边缘获得有色边缘提供图像之后，这些相邻边缘区域之间的质量中心被用作区域生长的初始种子。然后，通过逐渐合并所需的像素，将这些种子替换为生成的统一图像区域的质心。

Adams 等[24]提出种子区域生长(seeded region growing, SRG)方法。这种方法需要输入多个种子(单个像素或区域)，控制图像划分成的区域。SRG 方法本质上取决于像素的处理顺序，处理效果有待提高。Mehnert 等[25]提出一种改进的种子区域生长算法。Fan 等[26]提出一种使用颜色边缘检测，自动选择初始种子的区域生长方法。Stewart 等[27]保存种子所需的 SRG 方法及预定种子的需求。Shih 等[28]提出一种自动化种子区域生长的彩色图像分割算法，首先自动选择原始种子，然后将彩色图像划分为对应于每个区域的种子区域，最后合并相似或小的区域。Kong 等[29]提出自动种子生长的阴影检测算法。Xie[30]提出一种改进的区域增长算法。

该算法利用颜色分类结果与连续图像之间的相似性改进种子搜索方法，比全局种子搜索方法节省时间。Yang 等[31]提出一种集成分水岭和自动播种面积增长的彩色图像分割算法。Preetha 等[32]引入自动种子区域增长算法 ASRG-IB1，用于执行彩色和多光谱图像分割。种子是通过直方图分析自动生成的，通过分析每个频带的直方图可以获得代表像素值的区间。

自动种子选择必须满足以下三个标准。首先，种子像素必须与邻居有很高的相似性。其次，对于一个预期的区域，至少要生成一个种子才能生成这个区域。最后，不同地区的种子必须断开。

以流域法生成的面积为种子面积，记为 N, 对 $R_i, i = 1, 2, \cdots, N$, 区域选择条件如下。

条件 1, 被选作种子的区域必须与其邻近区域具有高度相似性。换句话说，候选种子区域的相似程度必须高于某个阈值。

一个地区与其邻居的相似程度可以定义为 $V_R^i = R_i R_j \mid R_j \in R, J = 1, 2, \cdots, K, i$ 和 j 是连续的区域。

一个区域与其相邻区域的相似度函数可定义为

$$f(R_i, V_R) = w_1 \sinh(R_i) + w_2 \text{sims}(R_i) \tag{8.11}$$

并且

$$\text{simh}(R_i) = \sqrt{\frac{\sum_{t=1}^{k+1}\left(x_t - \bar{x}\right)}{k+1}}$$

$$\text{sims}(R_i) = \sqrt{\frac{\sum_{t=1}^{k+1}\left(y_t - \bar{y}\right)}{k+1}} \tag{8.12}$$

其中，x_t 为 V_R^i 中每个区域的色调分量平均值；$\bar{x}$ 为 V_R^i 中所有区域色调分量的平均值；y_t 为 V_R^i 中每个区域的饱和度分量平均值；$\bar{y}$ 为 V_R^i 中所有区域饱和度分量的平均值。

根据经验，w_1 的值取 0.8，w_2 的值取 0.2。

条件 2, 一个区域与其相邻区域的最大欧氏距离小于阈值。欧氏距离可以通过该区域色调分量的平均值来计算。

定义条件 2 的原因是确保所选种子区域的位置不在两个期望的区域之间的边界处。自动种子生长法具有分割速度快的优点，并且是健壮的。

8.2.5 基于几何模型的方法

几何模型的方法可以更好地以虚拟方式表示对象。该方法主要根据图像阴影区域的形状、大小、位置和结构来设计不同的算法。Fang 等[33]提出一种结合局部分类水平集和颜色特征的遥感阴影检测方法提高不均匀阴影和明暗的检测效果。

1. 基于水平集的几何轮廓模型方法

Osher 等[34]提出水平集方法。该方法可以有效地解决曲线演化中算法的拓扑变化问题。近年来，该算法在图像处理领域得到广泛的应用[35]，特别是在图像分割方面取得很大的进展。Kass 等[36]提出主动轮廓模型，在一系列外部约束力和图像内在能量的影响下演化初始曲线，直到曲线在图像的边缘停止，从而达到阴影检测的目的。Caselles 等[37]提出一种具有较好曲线拓扑能力的水平集几何主动轮廓模型。上述方法的缺点是图像模糊、噪声大、图像处理效果不好。Zhao 等[38]提出一种多阶段水平集的图像分割方法，即每个分段对应一个水平集函数。算法要求子域不重叠，效率不高。2001 年，Chan 等[39]提出基于 Mumford-Shah 模型的水平集图像分割算法，能量函数用于最小化图像分割。该算法是全局最优的。对于演化方程，数值解是从尺寸曲线演化到高维空间表面演化问题（即水平集方法）的演化水平集函数的隐式解。以二维平面演化曲线为例，将其嵌入一个曲面中，并转换为一个零水平的三维曲面作为水平集函数。这个阶段的模型可以克服参数主动轮廓模型中的一些缺陷，但是并没有解决优化主动轮廓更深层次的问题。通过曲线演化方程与水平集函数的关系可以得到测地线活动轮廓模型的水平集解。

Mumford-Shah 模型是基于能量最小化的图像分割或降噪模型，其基本形式为

$$E(u,c) = \int_{\Omega} |u - u_0|^2 \, \mathrm{d}x\mathrm{d}y + \mu \int_{\Omega\backslash c} |\nabla u|^2 \, \mathrm{d}x\mathrm{d}y + v\mathrm{length}(c) \tag{8.13}$$

其中，μ 和 v 为非负常数；Ω 为图像区域；c 为区域的边界；u_0 为初始图像；u 为接近原始图像的分段平滑图像 u_0。

要解决的问题是最小化能量函数 $E(u,c)$。水平集方法可以有效地解决以前算法无法解决曲线演化中拓扑变化的问题。基于水平集的几何轮廓模型的优点是分割精度高、速度快、演化缓慢，缺点是对非均匀灰度图像处理的效果不理想。

2. 基于数学形态学的方法

数学形态学是一种有效的阴影检测方法，显示了与频谱相反，但在空间上相似的特征。数学形态学是用于图像分析的一组格子理论方法，旨在定量描述图像对象的几何形状[40]。其基本思想是利用具有一定结构的元素来测量和提取图像中的相应形状进行分析和识别。其基本操作是侵蚀扩展，根据这两个操作来定义其他操作。遥感图像的阴影部分表现为频域的低频部分，数学形态学通过首先将其

关闭然后打开来分离图像的高频部分和低频部分。Sandić[41]提出使用数学形态学分析图像，进行分割图像检测。Evans 等[42]提出一种基于向量差分的彩色边缘检测器，基本技术是将掩模向量之间的最大距离作为输出，并将其应用于标量图像时将其减小为经典的形态梯度。这种技术在计算上相对有效，可以很容易地应用于其他矢量值图像。Zhao 等[43]提出一种基于 8 个不同方向形态多结构元素的边缘检测算法，通过形态学梯度算法得到不同的边缘检测结果，通过综合加权法得到最终边缘效应。Wang 等[44]提出一种基于经典光纤面极(optical fiber panel, OFP)阴影检测方法的新的边缘算子和数学形态学。首先，用 Canny 算子检测阴影边缘，选择最佳的数学形态学和结构元素，然后通过关闭算法连接阴影边缘。Xing 等[45]通过设置灰度阈值分割连接的阴影区域和相应的区域，并使用形态学算法来构建相邻的匹配区域。Huang 等[46]改进了基于数学形态学的方法，提出形态阴影指数检测用作建筑物空间约束的阴影，提出一种双阈值滤波方法。然后，将该框架应用到基于目标的环境中，利用几何指标和植被指数消除狭窄道路和明亮植被的噪声。Song 等[47]提出一种基于形态滤波的新型阴影检测算法和基于实例学习方法的阴影重建算法。在阴影检测阶段，通过阈值法生成初始阴影掩模，然后通过形态学滤波去除噪声和阴影区域。

在数学形态学中，结构元素的作用相当于信号处理过滤窗口，因此结构元素的选择决定图像的几何特征是否能够很好地被保留，从而准确地提取阴影区域。算法将图像转换为灰度图像 $F(x,y)$，引入结构元素 $S(x,y)$，关闭 $F(x,y)$，即

$$F_c(x,y) = F(x,y)S(x,y) \tag{8.14}$$

打开 $F_c(x,y)$，利用结构元素是 $W(x,y)$ 可得到图像的低频区域，即

$$F_{e^o}(x,y) = F_c(x,y)W(x,y) \tag{8.15}$$

对获得的低频区域进行阈值处理可以提取阴影区域。

数学形态学方法能有效检测图像的边缘，分割出阴影和非阴影区域，抑制噪声影响和过分割现象，但算法较为复杂，不能满足全自适应分割的要求。

8.2.6　阴影检测方法对比

阴影检测方法的优缺点对比如表 8.1 所示。

表 8.1　阴影检测方法优缺点对比

方法		优点	缺点
基于物理模型的方法	基于黑体辐射模型的方法	阴影检测的鲁棒性和准确性可以自适应地实现	建立模型所需的参数往往不易获得，计算复杂度高
	基于三色衰减模型的方法	检测精度高，不需要预先知识	检查边界模糊的阴影，效果一般

续表

方法		优点	缺点
基于颜色空间模型的方法		基于颜色空间模型的许多方法是最广泛使用的。C1C2C3、HSI、HSV 和 LAB 的颜色空间可以很好地解决 RGB 颜色空间三个分量强关联的问题。区分不同颜色的物体是非常有效的	对低光噪声敏感，没有通用的色彩空间方法
基于阈值分割的方法		算法简单，应用广泛	对多种光照条件的阴影效果差
基于种子区域增长的方法		自动种子生长方法稳健，分割速度快	自动选择种子方法很多都是主观的，会影响分割结果
基于几何模型的方法	基于水平集的几何轮廓模型方法	几何轮廓模型的优点是分割精度高，速度快	进化缓慢，不均匀的灰度图像处理效果不理想
	基于数学形态学的方法	抑制噪声的影响，抑制过度分割现象	算法比较复杂，不能满足自适应分割的要求

8.3　阴影去除的方法

阴影导致图像细节变模糊，给图像特征提取带来极大的困难，前面已经介绍了几种阴影检测的方法，之后的步骤是阴影去除(阴影补偿)，直接关系到阴影区域恢复的效果。下面介绍基于颜色恒常性的方法、基于 Retinex 图像的方法、基于 HIS 色彩空间的方法、基于同态滤波的方法和基于马尔可夫场的方法。

8.3.1　基于颜色恒常性的方法

基于颜色恒常性的方法是把非标准光照下的区域变换到标准光照下，模拟阴影区域在标准光照下的情况达到去除阴影的目的。标准光照是使白光在 RGB 三个通道刺激相等的光照颜色。为了得出阴影区域在标准光照下的颜色，颜色恒常处理由此得来。人类都有一种不因光源或外界环境因素的影响而改变对某个物体色彩判断的心理倾向，这种倾向即颜色恒常性[48]。基于这一特性，我们首先把颜色恒常用到图像处理中消除光照的影响，去除阴影，得到阴影区本来的色彩颜色，然后把阴影区的非标准光照条件转化到非阴影区的标准光照条件，利用光照的线性比完成阴影的去除，其中估计标准光源是关键步骤[49]。

在光源颜色估计上，人们提出很多方法，如 Gray-World 算法、Max-RGB 算法[50]。Finlayson 等[51]提出 Shades of Gray 算法，认为光源颜色可以通过明可夫斯基范式求得。van de Weijer 等[52]提出新的基于颜色恒常性的算法，结合明可夫斯基范式可求得光源颜色。

明可夫斯基范式为

$$e = k\left(\frac{(f(x,y))^p \, dxdy}{dxdy}\right)^{\frac{1}{p}} = k\left(\frac{\sum_{x=1}^{M}\sum_{y=1}^{N}(f(x,y))^p}{MN}\right)^{\frac{1}{p}} \tag{8.16}$$

其中，e 为当前区域的光源颜色；f 为图像各通道的灰度值；k 为比例系数；p 为改范式中的指数参数，取值 $[1,\infty)$，决定估计光源使用图像各个灰度值的侧重情况，$p=1$ 时为 Gray-World 算法，$p=\infty$ 时为 Max-RGB 算法。

与普通图像相比，遥感图像成像范围大、涉及的地物复杂，特别在大城市的中心区域，建筑物阴影会造成相邻地物间极大的光照条件差异。由于 Gray-World 和 Max-RGB 算法都包含在明可夫斯基范式内，因此下面利用 Shades of Gray 算法研究对城市中心区高分辨率遥感图像进行阴影去除，分析比较该算法对高分辨率遥感图像阴影去除的效果和适应性。

在原始彩色航空图像的各个通道图像上，分别进行光源颜色估计、去除阴影。具体步骤如下。

① 将图像分解为 $T_R(i,j)$、$T_G(i,j)$、$T_B(i,j)$ 三个灰度图像，将某个灰度图像分成阴影区 $c(i,j)$ 和非阴影区 $q(i,j)$，则图像 $t(i,j)$ 为

$$t(i,j) = c(i,j) + q(i,j) \tag{8.17}$$

② 对阴影区和非阴影区用明可夫斯基范式进行颜色恒常性计算，得出光源颜色 e_1、e_2。

③ 阴影区变换到标准光照条件下为

$$c_b(i,j) = c(i,j)e_1^{-1} \tag{8.18}$$

④ 非阴影区变换到标准光照条件下为

$$q_b(i,j) = q(i,j)e_2^{-1} \tag{8.19}$$

⑤ 当阴影区变为非阴影区光照条件时，有

$$c_q(i,j) = c(i,j)\frac{e_2}{e_1} \tag{8.20}$$

⑥ 去除阴影后的图像为

$$T_R'(i,j) = c_q(i,j) + q(i,j) \tag{8.21}$$

将处理后的每个灰度图像 $T_R'(i,j)$、$T_G'(i,j)$、$T_B'(i,j)$ 按 R、G、B 输出。

基于颜色恒常的方法比一般的阴影区反差拉伸方法效果好，且与一般场景影

像的阴影去除不同。对真彩色和红外两类遥感图像，p 取 2 时阴影去除效果最佳，说明这两类影像不能简单地看成灰色图像。此方法对于信息单一的图像效果较好，缺点是还原的色彩偏重。

8.3.2　基于 Retinex 图像的方法

基于 Retinex 的算法最早由 Land 等[53]提出。Retinex 是由两个单词合成的，分别是 retina 和 cortex，即视网膜和皮层。Retinex 是以颜色恒常性为基础的，不同于传统的线性、非线性只能增强图像某一类特征的方法，它可以在动态范围压缩、边缘增强和颜色恒常三个方面达到平衡，因此可以对各种不同类型的图像进行自适应的增强。Jobson 等[54]提出将单尺度 Retinex 算法用于图像增强，通过将像素点的灰度值与以它为中心进行高斯平滑后得到的灰度值作差值，以该差值作为相对明暗关系，对原像素点进行灰度值校正。Jobson 等[55]提出多尺度 Retinex 算法，将高斯卷积按照模板大小划分为若干级，分别使用单尺度 Retinex 方法求解每一级的灰度校正值，再将多个输出结果进行加权求和得到多尺度 Retinex 的增强结果。Finlayson 等[56]将 Retinex 算法运用到图像阴影去除中，为阴影去除提供方案。唐亮等[57]提出基于模糊 Retinex 算法的阴影去除方法，将图像模糊划分为阴影区域和非阴影区域，分别计算其模糊 Retinex，再综合得出图像的 FSSR 输出结果。FSSR 在模糊的中心环绕空间对比运算仅在光照强度相近的区域进行，可以增强 Retinex 在光照强度变化较大的场景中的鲁棒性，在保持原图像自然色彩的前提下可以取得较好的阴影去除效果。张肃等[58]提出基于模糊 Retinex 的高空间分辨率遥感图像阴影消除方法，处理效果较为理想。

此外，在单尺度 Retinex 算法中，刘家朋等[59]提出一种基于单尺度 Retinex 算法的非线性图像增强算法。该算法首先利用卷积函数对原图像进行卷积，得到亮度图像的粗估计，然后利用非线性变换增强原图像的对比度，将增强后的图像与粗估计的亮度图像在对数域中相比得到反射图像，同时应用 Gamma 校正调整反射图像，并将调整后的反射图像与粗估计的亮度图像进行合成，得到最终的增强图像。杨玲等[60]提出一种自适应 Retinex 的航空影像阴影消除方法。在多尺度 Retinex 算法发展中，王小明等[61]提出一种基于快速二维卷积和多尺度连续估计的算法。该算法可以充分利用二维图像高斯卷积的可分离性和多尺度照射光连续估计的可行性，降低 Retinex 算法的复杂度。同时，对于增强后图像色彩容易失真的现象，他们提出一种去极值的直方图裁剪法，用于保持图像色彩信息和提高对比度。王潇潇等[62]针对阴影部分细节恢复的 Retinex 模型，提出一种将多尺度 Retinex 算法与泰勒拉伸相结合的新型算法。算法采用高斯滤波无限脉冲响应实现多尺度 Retinex，并通过一元二次泰勒展开函数对图像进行拉伸，同时利用高斯分布对拉伸区域进行自适应设定。下面介绍单尺度 Retinex 算法和多尺度 Retinex 算法。

1. 单尺度 Retinex 算法

设亮度图像 $L(x,y)$ 是平滑的，反射图像为 $R(x,y)$ ，原图像为 $I(x,y)$ ，高斯卷积函数为 $G(x,y)$ ，则有

$$I(x,y) = L(x,y)*R(x,y)$$
$$L(x,y) = I(x,y)*G(x,y) \tag{8.22}$$

在对数域中，单尺度 Retinex 可以表示为

$$\log R(x,y) = \log(I(x,y)/L(x,y))$$
$$\log R(x,y) = \log I(x,y) - \log(I(x,y)*G(x,y)) \tag{8.23}$$

其中，$G(x,y)$ 满足下式，即

$$G(x,y)\mathrm{d}x\mathrm{d}y = 1 \tag{8.24}$$

令 c 为尺度常量，c 越大，灰度动态范围压缩得越多，c 越小，图像锐化得越多。

对灰度图像，单尺度 Retinex 算法可以较好地增强图像，但是当图像中有大块灰度相似的区域时，增强后的图像会产生晕环现象。

2. 多尺度 Retinex 算法

$$R_i(x,y) = \sum_{K=1}^{K} W_k(\log I_i(x,y) - \log(F_k(x,y)*I_i(x,y))) \tag{8.25}$$

其中，$i = 1,2,\cdots,N$ 表示波段号，对于灰度图像，$N=1$ ，对于彩色图像，$N=3$ ，分别对应彩色图像的 R、G、B 分量，同时也对应光谱的长波、中波、短波；$R_i(x,y)$ 为第 i 个波段的 Retinex 增强图像；$I_i(x,y)$ 为第 i 个波段的原图像；K 为环绕函数个数，也就是尺度的个数；W_k 为对应第 k 个尺度的权重因子；F_k 为第 k 个环绕函数，一般 F_k 取高斯函数，其二维表达式为

$$F(x,y) = C\exp\left(-\frac{x^2+y^2}{2\sigma^2}\right) \tag{8.26}$$

其中，σ 为标准差；C 为归一化因子。

多尺度 Retinex 是单尺度 Retinex 在多个尺度上的综合，它使图像在动态范围压缩，在色彩呈现方面有良好的平衡，能够同时实现图像的锐化、动态范围的压缩、对比度改善、颜色恒常性和颜色的重现，使图像的处理效果更加理想。

基于 Retinex 图像的方法，特别是基于模糊 Retinex 的方法保持原图像自然

色彩，使得阴影去除之后的图像更加自然。缺点是传统的中心环绕 Retinex 图像增强方法在处理高动态范围图像时易在明暗对比强烈处产生光晕现象。

8.3.3　基于 HSI 色彩空间的方法

在数字图像处理中，彩色图像常用的模型是 RGB 模型。该模型广泛地应用于彩色显示器和彩色相机。HSI 模型最符合人描述和解释颜色的方式。HSI 图像的特点是 I 分量是关于图像亮度的指标，能明确地反映阴影的信息和特点。图像中阴影和非阴影区域在的第三个分量上会有明显的数值差异。基于 HIS 色彩空间的处理方法首先把图像从 RGB 空间转到 HSI 色彩空间，然后对阴影区域的 H、S、I 分量进行补偿，最后把图像转回 RGB 空间图像中，达到阴影补偿的效果，因此在色彩空间中处理图像阴影有其方便之处，更加容易实现我们的目标。

HSI 是数字图像的模型，反映视觉系统感知彩色的方式，以色调、饱和度、亮度三种基本特征量来感知颜色。Suzuki 等[63]将 HIS 色彩空间的方法应用到遥感图像阴影补偿中，在保留非阴影区域的同时，可以提高特征阴影区域的可见性，并保留阴影区域的自然色调，抑制边界周围的伪边界。王树根等[64]提出一种彩色航空影像上阴影区域信息补偿的方法，对阴影区域的蓝色分量进行适当抑制，选择在 RGB 颜色空间对原始影像进行亮度和颜色调整。算法首先将影像从 RGB 颜色空间转换到包含亮度信息的 HSI 颜色空间，然后对亮度值 I 进行数学形态学的开闭运算，得到影像亮度的低频部分 IL，对 IL 作阈值处理和带条件的腐蚀运算，将阴影区域和非阴影区域分离，最后在 RGB 颜色空间中，通过亮度信息对原始影像阴影区域中的 R、G、B 分量分别进行调整，以达到阴影补偿的目的。杨俊等[65]基于阴影属性提出一种全自动彩色影像阴影去除算法，首先将影像变换到 HSI 空间，依据阴影区域亮度值低和饱和度高的特性，结合小区域去除和数学形态学处理，得到精确的阴影区域；然后对 I、H、S 分量图中各个独立阴影区域与其邻近的非阴影区域进行匹配补偿，再反变换到 RGB 空间，完成阴影去除操作。王蜜蜂等[66]通过分析研究抑制蓝色分量和亮度线性补偿算法，利用阴影区域与其同质区信息相似的特点，提出基于 RGB 和 HSI 色彩空间的阴影补偿算法。其主要思想是在 RGB 色彩空间抑制阴影区域的蓝色分量，因为阴影区域的蓝色分量最大，然后在 HIS 色彩空间中，分别补偿 H、S、I 分量。

邻近的非阴影区域是结合阴影区域和阴影投射方向得出的，采用的计算公式如下，即

$$Q_{\text{noshadow}} = \left\{ p \mid 0 < d(p, \Omega_{\text{shadow}}) < \text{dist} \right\} \tag{8.27}$$

其中，Q_{noshadow} 为邻近某个距离阈值 dist 的非阴影区域集合；$d(p, \Omega_{\text{shadow}})$ 为阴影投射方向某个点到阴影区域的距离。

在得出每个独立的阴影区域及其邻近的非阴影区域之后，采用如下映射策略对阴影区域的灰度值进行补偿，即

$$I(i,j)' = A*\left(m_{\text{noshadow}} + \frac{I(i,j) - m_{\text{shadow}}}{\sigma_{\text{shadow}}}\sigma_{\text{noshadow}}\right) \tag{8.28}$$

其中，I 为补偿之前的阴影区灰度值；I' 为补偿之后的阴影区域灰度值；m_{noshadow} 和 σ_{noshadow} 为阴影区域的均值和方差；m_{shadow} 和 σ_{shadow} 为邻近阴影区域的均值和方差；A 为亮度补偿强度参数。

阴影对图像的影响不仅降低图像的亮度，同时也改变该区域的色调和饱和度，所以单纯对亮度进行补偿并不能恢复阴影区域的真实色彩。参照亮度补偿的方式，对 S 和 H 分量图上各个独立阴影区域分别与邻近的非阴影区域进行匹配，补偿策略为

$$S(i,j)' = B*\left(m_{\text{noshadow}} + \frac{S(i,j) - m_{\text{shadow}}}{\sigma_{\text{shadow}}}\sigma_{\text{noshadow}}\right) \tag{8.29}$$

$$H(i,j)' = C*\left(m_{\text{noshadow}} + \frac{H(i,j) - m_{\text{shadow}}}{\sigma_{\text{shadow}}}\sigma_{\text{noshadow}}\right) \tag{8.30}$$

其中，S 和 H 为补偿之前的阴影区域饱和度值和色调；S' 和 H' 为补偿之后的阴影区域饱和度值和色调值；B 为饱和度补偿强度系数；C 为色调补偿强度系数。

基于 HIS 色彩空间的方法阴影补偿结果真实感强、效果较好，对非阴影区的影响较小，但是色彩空间的多次转换会造成复杂度高的问题。

8.3.4　基于同态滤波的方法

基于同态滤波的遥感图像阴影去除方法，首先将遥感图像变换到频域空间，使用增强高频、抑制低频的滤波器对图像进行处理，然后反变换到空间域，使图像的灰度动态范围得到压缩，同时使目标图像灰度级得到扩展，从而抑制照射部分的影响，实现遥感图像中的阴影消除。闻莎等[67]介绍了常用的同态滤波的算法，从传统的频域算法到现在常用的空域算法，在空域采用邻域平均和高斯函数两种算法近似实现低通滤波，但计算效率不高。因此，利用滑窗思想和模板分解思想对邻域平均和高斯函数滤波两种算法分别进行改进，可以大大提高空域同态滤波的计算效率。郭丽等[68]在同态滤波的基础上，引入基于小波变换的同态滤波方法，充分利用小波变换的多尺度、空频域分析特性，采用同态滤波器对小波分解系数进行处理，增强阴影地区的细节信息。陈春宁等[69]在频域中利用同态滤波增强图像对比度，通过对高斯高通滤波器、巴特沃斯高通滤波器、指数高通滤波器的改进后得出三种同态滤波器，并给出适用的滤波模型和表达式参数。巴特沃斯同态滤波函数优于其他两种同态滤波函数，对光照不足的图像进行灰度动态范围压缩

和对比度增强效果显著。李刚等[70]提出基于同态滤波的像素替换法。该方法既可以去除薄云，又可以恢复无云区域的信息，使处理后的图像和原始图像在无云区域有极大程度的相似性。焦竹青等[71]提出一种基于同态滤波的光照补偿方法，在频域内采用同态滤波对图像进行处理，然后将巴特沃斯高通滤波传递函数引入同态滤波器中，设计出一种新的动态巴特沃斯同态滤波器，增强图像的亮度分量。在增加图像高频分量的同时，削减低频分量，弥补光照不足引起的图像质量下降，实现对图像的光照补偿。郝宁波等[72]提出一种基于同态滤波的高分辨率遥感图像阴影消除方法，使用一种能够同时增强高频部分、削弱低频部分的滤波器，最终结果是既使图像的动态范围压缩，又使图像各部分之间的对比度增强。基于同态滤波的遥感图像阴影消除方法可以实现对遥感图像中阴影的消除，取得理想的结果。与基于色彩空间的阴影消除方法相比，基于同态滤波的遥感影像的阴影消除方法不但可以减少阴影检测这一步骤，而且可以大大降低人机交互操作，实现计算机自动化遥感图像的阴影消除。

遥感图像中像素的灰度值包括两个分量，一个分量是光源直射景物漫反射光产生的入射光量，另一个分量是由环境中周围物体散射到物体表面再反射出来的光产生的反射光量。它们分别被称为照射分量和反射分量。阴影图像的灰度值对应反射分量，增强反射分量同时压缩照射分量，从而消除阴影。通常图像照射分量变化慢，在图像频域对应低频分量。反射分量倾向于急剧变化，对应高频分量。因此，使用合适的滤波器，就可以使图像的灰度动态范围压缩，实现遥感影像中的阴影消除。同态滤波的算法框图如图 8.2 所示，$f(x,y)$ 和 $g(x,y)$ 表示输入和输出图像，ln 表示对数运算，FFT 表示快速傅里叶变换，$H(u,v)$ 表示滤波函数，FFT^{-1} 表示快速傅里叶逆变换，exp 表示指数运算。

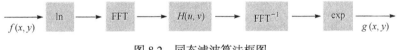

图 8.2　同态滤波算法框图

算法过程如下。

① 遥感图像某一波段的灰度图像 $f(x,y)$ 可以由照射光量和反射光量乘积表示，即

$$f(x,y) = f_i(x,y) * f_r(x,y) \tag{8.31}$$

② 对影像逐个像素值取对数运算，将照明分量和反射分量由原来的乘性分量变成加性分量表示，即

$$\ln f(x,y) = \ln(f_i(x,y) * f_r(x,y)) = \ln f_i(x,y) + \ln f_r(x,y) \tag{8.32}$$

③ 对取对数后的图像进行傅里叶变换，即

$$F(u,v) = F(\ln f(x,y)) = F_i(u,v) + F_r(u,v) \tag{8.33}$$

其中，$F(u,v)$、$F_i(u,v)$ 和 $F_r(u,v)$ 为经过傅里叶变换灰度图像值、入射光量和反射光量。

④ 在频域中，使用滤波器 $H(u,v)$ 对频域图像进行处理，即

$$F(u,v) = H(u,v) * F_i(u,v) + H(u,v) * F_r(u,v) \tag{8.34}$$

其中，$H(u,v)$ 为滤波函数。

⑤ 傅里叶反变换和反对数运算，恢复原始图像，阴影消除处理结束。

基于同态滤波的方法在成功实现阴影消除的同时可以大大降低人机交互操作与处理速度，是一种高效的阴影去除处理方法。其缺点是滤波器函数受参数的影响较大。

8.3.5　基于马尔可夫场的方法

Song 等[47]提出基于马尔可夫场的阴影去除算法，也称基于样本匹配的方法。算法的主要思路是根据图片阴影区域地面覆盖类型的不同，人工选取阴影区域和对应匹配的非阴影区域，将其分别放到阴影样本库和非阴影样本库中，利用马尔可夫随机场建立非阴影样本的网络关系，然后将图像中的阴影亮度值利用欧氏距离提取最相近的 5 个样本阴影，将对应的非阴影样本代替图像中的阴影区域作为该区域的像素点，利用贝叶斯扩散准则补偿阴影区域，获得最终图像处理结果。

在选取样本的时候，需要注意两个地方。

① 为了减少光照变化对图像的影响，选取阴影样本和匹配的非阴影样本时，尽可能选取距离最接近的区域。

② 样本库必须包含图像中所有的地面覆盖类型。

人工选取阴影区和对应的非阴影区，利用马尔可夫随机场建立非阴影样本的网络关系，通过将图像阴影亮度值提取最相近的 5 个阴影样本用非阴影样本代替阴影区，用贝叶斯准则补偿阴影区域。图 8.3 所示为阴影与非阴影节点的关系。

对于分配给马尔可夫场阴影和非阴影区节点，除了直接邻节点，每个节点和其他节点互相独立。对非阴影像素矢量 $V_n(i,j)$、阴影像素矢量 $V_s(i,j)$ 及其直接邻节点 $V_n(i+1,j)$、$V_n(i,j+1)$、$V_n(i-1,j)$、$V_n(i,j-1)$，可用 $\Phi(\cdot)$ 和 $\Psi(\cdot)$ 表示，其中 $\Phi(\cdot)$ 是 V_n 和 V_s 的对应关系，$\Psi(\cdot)$ 是 V_n 与直接邻节点的对应关系。

计算马尔可夫网络中的相关函数，即

$$\Phi\left[\hat{V}_n(i,j), V_s(i,j)\right] = \exp\left(\frac{-\left|V_s(i,j) - \hat{V}_n(i,j)\right|^2}{2\sigma_v}\right) \tag{8.35}$$

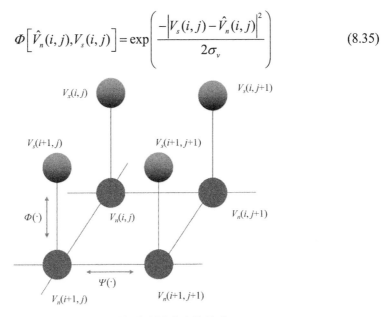

图 8.3　阴影与非阴影节点的关系

其中，$V_n(i,j)$ 为马尔可夫随机场中预测出的非阴影像素；$V_s(i,j)$ 为阴影样本库中与阴影区域对应的阴影像素；σ_v 为阴影样本库的标准差；∧ 表示预测值。

$$\Psi\left[\hat{V}_n(i,j), (\hat{V}_n(u,v))\right] = \exp\left(\frac{-\left|\hat{V}_n(i,j) - \hat{V}_n(u,v)\right|^2}{2\sigma_h}\right) \tag{8.36}$$

其中，$V_n(u,v)$ 为与 $V_n(i,j)$ 相邻的非阴影像素点；σ_h 为非阴影样本库的标准差。

通过贝叶斯扩散准则，可以找到最优解，即

$$\hat{V}_n(i,j) = \arg\max_{(\hat{V}_n(i,j))} \Phi\left[\hat{V}_n(i,j), V_s(i,j)\right] * \prod_{(u,v)\in\Omega(i,j)} m_{(u,v)\to(i,j)}\left[\hat{V}_n(i,j)\right] \tag{8.37}$$

其中，$\Omega(i,j)$ 为 (i,j) 的邻居；$m_{(u,v)\to(i,j)}\left[\hat{V}_n(i,j)\right]$ 为 $\hat{V}_n(u,v)$ 向 $\hat{V}_n(i,j)$ 传递的信息。

基于马尔可夫场的方法为我们提供了新思路，实验表明此方法处理的效果很好，对复杂地貌依然有效。但是，此方法大量的计算为处理过程带来不便，多次转化会降低实现效果的精准性，人工选用样本同样费时费力。

8.3.6　阴影去除方法对比

阴影去除方法优缺点对比如表 8.2 所示。

表 8.2　阴影去除方法优缺点对比

方法	优点	缺点
基于颜色恒常性的方法	比一般的阴影区反差拉伸方法效果好，信息单一的图像效果较好	还原色偏严重
基于 Retinex 图像的方法	基于模糊 Retinex 的方法保持原图像自然色彩，使阴影去除之后的图像更加自然，对比度高	处理高动态范围图像时易在明暗对比强烈处产生光晕现象
基于 HSI 色彩空间的方法	阴影补偿结果真实感强，效果较好，对非阴影区的影响较小，其适用性广泛，要求的条件低	色彩空间的多次转换，计算量大
基于同态滤波的方法	在成功实现阴影去除的同时，大大降低人机交互操作与处理速度	滤波器函数受参数影响较大
基于马尔可夫场的方法	为阴影去除提供基于样本库的新思路，对于复杂地貌依然有效	人工选用样本也费时费力

参 考 文 献

[1] Zeng J, Wang X, Hou W, et al. A novel successive threshold shadow detection scheme. Science of Surveying & Mapping, 2016, 41(11): 93-97.

[2] Li H, Zhang L, Shen H. An adaptive nonlocal regularized shadow removal method for aerial remote sensing images. IEEE Transactions on Geoscience & Remote Sensing, 2013, 52(1): 106-120.

[3] Finlayson G D, Hordley S D, Drew M S. Removing shadows from images// European Conference on Computer Vision, 2002: 823-836.

[4] Yuan Z. Influence of non-ideal blackbody radiator emissivity and a method for its correction. International Journal of Thermophysics, 2009, 30(1): 220-226.

[5] Makarau A, Richter R, Muller R, et al. Adaptive shadow detection using a blackbody radiator model. IEEE Transactions on Geoscience & Remote Sensing, 2011, 49(6): 2049-2059.

[6] Tian J, Sun J, Tang Y. Tricolor attenuation model for shadow detection. IEEE Transactions on Image Processing: A Publication of the IEEE Signal Processing Society, 2009, 18(10): 2355-2363.

[7] Tian J, Zhu L, Tang Y. Outdoor shadow detection by combining tricolor attenuation and intensity. Eurasip Journal on Advances in Signal Processing, 2012, 2012(1): 116.

[8] Shafer S A. Using color to separate reflection components. Color Research & Application, 1985, 10(4): 210-218.

[9] Yang J, Zhao Z M. Shadow processing method based on normalized RGB color model. Opto-Electronic Engineering, 2007, 34(12): 92-96.

[10] Gevers T, Smeulders A W M. Color based object recognition. Pattern Recognition, 1997, 32(3): 319-326.

[11] Salvador E, Cavallaro A, Ebrahimi T. Shadow identification and classification using invariant

color models// International Conference on Acoustics, Speech, and Signal Processing, 2001: 1545-1548.

[12] Chai D, Bouzerdoum A. A Bayesian approach to skin color classification in YCbCr color space// TENCON, 2000: 421-424.

[13] Sural S, Qian G, Pramanik S. Segmentation and histogram generation using the HSV color space for image retrieval// International Conference on Image Processing, 2002: 589-592.

[14] Shi W, Li J. Shadow detection in color aerial images based on HSI space and color attenuation relationship. Eurasip Journal on Advances in Signal Processing, 2012, (1): 141.

[15] Murali S, Govindan V K. Shadow detection and removal from a single image using LAB color space. Cybernetics & Information Technologies, 2013, 13(1): 95-103.

[16] Khekade A, Bhoyar K. Shadow detection based on RGB and YIQ color models in color aerial images// International Conference on Futuristic Trends on Computational Analysis and Knowledge Management, 2015: 144-147.

[17] Sang U L, Chung S Y, Park R H. A comparative performance study of several global thresholding techniques for segmentation. Computer Vision Graphics & Image Processing, 1990, 52(2): 171-190.

[18] Nobuyuki O. A threshold selection method from gray-level histograms. IEEE Transactions on Systems, Man, and Cybernetics, 2007, 9(1): 62-66.

[19] Tseng D C, Li Y F, Tung C T. Circular histogram thresholding for color image segmentation// International Conference on Document Analysis and Recognition, 1995: 673.

[20] Tobias O J, Seara R. Image segmentation by histogram thresholding using fuzzy sets. IEEE Transactions on Image Processing, 2002, 11(12): 1457-1465.

[21] Bonnet N, Cutrona J, Herbin M. A 'no-threshold' histogram-based image segmentation method. Pattern Recognition, 2002, 35(10): 2319-2322.

[22] Chung K L, Lin Y R, Huang Y H. Efficient shadow detection of color aerial images based on successive thresholding scheme. IEEE Transactions on Geoscience & Remote Sensing, 2009, 47(2): 671-682.

[23] Li X, Song A. A new edge detection method using Gaussian-Zernike moment operator// International Asia Conference on Informatics in Control, Automation and Robotic, 2010, 1: 276-279.

[24] Adams R, Bischof L. Seeded region growing. IEEE Transactions on Pattern Analysis and Machine Intelligence, 2002, 16(6): 641-647.

[25] Mehnert A, Jackway M. An improved seeded region growing algorithm. Pattern Recognition Letters, 1997, 18(10): 1065-1071.

[26] Fan J, Yau D Y, Elmagarmid A K, et al. Automatic image segmentation by integrating color-edge extraction and seeded region growing. IEEE Transactions on Image Processing A Publication of the IEEE Signal Processing Society, 2001, 10(10): 1454-1466.

[27] Stewart R D, Fermin I, Opper M. Region growing with pulse-coupled neural networks: an alternative to seeded region growing. IEEE Transactions on Neural Networks, 2002, 13(6): 1557-1562.

[28] Shih F Y, Cheng S. Automatic seeded region growing for color image segmentation. Image & Vision Computing, 2005, 23(10): 877-886.

[29] Kong J, Wang J N, Wen G U, et al. Automatic SRG based region for color image segmentation. Journal of Northeast Normal University, 2008, 40(4): 47-51.

[30] Xie L X. Color image segmentation based on improved region growing algorithm. Microcomputer Information, 2009, 25(18): 311-312.

[31] Yang J H, Liu J, Zhong J C, et al. A color image segmentation algorithm by integrating watershed with automatic seeded region growing. Journal of Image and Graphics, 2010, 15(1): 63.

[32] Preetha M S J, Suresh L P, Bosco M J. Image segmentation using seeded region growing// International Conference on Computing, Electronics and Electrical Technologies, 2012: 576-583.

[33] Fang J Q, Chen F, He H J, et al. Shadow detection of remote sensing images based on local-classification level set and color feature. ACTA Automatica Sinica, 2014, 40(6): 1156-1165.

[34] Osher S, James A S. Fronts propagating with curvature-dependent speed: agorithms based on Hamilton-Jacobi formulations. Journal of Computational Physics, 1987, 79(1): 12-49.

[35] Yh T S O. Total variation and level set methods in image science. Acta Numerica, 2015, 14(4): 1-61.

[36] Kass M, Witkin A, Terzopoulos D. Snakes: active contour models. International Journal of Computer Vision, 1988, 1(4): 321-331.

[37] Caselles V, Catté F, Coll T, et al. A geometric model for active contours in image processing. Numerische Mathematik, 1993, 66(1): 1-31.

[38] Zhao H K, Chan T, Merriman B, et al. A vriational level set approach to mltiphase motion. Journal of Computational Physics, 1996, 127(1): 179-195.

[39] Chan T F, Vese L A. Active Contours Without Edges. New York: IEEE, 2001.

[40] Maragos P. Morphological filtering for image enhancement and feature detection//Borik A. Handbook of Image & Video Processing. San Diego: Academic, 2005: 135-156.

[41] Sandić D. Mathematical morphology in image analysis// The Conference on Applied Mathematics, 1996: 1-9.

[42] Evans A N, Liu X U. A morphological gradient approach to color edge detection. IEEE Transactions on Image Processing, 2006: 1454.

[43] Zhao Y, Gui W, Chen Z. Edge detection based on multi-structure elements morphology// The Sixth World Congress on Intelligent Control and Automation, 2006: 9795-9798.

[44] Wang M, Yun W U, Zhou X. Optical fiber panel shadow detection based on edge operator and mathematical morphology. Optical Instruments, 2008, 30(1): 24-28.

[45] Xing C, Li Y, Zhang K, et al. Shadow detecting using particle swarm optimization and the Kolmogorov test. Computers & Mathematics with Applications, 2011, 62(7): 2704-2711.

[46] Huang X, Zhang L. Morphological building/shadow index for building extraction from high-resolution imagery over urban areas. IEEE Journal of Selected Topics in Applied Earth Observations & Remote Sensing, 2012, 5(1): 161-172.

[47] Song H, Huang B, Zhang K. Shadow detection and reconstruction in high-resolution satellite

images via morphological filtering and example-based learning. IEEE Transactions on Geoscience & Remote Sensing, 2014, 52(5): 2545-2554.

[48] Forsyth D A. A novel algorithm for color constancy. International Journal of Computer Vision, 1990, 5(1): 5-35.

[49] 叶勤, 徐秋红, 谢惠洪. 城市航空影像中基于颜色恒常性的阴影消除. 光电子·激光, 2010, (11): 1706-1712.

[50] Gijsenij A, Gevers T, Weijer J. Generalized gamut mapping using image derivative structures for color constancy. International Journal of Computer Vision, 2010, 86(2-3): 127-139.

[51] Finlayson G D, Trezzi E. Shades of gray and colour constancy// Color and Imaging Conference, 2004: 37-41.

[52] van de Weijer J, Gevers T, Gijsenij A. Edge-based color constancy. IEEE Transactions on Image Processing, 2007, 16(9): 2207.

[53] Land E H, McCann J J. Lightness and Retinex theory. Journal of the Optical Society of America, 1971, 61(1): 1-11.

[54] Jobson D J, Rahman Z, Woodell G A. Properties and performance of a center/surround Retinex. IEEE Transactions on Image Processing, 1997, 6(3): 451-462.

[55] Jobson D J, Rahman Z, Woodell G A. A multiscale Retinex for bridging the gap between color images and the human observation of scenes. IEEE Transactions on Image Processing, 1997, 6(7): 965.

[56] Finlayson G D, Hordley S D, Drew M S. Removing shadows from images using Retinex// Color and Imaging Conference. 2002: 129-132.

[57] 唐亮, 谢维信, 黄建军, 等. 城市航空影像中基于模糊 Retinex 的阴影消除. 电子学报, 2005, 33(3): 500-503.

[58] 张肃, 饶顺斌, 王海葳, 等. 基于模糊 Retinex 的高空间分辨率遥感影像阴影消除方法// 第四届海峡两岸 GIS 发展研讨会暨中国 GIS 协会第十届年会, 2006: 288-298.

[59] 刘家朋, 赵宇明, 胡福乔. 基于单尺度 Retinex 算法的非线性图像增强算法. 上海交通大学学报, 2007, 41(5): 685-688.

[60] 杨玲, 阮心玲, 李畅. 一种自适应 Retinex 的航空影像阴影消除方法. 测绘工程, 2013, 22(3): 1-4.

[61] 王小明, 黄昶, 李全彬, 等. 改进的多尺度 Retinex 图像增强算法. 计算机应用, 2010, 30(8): 2091-2093.

[62] 王潇潇, 孙永荣, 张翼, 等. 基于 Retinex 的图像阴影恢复技术的研究与实现. 计算机应用研究, 2013, 30(12): 3833-3835.

[63] Suzuki A, Shio A, Arai H, et al. Dynamic shadow compensation of aerial images based on color and spatial analysis//International Conference on Pattern Recognition, 2000: 317-320.

[64] 王树根, 郭泽金, 李德仁. 彩色航空影像上阴影区域信息补偿的方法. 武汉大学学报(信息科学版), 2003, 28(5): 514-516.

[65] 杨俊, 赵忠明, 杨健. 一种高分辨率遥感影像阴影去除方法. 武汉大学学报(信息科学版), 2008, 33(1): 17-20.

[66] 王蜜蜂, 缪剑, 李星全, 等. 基于 RGB 和 HSI 色彩空间的遥感影像阴影补偿算法. 地理空

间信息, 2014, (6): 107-109.

[67] 闻莎, 游志胜. 性能优化的同态滤波空域算法. 计算机应用研究, 2000, 17(3): 62-65.

[68] 郭丽, 闫利, 刘宁. 小波同态滤波用于南极遥感影像阴影信息增强. 测绘地理信息, 2007, 32(4): 6-7.

[69] 陈春宁, 王延杰. 在频域中利用同态滤波增强图像对比度. 微计算机信息, 2007, 23(6): 264-266.

[70] 李刚, 杨武年, 翁韬. 一种基于同态滤波的遥感图像薄云去除算法. 测绘科学, 2007, 32(3): 47-48.

[71] 焦竹青, 徐保国. 基于同态滤波的彩色图像光照补偿方法. 光电子·激光, 2010, (4): 602-605.

[72] 郝宁波, 廖海斌. 基于同态滤波的高分辨率遥感影像阴影消除方法. 软件导刊, 2010, 9(12): 210-212.